改革开放以来我国农村
环境政策研究

甘黎黎　著

中国财经出版传媒集团

经济科学出版社
Economic Science Press

图书在版编目（CIP）数据

改革开放以来我国农村环境政策研究/甘黎黎著
. −−北京：经济科学出版社，2022.9
ISBN 978 − 7 − 5218 − 4060 − 5

Ⅰ.①改⋯　Ⅱ.①甘⋯　Ⅲ.①农业环境 − 环境政策 −
研究 − 中国　Ⅳ.①X − 012

中国版本图书馆 CIP 数据核字（2022）第 182277 号

责任编辑：刘　莎
责任校对：齐　杰
责任印制：邱　天

改革开放以来我国农村环境政策研究
甘黎黎　著
经济科学出版社出版、发行　新华书店经销
社址：北京市海淀区阜成路甲 28 号　邮编：100142
总编部电话：010 − 88191217　发行部电话：010 − 88191522
网址：www. esp. com. cn
电子邮箱：esp@ esp. com. cn
天猫网店：经济科学出版社旗舰店
网址：http: //jjkxcbs. tmall. com
北京时捷印刷有限公司印装
710 × 1000　16 开　21. 5 印张　360000 字
2022 年 11 月第 1 版　2022 年 11 月第 1 次印刷
ISBN 978 − 7 − 5218 − 4060 − 5　定价：96. 00 元
（图书出现印装问题，本社负责调换。电话：010 − 88191545）
（版权所有　侵权必究　打击盗版　举报热线：010 − 88191661
QQ：2242791300　营销中心电话：010 − 88191537
电子邮箱：dbts@ esp. com. cn）

前　言

改革开放以来，我国农村经济取得了令人瞩目的成就。同时，我们也付出了沉重的资源和环境代价。农村环境的恶化，破坏了人与自然的和谐，威胁了农村的可持续发展，阻碍了乡村振兴的进程。为解决农村环境问题，党和政府形成了一系列理论，制定了诸多农村环境政策，并予以实施。在此背景下，学者们近年来对农村环境治理进行了深入系统的研究，取得了不俗的成就。但与学者们对农村环境治理方面的其他研究相比，关于农村环境政策的研究，还有较大的差距。基于上述认识，系统研究我国农村环境政策就具有重要意义。从理论价值方面来说，有助于进一步拓展马克思主义中国化的研究视域，为丰富和发展中国特色社会主义理论体系，特别是中国特色社会主义生态文明思想研究，提供新的理论视角，是对党和政府长期以来重视"三农"问题优良历史传统的理论回应。从实践价值方面来说，能为健全和完善中国特色社会主义生态文明制度和环境治理体系提供实践参照，能助力党和政府全面实施乡村振兴战略，也有助于改善我国农村环境政策的实践效果，进而增强"四个自信"。

在马克思主义方法论的指导下，作者运用文献研究法、政策文本内容分析法等具体研究方法，深入挖掘、梳理和分析相关文献文本资料，沿着"提出问题、分析问题和解决问题"的思路逐步推进研究。至关重要的是，在分析问题时没有只停留在农村环境政策的文本解读和内容解析上，而是以此作为研究重点，进一步拓展分析问题的研究视野，向前追溯农村环境政策的指导思想，向后进行演进特征的归纳总结和政策的实践考察。基于此，在篇章结构上，首先，通过阐释研究缘起与意义，述评文献研究现状，论证了改革开放以来我国农村环境政策研究的必要性和紧迫性；其次，从不同的角度论述改革开放以来我国农村环境政策的指导思想；再次，分析改革开放以来我国农村环境政策的发展历程，解析其主要内容，总结其演进特征，评析其实践成效并总结经验；最后，思考如何完善我国农村环境政策。通过上述多角度、多层次的综合考察和深入分析，作者力求多方面全方位呈现改革开放以来我国农村环境政策的整体面貌。

具体而言，研究的主要内容包括以下方面。

第一，改革开放以来我国农村环境政策的指导思想。从指导思想的理论溯源来看，马克思恩格斯的生态环境思想是其理论渊源，毛泽东关于环境保护的重要论述是其理论基石；中华优秀传统文化中的生态智慧为指导思想提供了丰富的理论资源；西方环境伦理的合理成分则成为指导思想的理论借鉴。从指导思想的具体内容来看，它包括邓小平关于环境保护的重要论述、江泽民关于环境保护的重要论述、胡锦涛关于环境保护的重要论述和习近平生态文明思想。正是这些重要论述和思想为我国农村环境政策的制定和实施，在把握方向、确定目标、凝聚力量和提供方法等方面发挥了巨大和科学的指导作用。

第二，改革开放以来我国农村环境政策的发展阶段及内容解析。改革开放以来我国农村环境政策经历了探索起步、平缓发展、快速发展和全面推进四个阶段。在不同的发展阶段，综合性环境政策、污染防治政策和自然资源保护政策的内容有不同侧重。农业生产环境污染防治、乡镇工业企业污染防治和自然资源保护是一贯的政策重点。随着政策发展，农村人居环境整治、农业绿色发展等新内容也逐渐增多，成为全面推进阶段农村环境政策的重点内容。

第三，改革开放以来我国农村环境政策的演进特征。改革开放以来我国农村环境政策的指导思想，即中国特色社会主义生态文明思想，具备继承性和创新性的统一、理论性与实践性的统一、连续性和上升性的结合、民族性和世界性的融合的特征。改革开放以来我国农村环境政策的发文主体呈多元联合趋势，文本数量呈增长态势，文本形式呈多样化趋势。改革开放以来我国农村环境政策的内容构成逐步科学化，政策主题不断丰富，政策重点基本稳定，政策工具体系已形成并表现出阶段差异性。

第四，改革开放以来我国农村环境政策的实践考察。经过40多年的政策实践，我国农村环境较之前得到了明显改善。但是，农业面源污染、耕地质量较低、局部地区生活污染等问题还持续存在，仍然需要继续加大治理力度。始终坚持用马克思主义理论作指导，始终坚持中国共产党的领导和以人民为中心的宗旨，坚持农村环境政策与时俱进并不断完善，以良好的社会经济状况和制度环境作保障是改革开放以来我国农村环境政策实践的成功经验。而执行组织障碍、人员素质参差不齐和政策有待完善等，则属于农村环境政策实践存在不足的深层原因。

第五，完善我国农村环境政策的路径选择。在指导思想层面，继续坚持用习近平生态文明思想作指导，继续发挥理论指导作用，为农村环境政策把握方向；继续发挥目标导向作用，为农村环境政策确定目标；充分发挥价值塑造作用，为农村环境政策凝聚力量；继续发挥提供方法作用，为农村环境政策确定原则。在主体力量层面，坚持中国共产党领导凝聚一切力量，充分发挥各级政府的主导作用，充分发挥村民委员会的堡垒作用，充分发挥人民群众的参与作用，充分发挥环保组织的补充作用。在政策本身层面，全面系统地认识我国农村环境问题，明确我国农村环境政策发展方向，修订已有政策，制定新政策，并不断完善农村环境政策的工具体系。在保障措施层面，需要大力发展绿色经济，完善环境治理体制，强化生态文化氛围和充分利用一切有利的资源。

经过上述五部分的研究，可得出几点结论性的观点：邓小平关于环境保护的重要论述、江泽民关于环境保护的重要论述、胡锦涛关于环境保护的重要论述和习近平生态文明思想共同构成中国特色社会主义生态文明思想，是改革开放以来我国农村环境政策的指导思想。我国农村环境政策体系日趋完善，应该一分为二地客观看待我国农村环境政策的实践成效，现有实践成效是诸多因素共同作用下的结果。在今后的农村环境政策制定和实践中，农村环境政策的指导思想和农村环境政策本身均需与时俱进，不断完善，不断创新。

总之，美丽乡村的任务艰巨而宏大。当前我国农村环境政策与城市环境政策相比，还有较大的进步空间。不断发展的农村经济和农村社会对农村环境治理提出了更高更新的要求。今后，我们仍要按照党的十八大以来中国共产党对生态文明的总体布局，推动农村环境政策不断创新，推进农村环境政策的实践发展，促使农村环境得到更大的改善。最终，通过生态振兴，推进乡村振兴，为早日建成富强、民主、文明、和谐、美丽的社会主义现代化强国奠定坚实的基础。

目 录
Contents

导　　论

第一节　研究缘起与意义

一、研究缘起

选择《改革开放以来我国农村环境政策研究》作为书名，有现实缘起，也出于政策焦点和学术热点。

（一）现实缘起：我国农村环境问题及影响

改革开放以来，我国农村经济实力得到显著增强，成就瞩目。农村经济在飞速发展的同时，伴随着环境污染与生态破坏问题。环境保护部（现生态环境部）的"土地与农村环境"质量报告数次描述农村环境形势"严峻""十分严峻""日益显现""依然严峻"。

1. 我国农村环境问题的具体表现

（1）农村生产环境污染严重

一是化肥过量施用造成严重污染。1978～2015年，我国化肥施用量持续上升，呈增长态势。同时，我国单位面积的化肥施用强度①也快速增长。1993 年，单位面积化肥施用强度超过 225 千克/公顷国际标准的省份为 9 个，之后，单位面积化肥施用强度超过国际标准的省份持续上升；尽管从 2016 年化肥施用总量开始下降，但到 2018 年，超过国际标准的省份仍有 27 个。2020 年，化肥单位面积平均施用量达到 313.5 千克/公顷，是安全上限的 1.39 倍，是 1978 年的 5.32 倍②。化肥的过量施用会导致土壤酸化和板结，也会带来地表水的富营养化，再逐步渗入地底，引起地下水水体污染。

二是农药的过量施用造成严重环境污染。从 1978 年开始，我国农药的使用量增长非常迅速，呈持续走高的态势。2015 年，农药施用总量开始下降，但 2019 年我国农药的平均施用量仍为 8.31 千克/公顷，是 1993 年的 1.45 倍③。施用农药的 60% ~ 70% 会残留在土壤中，土壤不能吸收的超量部分也会随雨水冲刷进入河流等地表水中。因此，农药过量施用不仅会污染土壤，更严重的是会污染水环境。

三是农膜过度使用造成严重环境污染。我国农业生产中会大量使用农膜，其使用量呈上升趋势。我国的农膜使用主要有两种：一种是棚膜，具有较厚、不易破损、易回收的特点；另一种是被大量使用的地膜，具有强度低、易破碎、难回收、难分解的特点。遗留在地表或耕作层的农膜容易阻碍土壤透气透水，随着时间的推移，也会带来土壤盐化、酸化、肥力下降等环境风险问题。

四是畜禽养殖污染。近年来，我国养殖业发展迅猛，2007 年，畜禽养殖业排放物化学需氧量达到 1 268 万吨，占农业源排放总量的 96%④。养殖污染物不但会产生污水粪便等类型的垃圾，还会有大量的磷、氮等物

---

① 化肥施用强度 = 化肥施用量/农作物播种面积，各省化肥施用强度根据统计局数据计算得出。

②③ 根据国家统计局数据计算。

④ 第一次全国污染源普查公报. 杨明森主编，中国环境年鉴［Z］. 北京：中国环境年鉴社，2011：242 - 248.

质与致病细菌扩散到大气中，这些污染物产生量巨大，集中处理难度高，对周边的河流、湖泊等水体造成了严重污染。

（2）农村人居环境污染严重

生活污水和生活垃圾是农村生活污染物的主要组成部分。一方面，农村生活污染物总量会随着人口增加持续增加。经估算 1978～2021 年农村居民大致的生活污水和生活垃圾排放量[①]，可以发现 1978～2001 年我国乡村人口呈增长态势，废水年排放量、COD（化学需氧量）年排放量、垃圾年产生量随之增长。自 2002 年开始，乡村人口呈下降趋势，相关排放也有所下降，但 2016 年估算的废水年排放量为 1 237 852.8 万吨，COD 年排放量为 7 450.04 万吨，垃圾年产生量为 20 630.88 万吨，对农村人居环境治理造成了巨大的压力。另一方面，由于农村生活污水和生活垃圾基本处理设施相对落后，增加了排放的随意性，加大了农村人居环境污染的程度。我国农村目前的生活垃圾处理能力相对较好，生活污水处理能力则非常差。第三次全国农业普查数据显示，截至 2016 年末[②]，仍有 26.1% 的村生活垃圾未集中处理或仅部分集中处理，82.6% 的村生活污水未集中处理或仅部分集中处理，46.5% 的村未完成或部分完成改厕。生活污染物若未经过处理或者未处理好，经雨水冲刷使大量的渗滤液排入水体，或被直接冲入河道，最终将造成水体污染。

（3）农村生态环境破坏较严重[③]

一是耕地面积减少，耕地质量偏低。一方面，耕地面积持续减少。1994 年年净减少耕地面积 39.8 万公顷[④]，1995 年减少 38.8 万公顷[⑤]。1998～2005 年，"全国耕地面积共减少 760 万公顷，其中因建设占用耕地

---

① 根据国家统计局乡村人口数据整理，现有乡村人口数据截至 2021 年。假设每人每天产生 60 升的生活污水，水质中 COD 的含量为 600 毫克/升；假设每人每天产生生活垃圾 1 千克：1 年按 360 天计算。

② 目前仅有进行三次农业普查，第三次农业普查数据截至 2016 年末。

③ 农村生态环境保护包括耕地、水域、森林、草原等多个资源系统，其中以这四个资源系统最为典型，此处选取这四个资源系统为代表分析农村生态环境问题。

④⑤ 1995 年中国环境状况公报 [J]. 环境保护，1996（7）：2－5.

超过 1/5；同期，通过土地整理复垦，共增加有效耕地面积 213.17 万公顷，净减少 546.83 万公顷"[1]。2005 年净减少耕地面积 36.16 万公顷[2]。2014 年净减少耕地面积 10.73 万公顷[3]。2015 年净减少耕地面积 5.95 万公顷[4]。另一方面，耕地退化，耕地质量较低。1997 年，受荒漠化的影响，我国干旱、半干旱地区 40% 的耕地在不同程度地退化[5]。1999 年，我国耕地总体质量较低，有水源保证和灌溉设施的耕地仅占 40%，中低产田占耕地面积的 79%，全国大于 25 度的陡坡耕地近 600 万公顷[6]。2014 年，全国耕地平均质量等别为 9.97 等，总体偏低[7]。

二是水资源短缺、分布不均。首先，我国人均水资源只有世界平均水平的 28%[8]。其中，农业用水在总用水量中超过半数，部分地区农村居民饮用水供应不足，农村水资源问题给农村生产生活带来巨大压力。其次，我国水资源分布不均匀，全国 2/3 的城市不同程度地缺水，部分农村地区的水资源问题也很突出。

三是森林总量不足、分布不均。首先，我国的森林总量不足。根据全国第四次森林资源调查统计，我国森林面积覆盖率 13.92%，仅占世界森林面积的 3%～4%[9]。其次，我国森林分布不均、功能较低。东北地区、东南地区和西南地区森林资源占据了我国森林资源的大部分份额。我国森林主要以幼龄林、中龄林和人工林为主要林龄结构，功能有待提高。

---

[1][2] 2005 年中国环境状况公报．杨明森主编，中国环境年鉴［Z］．北京：中国环境年鉴社，2006：181－198.

[3][7] 2015 年中国环境状况公报．李瑞农主编，中国环境年鉴［Z］．北京：中国环境年鉴社，2016：264－287.

[4] 2016 年中国环境状况公报．李瑞农主编，中国环境年鉴［Z］．北京：中国环境年鉴社，2017：302－315.

[5][9] 1997 年中国环境状况公报．许正隆主编，中国环境年鉴［Z］．北京：中国环境年鉴社，1998：167－172.

[6] 1999 年中国环境状况公报．许正隆主编，中国环境年鉴［Z］．北京：中国环境年鉴社，2000：203－210.

[8] 胡锦涛文选（第三卷）［M］．北京：人民出版社，2016：546.

四是草原退化严重，草原生态形势严峻。1989 年，全国 "草地累计退化面积 6 670 万公顷，目前退化速度每年约 130 万公顷。草场产草量在 20 世纪 80 年代比 50 年代下降 30%～50%" ①。1991 年，我国草原严重退化面积约 6 700 万公顷，缺水草场面积约 2 600 万公顷②。1993 年，我国草原严重退化面积 9 000 多万公顷，占可利用草场面积的 1/3 以上，平均产草量下降了 30%～50% ③。2000 年，我国 90% 的草地不同程度地退化，其中中度退化以上草地面积已占半数。草地生态环境形势十分严峻④。

2. 我国农村环境问题产生的影响

一是破坏人与自然的和谐共生。人与自然的和谐共生是生态文明建设的逻辑起点和归宿，农村生态环境治理是实现此目标的重要领域。自改革开放以来，农村经济得到快速发展，到 2021 年我国农村脱贫工作已取得了全面胜利。然而，胜利的同时，良好生态环境遭受了污染和破坏，正如伟大的导师恩格斯指出："我们不要过分陶醉于我们对自然界的胜利。对于每一次这样的胜利，自然界都报复了我们。" ⑤ 随着农村人口与经济的双重发展，我们对资源的需求日益扩大，由此导致包括森林、矿产、草原等资源人为破坏严重。此外，伴随着乡村工业的发展，大量生产所排放的废气、废水、废渣，加上生活废水、废物的排放，多种原因的叠加导致了农村的污染极为严重。人与自然由原先的和谐状态变得极为紧张，此种状况造成农村居民与农村生态环境之间的矛盾短时间内难以调和。

二是制约农村的可持续发展。此影响从两重维度来论述：第一重维度是人类之间的维度，即现代人与后代人的维度，发展既要考虑现代人也要考虑后代人，这意味着发展过程中只能在不损害后代人的前提下利用资

---

① 1989 年中国环境状况公报. 王子强，杨朝飞主编，中国环境年鉴 [Z]. 北京：中国环境科学出版社，1990：426 - 428.

② 1991 年中国环境状况公报 [J]. 环境保护，1992（7）：4 - 7.

③ 1993 年中国环境状况公报. 张力军主编，中国环境年鉴 [Z]. 北京：中国环境年鉴社，1994：79 - 84.

④ 2000 年中国环境状况公报 [J]. 环境保护，2001（7）：3 - 9.

⑤ 马克思，恩格斯. 马克思恩格斯选集（第三卷）[M]. 北京：人民出版社，2012：998.

源。第二重维度是人类与自然的维度，鉴于发展必须兼顾后代人，这就要求必须对自然进行保护，以确定后代人也有足够的资源来发展。可持续发展是一种理想的发展状态，然而实际中因我国农村环境的严重污染和破坏，影响了农村的可持续发展。

三是阻碍城乡之间的协调发展。由于我国发展模式的二元体制，城乡之间的发展长时间处于割裂状态，其直接后果是发展不均衡，此种不均衡涵盖经济社会的各个方面，造成显而易见的危险。城乡差距的不断拉大，社会的公平公正遭受了严峻的考验，若放纵此种情形的持续，可能威胁国家及社会的安定。在环境保护领域，同样存在城乡差距，很长时间内政府对城市环境问题的关注优于对农村环境问题的关注，由此造成了城乡环境保护的力度不一，严重影响了我国环境治理的整体效果，进而影响生态文明建设的进程。

（二）政策焦点：党和政府对"三农"问题的持续关注

首先，在党的十二大报告至党的十九大报告中均有对环境保护的论述。其中，党的十八大报告提出："把生态文明建设放在突出地位，融入经济建设、政治建设、文化建设、社会建设各方面和全过程，努力建设美丽中国，实现中华民族永续发展。"[1] 这是在党的执政理念中首次提出美丽中国。生态环境是"关系党的使命宗旨的重大政治问题，也是关系民生的重大社会问题"[2]。我国能否实现"五位一体"总体布局，能否全面推进农村生态文明建设，顺利解决我国农村环境问题是其中非常重要的内容。党的十九大报告更进一步明确指出，要"着力解决突出环境问题……强化土壤污染管控和修复，加强农业面源污染防治，开展农村人居环境整

---

① 中共中央文献研究室.十八大以来重要文献选编（上）[M].北京：中央文献出版社，2018：31.

② 习近平谈治国理政（第三卷）[M].北京：外文出版社，2020：805.

治行动……①"。

其次，在中央"一号文件"中均有对农村环境治理的论述。20 世纪 80 年代初，在农村改革轰轰烈烈进行的大背景下，中共中央 1982～1986 年连续发布的以"三农"为主题的五个"一号文件"中均有涉及农村环境治理的论述。自 2004 年起，中央"一号文件"又连续 19 年聚焦"三农"，每年的一号文件均有对农村环境问题治理的专门论述。如 2019 年中央"一号文件"指出，"抓好农村人居环境整治三年行动"和"加强农村污染治理和生态环境保护"②。2020 年中央"一号文件"指出，"扎实搞好农村人居环境整治"和"治理农村生态环境突出问题"③。2021 年中央"一号文件"指出，到 2025 年，"农村生产生活方式绿色转型取得积极进展，化肥农药使用量持续减少，农村生态环境得到明显改善"④。2022 年中央"一号文件"指出，"推进农业农村绿色发展""接续实施农村人居环境整治提升五年行动"⑤。

毫无疑义，农村环境问题得到良好治理已经逐渐成为政策焦点。

（三）学术热点：学界对农村环境研究的持续关注

国内关于农村环境的相关研究始于 20 世纪 60 年代，但接下来的十多年时间并未再有相关研究论文，持续不间断的研究则开始于 20 世纪 80 年代初，这与本研究的起始时间段基本吻合。

在中国知网期刊论文库以检索词为"农村环境"，匹配要求为"精

---

① 彭森主编，中国改革年鉴——深改五周年（2013－2017）专卷［Z］. 中国经济体制改革杂志社，2018：53－71.

② 赵国彦，和大水，姚绍学主编. 河北农村统计年鉴［Z］. 北京：中国统计出版社，2019：1－6.

③ 中共中央　国务院关于抓好"三农"领域重点工作确保如期实现全面小康的意见［J］. 中华人民共和国国务院公报，2020（5）：6－12.

④ 中共中央　国务院关于全面推进乡村振兴加快农业农村现代化的意见［J］. 中华人民共和国国务院公报，2021（7）：14－21.

⑤ 中国共产党新闻网. 中共中央　国务院关于做好 2022 年全面推进乡村振兴重点工作的意见［EB/OL］. http：//cpc. people. com. cn/n1/2022/0222/c64387 － 32357418. html，2022 － 02 － 23.

确"，检索项为"篇名"搜索时，1966 年出现第 1 篇相关主题期刊论文，截至 2021 年 12 月 31 日，共 3 247 篇论文，其中，中文核心论文 547 篇，CSSCI 论文 299 篇。当检索词为"农村""环境""政策"时，2000 年出现第一篇相关主题期刊论文，截至 2021 年 12 月 31 日，则只有 94 篇期刊论文，其中，中文核心论文 36 篇，CSSCI 论文 30 篇。

在中国知网中国博硕士论文库以检索词为"农村环境"，匹配要求为"精确"，检索项为"篇名"搜索时，2004 年出现第一篇相关主题学位论文，截至 2021 年，共 334 篇论文，其中，博士学位论文 11 篇，硕士学位论文 323 篇。当检索词为"农村环境政策"时，则只有两篇硕士论文。

通过简单的数据搜索发现，关于"农村环境"研究的期刊论文较多，从 2006 年开始，农村环境的相关研究年均成果超过 50 篇，2011 年开始年均超过 200 篇，证明农村环境相关研究已由学术边缘研究转变为学术热点；但是，专门研究农村环境政策的较少，证明专门研究农村环境政策是有必要的且有紧迫性。

在上述背景下，研究我国农村环境政策具有理论意义和实践意义。

二、研究意义

（一）理论意义

在当前国外关于农村环境政策的研究正如火如荼进行之时，在我国的相关研究尚未建立起强大的中国话语权之际，研究中国农村环境政策问题的理论价值十分突出。

1. 本研究有助于进一步拓展马克思主义中国化的研究视域

中国共产党人立足于中国的环境问题，在继承和发展马克思主义的基础上，致力于马克思主义的中国化，实现了一次又一次的理论飞跃，并在指导具体实践中实现了理论的新的发展与升华。中国特色社会主义生态文明思想是我国农村环境政策的指导思想，是在继承和丰富马克思、恩格斯生态环境思想基础上，结合我国生态环境问题，发展创新的马克思主义中国化的理论成果。因此，对中国特色社会主义生态文明思想及其指导下农村环境政策的研究，进一步拓展了马克思主义中国化的研究视域。同时，作为生态实践的理论映射，中国特色社会主义生态文明思想和在其指导下的农村环境政策是对 40 多年来我国生态实践的经验总结与理论升华。通过对改革开放以来我国农村环境政策的密切追踪与深入剖析，将经验与智慧以理论化的形态予以呈现，不仅能够充分展现中国特色社会主义生态文明思想对我国农村环境政策的指导作用，而且也能更好地彰显中国化马克思主义的生机与活力。

2. 本研究为丰富和发展中国特色社会主义理论体系特别是中国特色社会主义生态文明思想研究提供了新的理论视角

中国特色社会主义理论体系博大精深，内涵丰富，系统科学。要想准确理解其内涵，把握其精神，需要从各个领域展开研究，因此对改革开放以来农村环境政策的研究是应有之义。改革开放以来我国农村环境政策的指导思想，是由邓小平关于环境保护的重要论述、江泽民关于环境保护的重要论述、胡锦涛关于环境保护的重要论述和习近平生态文明思想共同构成的中国特色社会主义生态文明思想。中国特色社会主义生态文明思想作为中国特色社会主义理论体系的组成部分，蕴含着鲜明的马克思主义立场、观点和方法。本研究有助于把握中国特色社会主义生态文明思想的主要内容和其一脉相承的理论品质，进而为丰富和发展中国特色社会主义理论体系研究提供新的理论视角，并起到充实和推动作用。

3. 本研究是对党和政府长期以来重视"三农"问题优良传统的理论回应

自建党伊始，中国共产党就把"三农"问题放在重要位置。新中国成立以来，党和政府都对"三农"问题给予了高度的重视。可以说，关注"三农"问题是党和政府坚持马克思主义基本原理，充分结合中国革命、建设和改革不同时期的实际情况，在探索中形成并在实践中不断得到深化和贯彻的优良传统。当前的农村环境政策更体现了党和政府关注"三农"

问题重大抉择的必要性和正确性。然而，在当前学术界研究成果当中，围绕我国环境问题或城市环境问题、生态文明思想或建设方面的成果较多，但对于我国农村环境问题治理的研究与上述研究相比则少得多，而系统研究我国农村环境政策的则更少，这不符合党和政府长期重视"三农"问题的优良传统。因此，本研究一方面是想将中国特色社会主义生态文明思想的基本内容和宝贵经验予以总结和梳理，从而为党和政府制定和完善农村环境政策提供指导；另一方面是想凸显我国农村环境政策的独立性和系统性，使更多学者真正关注农村环境问题，关注制约中国农村可持续发展的难题。基于此，本研究是对党和政府长期以来重视"三农"问题优良历史传统的理论回应，能在把握党和政府在农村环境治理制度方面安排的同时，进一步挖掘改革开放以来我国农村环境政策的基本经验和历史启示，为相关领域理论研究起到充实作用。

（二）实践意义

在我国农村环境污染严重、生态破坏严重的现实背景下，研究农村环境问题并进行相关治理，实践价值明显。

1. 本研究能为健全和完善中国特色社会主义生态文明制度和环境治理体系提供实践参照

当前我国正处于战略机遇期，风险和挑战无处不在、复杂叠加。农村环境治理的难度是显而易见的，这不仅因为农村地域广、人口多，更在于农村环境问题具有广泛性、隐蔽性和不确定性的特点，属于需着力解决的"突出环境问题"（党的十九大报告）。对此，不但需要党和政府花大气力进行农村环境治理，更重要的是，要理清思路，形成系统有效的农村环境政策体系，才能取得良好的实践成效。理论创新是制度创新的核心和灵魂。党和政府始终重视制度建设，尤其是党的十八大以来，提出了"推进国家治理体系和治理能力现代化"这个重大命题和重要决策。因此，将农村环境政策单列出来进行系统研究，能为完善有效的农村环境政策体系添砖加瓦，有助于引发更多的人对农村环境问题进行关注和思考，为健全环境治理体系提供实践参照，为完善中国特色社会主义生态文明制度提供实践参照，具有十分重大的现实意义。

2. 本研究能助力于党和政府全面实施乡村振兴战略

生态振兴是乡村振兴战略的重要内容，也是全面实施和实现乡村振兴的新的支撑点和生长点。随着中国经济的崛起，我国农村环境问题正在发生变化，毋庸置疑，党和政府正面临着前所未有的环境问题和资源压力。发挥中国特色社会主义生态文明思想的指导作用，制定和完善农村环境政策，为建设与"五位一体"总体布局、"四个全面"战略布局相合拍的农村生态文明提供理论支持和政策引导，已经成为当代中国共产党人义不容辞的崇高使命和重要任务。因此，深入研究我国农村环境政策的指导思想、内容构成、演进特征和实践效果，才能更好地完善农村环境政策并付诸实践，才能更好地推进农村生态文明建设，才能通过生态振兴，实现农村的可持续发展，为乡村振兴奠定坚实的生态基础。

3. 本研究有助于提升我国农村环境政策的实践效果，进而增强"四个自信"

从实践效果上看，改革开放以来我国的农村环境政策无疑是成功的，尤其是党的十九大以来农村环境状况的改善有目共睹。但农村环境风险依然存在，并短时间内并不会完全消除。这既为我国农村环境治理工作提供了莫大的信心，也需要我们总结和反思过去工作中的经验与教训。本研究的现实依据就是党和政府在治理农村环境问题时面临的成就与困难是并存的，农村环境的极大改善需要一个愈加强大而完善的农村环境政策体系。因此，洞察农村环境治理过程中的成败教训，不仅能从实践角度促进农村环境政策体系的完善，也能促使其实践效果得到更加充分的发挥。进而言之，基于党和政府经过40多年农村环境治理取得的突出成就，能改变人们对我国农村环境政策不甚完备的直观判断，能让人民群众因农村环境政策实践取得的突出成就而更加相信党和政府制定农村环境政策的正确性，从而增强"四个自信"，提升对美丽乡村的目标期许。

第二节 概念界定

一、农村环境与农村环境问题

(一) 农村环境

农村环境是与城市环境相对的一个概念，有广义和狭义之分。广义的农村环境也可称乡村环境，指的是以农村居民为中心的乡村区域范围内各种天然的和经过人工改造的自然因素的总称。狭义的农村环境指的是农村居民的居住环境。

本研究所指农村环境作广义理解。

(二) 农村环境问题

在对农村环境问题进行研究时，多数学者就具体的农村环境问题进行了详细罗列，一般包括农业面源污染、畜禽养殖业污染、农村生活环境污染破坏、农村自然资源破坏、乡镇工业污染、城市向农村转移污染等[1][2][3]。有学者将上述罗列的农村环境问题加以归纳：一是认为农村环境问题包括农村环境污染和农村生态破坏[4]。二是认为农村环境问题除了环境污染和生态破坏之外，还包括农村环境衍生问题[5]。三是认为农村环境

---

① 张金鑫，彭克明. 关于农村环境问题的思考 [J]. 特区经济，2006 (5)：127 – 128.
② 刘兆征. 当前农村环境问题分析 [J]. 农业经济问题，2009 (3)：70 – 74.
③ 王宏权. 农村环境问题解析及其对策 [J]. 农业环境与发展，2010，27 (6)：71 – 73，78.
④ 刘海林，王志琴. 从百村调查看农村环境问题 [J]. 中国改革，2007 (5)：70 – 72.
⑤ 李玉梅，任大鹏. 我国农村环境问题的基本表现与法律对策 [J]. 农村经济，2009 (12)：87 – 91.

问题包括外源污染与本源污染，外源污染指来自农村以外的污染，如城市中的垃圾运往农村进行填埋，为了城市环境的改善对城市中污染比较重的工业企业外迁至农村等；内源污染包括农业生产资料的不合理使用造成的污染、农村生活污染、农村生产污染、本地乡镇企业污染、农业秸秆污染等①。

　　还有一些学者②进行了新的归纳，认为农村环境问题包括：一是农村自然生态环境问题。森林过度采伐、草地破坏、水产资源的过度采集、野生动植物资源的过度破坏、矿产资源的过度开采等，使农村自然生态环境遭到破坏。二是农业生产环境问题。化肥污染、农药污染、农膜污染、秸秆焚烧污染是农业生产环境方面的主要问题。三是农村人居环境问题。主要指农家、农家周边家禽畜圈舍、饮用水源等脏、乱、差问题。

　　前一类概括方法，简单易识别，易被大家接受，因而认可度非常高；但是，该类概括方法忽视了农村环境问题形成的特点，不易区别城市环境与农村环境。后一类概括方法从农村环境问题的整体性和系统性出发，从而有助于全面认识农村环境问题；但是农业生产和农村人居本身就存在于农村生态环境中，很难把三者完全分开；现实中在形成对策时不易操作。

　　因此，本研究将综合运用两种概括方法。在分析当前农村环境现状和评述农村环境政策实践效果时，采用后一种分类方法；在分析农村环境政策内容时，仍然采用前一种分类方法。

二、环境政策与农村环境政策

（一）环境政策③

我国学术界有关"环境政策"概念有三种理解方式，包括广义说、中

---

① 张思相，吴倩芳，张霁雪. 关于农村环境问题的思考 [J]. 农村工作通讯，2007（7）：19-20.

② 任晓冬，高新才. 中国农村环境问题及政策分析 [J]. 经济体制改革，2010（3）：107-112.

③ 环境政策，也可称为生态环境政策或生态政策。本研究选取环境政策的称法，包含了对环境污染与生态破坏两方面的治理政策。

义说和狭义说。

1. 广义的环境政策

"广义说"认为环境政策包括环境法规。蔡守秋（1997）认为"我国的环境政策是国家政策的重要组成部分，是党和国家根据马克思主义、列宁主义和毛泽东思想，结合经济、社会和环境保护事业的实际情况，为保护和改善环境而确定、实施的工作方针、路线、原则及其他各种对策的总称，是中国环境保护工作的实际行为准则①。"夏光（2002）认为："环境政策是国家为保护环境所采取的一系列控制、管理、调节措施的总和②。"任春晓（2007）认为环境政策包括"宪法、基本法律和有关环境资源保护的法律、行政法规；执政党制定的各种有关环境保护的纲领、决议、通知等文件；中央政府和各级地方政府制定的有关环境保护的规范性文件；中国参加或者签订有关环境资源保护的国际性法律和政策性文件③。"汤天滋（2007）认为中国环境政策体系主要由环境政策方针、环境政策原则、环境政策内容等部分构成④。宋国君等（2008）认为"环境政策是指最终目的是保护环境，包括国家颁布的法律、条例，中央政府各部门发布的部门规章等和省人大颁布的地方条例、办法等的总称⑤。"

2. 中义的环境政策

"中义说"认为环境政策与环境法规平行，是在环境法规以外的有关政策安排。

高德耀（2007）认为："环境政策和环境法律既有相同之处也有明显区别，先制定环境政策，待环境政策成熟后再付诸于法律。⑥"李明华等（2012）认为"环境政策是指以政党、国家和地方政府等政治实体在一定时期内为保护和改善环境，而确定的一定时空范围内适用的行动准则和行

---

① 蔡守秋. 论中国的环境政策 [J]. 环境导报, 1997（6）：1-5.
② 夏光. 环境政策创新：环境政策的经济分析 [M]. 北京：中国环境科学出版社, 2002：55.
③ 任春晓. 我国环境政策预期与绩效的悖反及其矫正 [J]. 行政论坛, 2007（3）：51-55.
④ 汤天滋. 中日环境政策及环境管理制度比较研究 [J]. 现代日本经济, 2007（6）：1-6.
⑤ 宋国君, 等. 环境政策分析 [M]. 北京：化学工业出版社, 2008：8.
⑥ 高德耀. 环境保护政策浅论 [J]. 山西高等学校社会科学学报, 2007（5）：57-59.

为规范，它是法律、法规、规章以外的，一系列规划、计划、管理办法与措施等的总称。①"

3. 狭义的环境政策

"狭义说"认为环境政策即环境法律。

覃浩展（2006）认为环境政策是"环境（资源）法律、法规、规章、环境标准、国际条约等"②。吴荻和武春友（2006）认为我国已形成了包括 1 000 多部相关法律、法规、内容较为完备的环境政策体系③。

本研究的环境政策是指广义的环境政策。

（二）农村环境政策

1. 农村环境政策的内涵

在对政策、环境政策基本内涵总体把握的基础上，可以将农村环境政策定义为：党和政府为了有效保护和改善农村环境、防治环境污染和生态破坏而进行的制定、执行、评估、监控及终结等过程形成的行为准则，是党的路线方针、法律、法规、行政规章、经济社会发展规划、规范性文件等的总称。

具体而言，农村环境政策包括五个方面的含义：一是农村环境政策的制定主体是中国共产党中央委员会、全国人大及其常委会、国务院及其直属机构等；二是农村环境政策的基本依据是马克思主义和我国农村经济、社会及环境保护的实际状况；三是农村环境政策的目标是保护和改善农村环境，防治农村环境污染和生态破坏；四是农村环境政策的过程是一种持续性的活动，包括政策的制定、执行、评估、监控及终结等；五是农村环境政策的表现形式通常表现为党的路线方针、法律、法规、行政规章、经

---

① 李明华主编；鲁先锋，陈真亮副主编，环境政策学 [M]. 长春：吉林人民出版社，2012：22.

② 覃浩展. 我国环境政策回顾、现状与展望探析 [J]. 中共南宁市委党校学报，2006（6）：15 - 18.

③ 吴荻，武春友. 建国以来中国环境政策的演进分析 [J]. 大连理工大学学报（社会科学版），2006（4）：48 - 52.

济社会发展规划、规范性文件、工作文件等行为准则。

2. 农村环境政策的分类

鉴于农村环境政策内容庞杂，若不进行分类，就不能清晰地呈现其政策内容。因此，为了更好地解析政策内容，有必要对其进行分类。

（1）对农村环境政策进行横向分类

在现有分类中，最被学术界认可的分类为综合性环境政策、污染防治政策和自然资源保护政策。本研究选取此类横向分类方式。

具体而言，综合性环境政策包括：一是作为一个整体对环境保护进行规定，内容通常比较抽象，涉及环境要素比较多。如《中华人民共和国环境保护法》（以下简称《环境保护法》）、《环境保护工作汇报要点》、《全国农村工作会议纪要》、《国民经济和社会发展第六个五年计划（1981 – 1985）》等。二是具体环境政策，内容既涉及污染防治，也包括自然资源保护。如环境标准政策，是指关于环境标准及管理的政策；环境责任政策，指关于污染或破坏环境行为的法律责任承担及追究责任程序方面的政策，如《环境保护行政处罚办法》；特别方面环境政策，是指对某一特定方面的环境保护加以专门管理而制定的政策，主要包括环境监测、环境监理、环境信息、资金管理等方面的政策。

污染防治政策指预防和治理人们排放的物质或释放的能量对环境造成的污染而制定的政策，如《中华人民共和国水污染防治法》（以下简称《水污染防治法》）、《中华人民共和国土壤污染防治法》（以下简称《土壤污染防治法》）、《畜禽养殖污染防治管理办法》等。

自然资源保护政策指关于合理开发利用和保护各种自然资源而制定的政策，如《中华人民共和国土地管理法》（以下简称《土地管理法》）、《中华人民共和国森林法》（以下简称《森林法》）、《基本农田保护条例》等。

（2）对农村环境政策进行纵向分类

根据政策制定主体的级别不同，可将农村环境政策分为中央和地方两个层级。但是，长期以来，中央层级的农村环境政策对我国农村环境治理具有绝对的主导作用。因此，本研究选择将中央层级的农村环境政策（简称农村环境政策）作为论文的研究样本。

第三节　国内外研究述评

如前文所述，直接研究或专门研究农村环境政策的文献偏少，因此，本研究在讨论国内外研究现状时将文献范围进行了适度扩大，包括了关于"农村环境治理"研究中涉及农村环境政策的内容。

一、国外研究现状

（一）关于农村环境政策基础理论的研究

得益于其对外部性理论的开放性研究（Iii A M F，1984），庇古被认为是世界上首位从经济学角度对环境污染问题进行系统研究的学者[1]。随着经济学家们对农村环境污染问题的关注，"外部性"概念被初步确定为分析农村环境污染问题的理论准则[2]。当前，在北美和欧盟国家，诸多学者基于经济学基础研究农村环境污染防控，研究领域已涉及外部性、产权、公共物品、财政与税收、制度经济学[3]等理论，并开发了大量有关的研

---

[1]　Iii A M F. Depletable externalities and pigouvian taxation［J］. Journal of Environmental Economics & Management，1984，11（2）：173－179.

[2]　Anthony C. Resource and Environmental Economics［M］. London Cambridge University Press，1981：189－194.

[3]　Polakova，J. Is economic institutional adaptation feasible for agri-environmental policy? Case of Good Agricultural and Environmental Condition standards［J］. Agricultural Economics－Zemedelska Ekonomika，2018，64（10）：456－463.

究工具和分析模型，如：HSPF①，SWAT②，AnnAGNPS & ANSWERS③ 等，并被广泛应用于农业面源污染机理的过程模拟和污染负荷的时空分布研究。

（二）关于农村环境政策内容的研究

学者们更多地关注某国或某地区农村环境政策的内容，其中关于美国和欧盟的研究更多一些。有学者回顾了欧洲农业环境政策的发展并评估了其前景，认为第一代农业环境措施应用了预防污染的指挥和控制规定，第二代措施给农民提供环境公共产品；精心设计的激励计划构成公共产品的"准市场"，纠正了原有的市场失灵，但也存在空间定位不明确以及环境和收入支持目标之间缺乏明确性的问题，为了提高农业环境机制的环境效益和效率，将需要做出各种改变④。有学者认为美国和欧盟的农业环境政策（AEPs）是支付农民环境服务以减少农业生产负面外部效应的例子，同时也是将公共资金转移给农民的手段⑤。也有学者认为土耳其和欧盟（EU）在农业政策和环境政策之间的衔接方面采取了一些措施，土耳其与欧盟农业环境法律义务的整合不存在重大问题⑥。还有学者认为欧盟农业环境政策始于 1985 年，它现已成为每个成员国都必须遵守的措施；交叉遵守原则和整体农场方法可以鼓励欧洲农民将其耕作方式转变为低投入农业，这是实现农业和农村可持续发展的最佳途径⑦。

---

① Donigian A S, Huber W C. Modeling of nonpoint source water quality in urban and non-urban areas [J]. 1991, 187 (8): 27 – 28.

② Arnold J G, Allen P M, Bernhardt G. A comprehensive surface-groundwater flow model [J]. Journal of Hydrology, 1993, 142 (1 – 4): 47 – 69.

③ Bouraoui F, Dillaha T A. ANSWERS – 2000: Runoff and Sediment Transport Model [J]. Journal of Environmental Engineering, 1996, 122 (6): 493 – 502.

④ Uwe, Latacz – Lohmann, Ian et al. European agri-environmental policy for the 21st century [J]. Australian Journal of Agricultural and Resource Economics, 2003, 47 (1): 123 – 139.

⑤ Baylis K, Peplow S, Rausser G et al. Agri-environmental policies in the EU and United States: A comparison [J]. Ecological Economics, 2008, 65 (4): 753 – 764.

⑥ Ataseven, Sumelius. The Evaluation of Agri-environmental Policies in Turkey and the European Union [J]. Fresen Environ Bull, 2014, 23 (8A): 2045 – 2053.

⑦ Kim, Tae – Yeon. An Analysis on the Changes of the EU Agri – Environmental Policy [J]. Korea Journal of Organic Agriculture, 2015, 23 (3): 401 – 421.

（三）关于农村环境政策实施效果的研究

1. 关于农村环境政策实施效果评估的研究

一是通过建立指标或模型评估农村环境政策的实施效果。有学者在土地利用和农业管理的变化/维持的 12 个指标的基础上，通过参与和未参与农业环境计划（Agri - Environmental Scheme）农民的访谈数据，探讨其政策实施效果[①]。有学者采用 OECD 的数据，从财政的角度描述共同农业政策的改革是如何与农业的产品环境标准相符合的，进而有利于环境保护[②]。也有学者根据综合经济和水文模型，对芬兰 2007 ~ 2013 年实施的农业环境计划进行影响评估[③]。还有学者通过应用混合整数优化模型，考虑两种政策情景，即 "有针对性的农业环境措施（AEM）" 和 "无目标的AEM"，模拟葡萄牙森特罗（Centro）和阿连特茹（Alentejo）这两个不太受欢迎地区未来的土地利用情景，结果表明在不太受欢迎地区，重点保护广泛农业的措施有助于这些地区的可持续土地管理[④]。

二是结合某地探讨农村环境政策的实施效果。有学者专门研究了加拿大的农业、农村和环境政策，认为政策失灵的危害胜于市场失灵的危害[⑤]。有学者研究了美国森林合作管理、森林灌木采伐的影响等[⑥]。有学者利用非洲、亚洲和拉丁美洲的案例研究，提出与整个发展中世界相关的研究结

① Primdahl J, Peco B, Schramek J et al. Environmental effects of agri-environmental schemes in Western Europe [J]. Journal of Environmental Management, 2003, 67 (2): 129 – 138.

② Erwin Schmid, Franz Sinabell. On the choice of farm management practices after the reform of the Common Agricultural Policy in 2003 [J]. Journal of Environmental Management, 2007, 82 (3): 332 – 340.

③ Lehtonen H, Rankinen K. Impacts of agri-environmental policy on land use and nitrogen leaching in Finland [J]. Environmental ence & Policy, 2015, 50: 130 – 144.

④ Jones N, Fleskens L, Stroosnijder L. Targeting the impact of agri-environmental policy – Future scenarios in two less favoured areas in Portugal [J]. Journal of Environmental Management, 2016, 181: 805 – 816.

⑤ Furtan W H. The Economics of Agricultural, Rural, and Environmental Policy in Canada: Discussion [J]. American Journal of Agricultural Economics, 1997, 79 (5): 1525 – 1526.

⑥ Carl Wilmsen, William F. Elmendorf, et al. Partnerships for Empowerment: Participatory Research for Community-based Natural Resource Management [M]. Routledge, 2012.

果，即土地利用规划和自然资源管理可以巩固当地可持续生计（2013）[①]。有学者对巴西亚马孙河马托格罗索州和帕拉州的 BR - 163 公路沿线的 11 个市镇进行了政策影响评估，结果表明，所研究的保护政策能够在一定程度上减少对环境的负面影响，但对经济和社会指标几乎没有影响[②]。有学者基于流行病学的方法评估了名为农村环境登记册的土地利用政策对减少巴西亚马逊雨林森林砍伐率的影响[③]。还有学者以双曲线距离函数探讨 2001 ~ 2010 年政策及强化措施对荷兰奶牛场环境绩效的影响[④]。有学者使用委托代理模型来检视挪威的泥炭地退休计划，以减少农业排放[⑤]。还有学者通过对不同欧洲国家六个案例研究的比较分析，探讨了农业和农村发展政策组合在刺激提供与农业相关的环境和社会效益（ESB）方面的作用[⑥]。

2. 关于农村环境政策效果影响因素的研究

一是侧重于社会经济因素和结构性因素的研究。如罗斯·加森（Ruth Gasson，1973）在 20 世纪 70 年代的研究，就侧重于此[⑦]。最近，该研究已扩展到其他方面，如有学者认为，环境问题的特点和生产者面临的激励机制会

---

① David Dent, Olivier Dubois, Barry Dalal - ClaytonRural Planning in Developing Countries: Supporting Natural Resource Management and Sustainable Livelihoods [M]. Routledge, 2013.

② Verburg, René, Rodrigues Filho S, Debortoli N et al. Evaluating sustainability options in an agricultural frontier of the Amazon using multi-criteria analysis [J]. Land Use Policy, 2014, 37: 27 - 39.

③ Costa M A, Rajão R, Stabile M C C et al. Epidemiologically inspired approaches to land-use policy evaluation: The influence of the Rural Environmental Registry (CAR) on deforestation in the Brazilian Amazon [J]. Elementa - Science of the Anthropocene. 2018, 6 (1): 1.

④ Skevas, I et al. The Impact of Agri - Environmental Policies and Production Intensification on the Environmental Performance of Dutch Dairy Farms [J]. JOURNAL OF AGRICULTURAL AND RESOURCE ECONOMICS, 2018, 43 (3): 423 - 440.

⑤ Cho W, Blandford D. Bilateral Information Asymmetry in the Design of an Agri - Environmental Policy: An Application to Peatland Retirement in Norway [J]. Journal of Agricultural Economics, 2019, 70 (3): 663 - 685.

⑥ Mantino F, Vanni F. Policy Mixes as a Strategy to Provide More Effective Social and Environmental Benefits: Evidence from Six Rural Areas in Europe [J]. Sustainability, 2019, 11 (23): 6632.

⑦ Gasson R. GOALS AND VALUES OF FARMERS [J]. Journal of Agricultural Economics, 1973, 24 (3): 521 - 542.

影响包括教育计划、直接管理和市场机制的农业部门环境政策的有效性①；有学者认为，英国、欧洲和发达国家的农村地区正在经历巨大的变化，人们越来越关注生产力、农业方法和环境政策；农村政治影响农村地区的问题，如水污染、林业和农业政策的绿化②。当前学者们正在努力将研究数量化、模型化③。

二是个人行为和观念会影响农村环境政策。有学者认为，这些方面的文献部分认可了农民行为和观念的积极作用，尽管是在对农民环境利益影响不是完全清楚的情况下④。有学者将农业环境政策模拟为社会福利最大化问题，认为增加的环境效益与增加监测成本之间是潜在折衷的；它表明，如果监测成本可以忽略不计或固定，或者农民高度厌恶风险，道德风险问题就可以消除。但是，如果监测成本取决于监测工作量并且风险规避程度较低，则只能获得次佳解决方案。数值模拟表明，随着农民风险厌恶程度的增加，最优监督力度下降⑤。也有学者用分析阶层过程和选择实验方法比较了苏格兰农业支持改革政策，两种方法都表明公众已经确定了偏好和支付意愿（使用一般所得税）以影响超出现状的变化，且政策支付应符合环境和社会效益⑥。

（四）关于完善农村环境政策的研究

一是侧重研究某国家或地区农村环境政策的完善。有学者基于欧洲、北美和发展中国家的大量案例研究，允许农业和自然资源在农村地区维持多种功能⑦。有学者研究了社区为基础的自然资源管理（CBNRM），认为

---

① Weersink A, Wossink A. Lessons from agri-environmental policies in other countries for dealing with salinity in Australia [J]. Australian Journal of Experimental Agriculture, 2005, 45 (11): 1481 – 1493.

② Michael Winter. Rural Politics: Policies for Agriculture, Forestry and the Environment [M]. Routledge, 2013.

③④ Wilson G A, Hart K. Farmer Participation in Agri – Environmental Schemes: Towards Conservation – Oriented Thinking? [J]. Sociologia Ruralis, 2001, 41 (2): 254 – 274.

⑤ Ozanne A, Hogan T, Colman D. Moral hazard, risk aversion and compliance monitoring in agri-environmental policy [J]. European Review of Agricultural Economics, 2001, 28 (3): 329 – 348.

⑥ Moran D, Mcvittie A, Allcroft D J, et al. Quantifying public preferences for agri-environmental policy in Scotland: A comparison of methods [J]. Ecological Economics, 2007, 63 (1): 42 – 53.

⑦ Floor Brouwer, C. Martijn van der Heide. Multifunctional Rural Land Management: Economics and Policies [M]. Routledge, 2012.

它是一种提供多种相关益处的方法，不仅能保障农村生计，还能确保对生物多样性和其他资源的谨慎保护和管理，以及增强社区可持续管理资源的能力。并基于南非地区的实证，对其提出改进措施①。有学者通过衡量当前农场层面的农业实践对地中海农业生态系统中相关生态系统的贡献，设计一个新的生态系统支付 PES 框架，利用这些贡献来满足农业环境政策的三个目标（生态系统同等重要、注重生物多样性和气候以及关注社会需求）②。

二是在研究其他国家或地区农村环境政策的基础上，论及本国农村环境政策的完善③。有学者分别研究了欧盟和英国农业环境政策对韩国的启示，认为欧盟的农业环境政策变化过程能为韩国政府对农业政策改革提供一定的逻辑视角，最重要的是认识到保护和恢复环境和生物资源必须先于经济利用农村资源④；他还分析了英国农业环境政策的引进和发展过程，论述在韩国开展 AES 政策最重要的工作是进行韩国环境保护措施的必要性和可行性，这可以通过关于农业实践影响的学术和科学研究来确定⑤。

三是通过模型或政策模拟进行政策优化。有学者对 2007 年苏格兰硝酸盐易受灾的地区进行了调查，调查侧重于减少水污染扩散的强制监管，并建议政策制定者为农民提供关于潜在硝酸盐污染影响方面的信息⑥。还有学者将农业环境政策的优化设计描述为一个双层优化问题，并提出了一

① Christo Fabricius, Eddie Koch et al. Rights Resources and Rural Development: Community-based Natural Resource Management in Southern Africa [M]. Routledge, 2017.

② T Rodríguez‐Ortega, Olaizola A M, A Bernués. A novel management-based system of payments for ecosystem services for targeted agri-environmental policy [J]. Ecosystem Services, 2018, 34: 74–84.

③ Weinberg M, Kling C L. Uncoordinated Agricultural and Environmental Policy Making: An Application to Irrigated Agriculture in the West [J]. American Journal of Agricultural Economics, 1996, 78 (1): 65–78.

④ Kim, Tae‐Yeon. An Analysis on the Changes of the EU Agri‐Environmental Policy [J]. Korea Journal of Organic Agriculture, 2015, 23 (3): 401–421.

⑤ Kim, Tae‐Yeon. An Analysis on the Launch and Settlement of Agri‐Environmental Policy of the UK [J]. Korea Journal of Organic Agriculture, 2016, 24 (3): 315–336.

⑥ Toma L, Barnes A P, Willock J et al. A Structural Equation Model of Farmers Operating within Nitrate Vulnerable Zones (NVZ) in Scotland [J]. General Information, 2008.

种混合遗传算法的综合求解方法①。

二、国内研究现状

（一）关于我国农村环境政策的整体性研究

1. 关于中华人民共和国成立以来我国农村环境政策的研究

一是分为四个阶段进行研究。有学者分四个阶段对 1949 年以来的中央农村环境保护政策内容进行了系统回顾②。有学者认为，新中国成立以来我国农村环境治理先后经历被动起步、主动调整、完善强化、全面深入四个演进阶段③。

二是分为五个阶段进行研究。有学者按以水土保持和农业资源保护为主的起步阶段、以农业面源污染和乡镇企业污染控制为主的强化阶段、以污染防治与生态保护并重的转型阶段、以生态补偿和村镇综合整治为主的多元化阶段、以生态农业和农业可持续发展为主的综合治理阶段，对农村环境政策进行了系统梳理④。有学者认为，1949 年以来的农村环境治理历经了政策空白、制度初创、领域开拓、全面加速和总体深化五个阶段⑤。

三是分为三个阶段或六个阶段进行研究。有学者认为，我国农村环境政策体系包括党的政策、法律法规、标准规范、规划计划以及地方政策等层次，并在农村环境治理体系现代化的视角和语境下，考察了 1949 年以来农村环境政策体系的演进过程、特点，并探测了发展走向⑥。还有学者

---

① Whittaker G F, Re R, Grosskopf S et al. Spatial targeting of agri-environmental policy using bilevel evolutionary optimization [J]. Omega, 2017 (1): 15 – 27.

② 肖爱萍. 新中国成立以来中央农村环境保护政策的演进与思考 [D]. 长沙: 湖南师范大学, 2010.

③ 林龙飞, 李睿, 陈传波. 从污染"避难所"到绿色"主战场": 中国农村环境治理 70 年 [J]. 干旱区资源与环境, 2020, 34 (7): 30 – 36.

④ 王西琴, 李蕊舟, 李兆捷. 我国农村环境政策变迁: 回顾、挑战与展望 [J]. 现代管理科学, 2015 (10): 28 – 30.

⑤ 杜焱强. 农村环境治理 70 年: 历史演变、转换逻辑与未来走向 [J]. 中国农业大学学报 (社会科学版), 2019, 36 (5): 82 – 89.

⑥ 张金俊. 我国农村环境政策体系的演进与发展走向——基于农村环境治理体系现代化的视角 [J]. 河南社会科学, 2018, 26 (6): 97 – 101.

将 1949～2020 年农村环境治理政策变迁历程划分为四个均衡期和两个间断期，并就各时期的政策进行分析①。

2. 关于改革开放以来我国农村环境政策的研究

一是分为三个阶段或四个阶段进行研究。有学者将我国农业环境政策分为三个阶段，总结农业环境政策的演变特征，并分析了其脆弱性②。有研究者分三个阶段专门就改革开放以来中国共产党农村环境政策演进问题进行研究③。还有学者这样刻画我国农村环境治理政策的演进轨迹：1978～1980 年：问题萌发，政策关注不足；1981～1989 年：乡镇企业带来的污染问题凸显，相关政策渐显；1990～1999 年：三大污染源叠加，治理政策飞速增长；2000～2015 年：农业面源污染严重，相关政策不断得以创新④。有学者基于手工搜集的 1978～2018 年的 206 份农村环境管理政策文本，运用政策文献计量和内容分析方法分析了中国农村环境管理政策的演进特征⑤。

二是研究某类或某项农村环境政策的变迁。有学者对 66 份与农村人居环境密切相关的政策文本进行量化分析，将农村人居环境政策划分为政策空白、政策初创、政策提升和政策深化四个阶段，各阶段特征有所差异⑥。

（二）对我国农村环境政策的专项研究

1. 关于我国农村环境政策现实缘起的研究

严重的农村环境问题是学者们研究农村环境政策的现实起点⑦。为了

---

① 高新宇，吴尔. 间断—均衡理论与农村环境治理政策演进逻辑——基于政策文本的分析 [J]. 南京工业大学学报（社会科学版），2020，19（3）：75－84，112.
② 宋燕平，费玲玲. 我国农业环境政策演变及脆弱性分析 [J]. 农业经济问题，2013，34（10）：9－14，110.
③ 刘娜. 改革开放以来中国共产党农村环境政策演进问题研究 [D]. 辽宁师范大学，2017.
④ 闵继胜. 改革开放以来农村环境治理的变迁 [J]. 改革，2016（3）：84－93.
⑤ 潘丹，唐静，杨佳庆，陈寰. 1978－2018 年中国农村环境管理政策演进特征——基于 206 份政策文本的量化分析 [J]. 中国农业大学学报，2020，25（6）：210－222.
⑥ 张会吉，薛桂霞. 我国农村人居环境治理的政策变迁：演变阶段与特征分析——基于政策文本视角 [J]. 干旱区资源与环境，2022，36（1）：8－15.
⑦ 此部分研究在前文论述本研究的现实缘起和相关概念时已经较详细论述，此处不再赘述。

更好地解决农村环境问题，有必要深挖该问题的成因：一是源自城乡二元结构。有学者认为，我国农村面源污染的产生、加重及长期未能得到有效控制的重要原因在于我国的城乡二元结构社会制度①②。有学者从城乡一体化视角，分析了农村环境污染治理过程中的问题，并探寻了原因③④。二是制度成因。有学者探讨了农村环境问题的农地制度、经济政策等制度成因⑤。有学者专门分析了国内环境正义对农村环境的影响⑥。三是来源于生产生活方式。有学者在产业经济学视角下分析了我国农村环境污染的主要来源，认为来源主要为县域工业、种植业和畜牧业等带来的生产污染，它们的产生原因和治理方式也不一样⑦。有学者认为传统与现代生产和生活方式之间的冲突是农村环境问题产生的根本原因⑧。另外，还有基于农村环境污染问题外部性分析成因⑨⑩，也有基于社会经济因子、经济损失评价、制度保障与激励机制⑪等因素分析成因。

2. 对我国农村环境政策指导思想的研究

（1）关于指导思想的专门研究

对中国共产党指导思想的专门研究，有整体性的研究，也有阶段性的

---

① 洪大用，马芳馨. 二元社会结构的再生产——中国农村面源污染的社会学分析 [J]. 社会学研究，2004（4）：1－7.

② 李宾，张象枢. 基于城乡二元结构的农村环境问题成因研究 [J]. 生态经济，2012（4）：172－174.

③ 郭琰. 城乡经济社会发展一体化与我国农村环境问题的解决 [J]. 华中农业大学学报（社会科学版），2009（2）：65－69.

④ 董玥玥. 城乡一体化导向的农村环境污染治理研究 [J]. 农业经济，2016（5）：15－16.

⑤ 曾鸣，谢淑娟. 中国农村环境问题研究——制度透析与路径选择 [M]. 北京：经济管理出版社，2007.

⑥ 郭琰. 中国农村环境保护的正义之维 [M]. 北京：人民出版社，2015.

⑦ 马骥. 农村环境污染的根源与治理：基于产业经济学视角 [J]. 新视野，2017（5）：42－46.

⑧ 杨顺顺，栾胜基. 农村环境管理模拟农户行为的仿真分析 [M]. 北京：科学出版社，2012.

⑨ 赵永辉，田志宏. 外部性与农药污染的经济学分析 [J]. 中国农学通报，2005（7）：448－450，456.

⑩ 胡璇，李丽丽，栾胜基，沈忱. 强、弱外部性农村环境问题及其管理方式研究 [J]. 北京大学学报（自然科学版），2013，49（3）：509－513.

⑪ 卢亚丽，薛惠锋. 我国农业面源污染治理的博弈分析 [J]. 农业系统科学与综合研究，2007（3）：268－271.

研究，或者就指导思想的某方面进行研究。

一是对指导思想进行整体性研究。其中具有代表性的研究有：《中国共产党指导思想文库》分为马列主义卷、毛泽东卷和邓小平卷，为指导思想研究提供了丰富的史料①。《中国共产党指导思想史》共六编十七章，用史实说话，全程考察了中国共产党在1919②～2007年指导思想的发展③。《中国共产党指导思想发展史》论述了从马克思主义传播的指导思想之源开始，到贯彻落实科学发展观的全过程④。

二是分阶段对指导思想进行研究。有学者对指导思想持续关注，分别就不同阶段的指导思想进行了研究，并取得了一系列成果⑤。有学者就新世纪和新时代的指导思想进行了论述⑥。有学者就中华人民共和国成立初

---

① 张蔚萍，舒以主编. 中国共产党指导思想文库（第1-3卷）[M]. 北京：中国经济出版社，1998.

② 非笔误，该研究的第一章内容为"党的理论基础的科学指导思想——马克思列宁主义的引进和初步运用（1919-1927）"

③ 李曙新，等. 中国共产党指导思想史 [M]. 青岛：青岛出版社，2007.

④ 郑谦主编，黄一兵著. 中国共产党指导思想发展史（第1卷）[M]. 广州：广东教育出版社，2012.

郑谦主编，关谦著. 中国共产党指导思想发展史（第2卷）[M]. 广州：广东教育出版社，2012.

郑谦主编，武国友，丁雪梅著. 中国共产党指导思想发展史（第3卷）[M]. 广州：广东教育出版社，2012.

⑤ 石仲泉. 邓小平理论是党的指导思想论 [J]. 理论月刊，1998（2）：4-10.

石仲泉. 党的指导思想发展历程和"三个代表"重要思想由理论创新走向实践创新 [J]. 中共党史研究，2003（1）：25-33，56.

石仲泉. 科学发展观：一个新的指导思想 [J]. 前线，2012（12）：119-122.

石仲泉. 党的指导思想的历史性飞跃与习近平新时代中国特色社会主义思想 [J]. 毛泽东邓小平理论研究，2017（10）：1-7，107.

石仲泉. 论党的指导思想的三次飞跃——学习《中共中央关于党的百年奋斗重大成就和历史经验的决议》[J]. 毛泽东邓小平理论研究，2021（11）：1-9，108.

⑥ 包心鉴. 党在新世纪必须长期坚持的指导思想 [J]. 山东商业职业技术学院学报，2003（1）：1-6.

包心鉴. 中国特色社会主义理论体系的最新成果我国现代化建设必须长期坚持的指导思想——论科学发展观 [J]. 山东社会科学，2013（1）：5-15.

期、十年建设时期的指导思想进行了论述①。

　　三是就指导思想的地位、理论基础或作用等进行研究。如有学者论述了指导思想、政治方向的正确性对改革成败的决定性作用②。有学者论述了党的指导思想的层次性与江泽民"三个代表"重要思想的历史定位，还论述了党的指导思想的理论基础③。有学者以命名学方法为统领，梳理中国共产党指导思想命名史，史论结合，系统分析指导思想命名中的影响因素和经验教训，探究指导思想命名规律、原则和方法④。有学者专门研究党的指导思想的与时俱进品质，及其与中国特色社会主义理论体系的定位⑤。还有学者从加强党的执政能力建设方面论述了坚持指导思想的必要性，并专门论述了指导思想与时俱进的品格⑥。

————————

　　① 李曙新．十年建设时期党建指导思想的两个发展趋向述论［J］．理论探讨，2006（4）：103 - 107.

　　李曙新．关于中国共产党指导思想研究中的几个基本问题［J］．青岛大学师范学院学报，2007（4）：9 - 12.

　　李曙新．建国初期指导思想一元化和文化发展多元化统一格局的形成及其影响［J］．理论学刊，2010（12）：21 - 25.

　　② 周新城．改革的成败取决于指导思想、政治方向是否正确——写在改革开放40周年之际［J］．毛泽东邓小平理论研究，2018（3）：26 - 32，107.

　　③ 吉彦波．党的指导思想的层次性与江泽民思想的历史定位［J］．重庆交通学院学报（社会科学版），2003（4）：1 - 4.

　　吉彦波．党的指导思想的理论基础是马列毛邓理论［J］．南京医科大学学报（社会科学版），2003（2）：79 - 82.

　　④ 张兴亮．中国共产党指导思想命名的多维视角研究［M］．北京：人民出版社，2015.

　　⑤ 齐卫平．党的指导思想与中国特色社会主义理论体系的定位［J］．中国浦东干部学院学报，2009，3（2）：11 - 16.

　　齐卫平．党的指导思想的与时俱进品质［J］．重庆社会科学，2010（10）：29 - 31.

　　齐卫平．党的新指导思想体现理论对时代的回应［J］．上海党史与党建，2018（1）：2 - 3.

　　齐卫平．问题关切与党的指导思想与时俱进——习近平新时代中国特色社会主义思想的诞生［J］．思想政治课研究，2019（1）：55 - 60.

　　⑥ 张荣臣．加强党的执政能力建设必须坚持的指导思想［J］．共产党员（河北），2005（1）：14 - 16.

　　张荣臣．新时代党的指导思想的与时俱进［J］．人民论坛·学术前沿，2017（21）：45 - 50.

　　张荣臣，王启超．新中国成立以来中国共产党指导思想的与时俱进及启示［J］．哈尔滨市委党校学报，2019（5）：8 - 15.

　　张荣臣，叶平原．学党史　悟思想——百年来中国共产党指导思想的与时俱进［J］．求知，2021（6）：25 - 28.

（2）将指导思想与指导的具体工作结合起来的研究

马克思主义生命力的体现，在于将其与我国的实际问题有机地结合起来，再把中国化的马克思主义运用到实践中去。因此，系统研究指导思想、贯彻执行指导思想，是当前中国共产党义不容辞的任务。指导思想应运用于和已经运用于方方面面，对农村环境政策的指导和在农村环境治理中的贯彻执行是其中一个方面。

一是对不同阶段环境政策的指导思想进行研究。有学者对邓小平关于环境保护的重要论述进行了研究，研究主要集中于其内容和价值[1][2][3][4]。有学者对江泽民关于环境保护的重要论述进行了研究[5][6][7][8]。诸多学者对胡锦涛关于环境保护的重要论述进行了研究，研究集中于内容、特征、向度、价值和实践等[9][10][11][12][13][14]。更多学者对习近平生态文明思想进行了研究，从研究来看，内容丰富，主要集中于习近平生态文明思想的内涵、内

---

[1] 秦书生，隋学佳，郑雪．邓小平生态思想探析 [J]．党政干部学刊，2013（5）：70 - 72.

[2] 黄小梅．邓小平生态思想探析 [J]．党史研究与教学，2013（3）：78 - 83.

[3] 厉磊．邓小平关于环境保护的重要论述及其当代价值 [J]．理论界，2016（9）：11 - 18.

[4] 刘於清．邓小平生态思想探析 [J]．邓小平研究，2018（1）：87 - 93.

[5] 林仕尧．江泽民生态思想探析——学习《江泽民文选》[J]．中共南京市委党校南京市行政学院学报，2007（6）：25 - 27.

[6] 王杏玲．江泽民关于环境保护的重要论述探微 [J]．江南大学学报（人文社会科学版），2008，7（6）：29 - 32.

[7] 周彦霞，秦书生．江泽民生态思想探析 [J]．学术论坛，2012，35（9）：22 - 25.

[8] 刘建涛，艾志强．江泽民生态思想的三重视域透析 [J]．辽宁工业大学学报（社会科学版），2015，17（2）：1 - 4.

[9] 胡洪彬．胡锦涛生态环境建设思想研究 [J]．重庆邮电大学学报（社会科学版），2010，22（4）：8 - 13.

[10] 蒋丽，崔明浩．胡锦涛生态文明思想探析 [J]．辽宁省社会主义学院学报，2013（1）：55 - 58.

[11] 闫岩．胡锦涛生态文明建设思想研究 [J]．河南工业大学学报（社会科学版），2013，9（2）：32 - 34，42.

[12] 秦书生．论胡锦涛生态文明建设思想 [J]．求实，2013（9）：4 - 8.

[13] 刘建涛．胡锦涛生态思想的三重向度透析 [J]．大连海事大学学报（社会科学版），2015，14（4）：105 - 109.

[14] 刘海霞．论胡锦涛的生态环境思想 [J]．中国石油大学学报（社会科学版），2015，31（6）：37 - 42.

容、特征、规律、理论渊源、生成逻辑、发展历程、理论贡献、价值意义、实践引领等；从研究学者来看，学者众多，其中形成系列研究的学者包括方世南①、郇庆治②、王雨辰③、张云飞④等。

二是从现有的环境政策文本中，可以直观地观察到指导思想在农村环境政策方面的指导，以及在农村环境治理中的贯彻执行。如《全国生态环境建设规划》（1998）、《进一步加强农村卫生工作的决定》（2002）、《关于加强农村环境保护工作意见》（2007）、《关于加强环境噪声污染防治工作改善城乡环境质量的指导意见》（2010）、《关于创新体制机制推进农业绿色发展的意见》（2017）、《关于加快推进长江经济带农业面源污染治理的指导意见》（2018）等政策文本中均有关于指导思想的论述。

三是可以在现有研究中发现指导思想在农村环境政策和农村环境治理方面的指导作用和贯彻执行。如有学者基于科学发展观的指导，对现有环境政策在农村的不适应进行分析，并提出政策创新⑤。有学者提出，要以科学发

① 方世南发表相关论文近20篇，此处仅列举被引用最高的前四篇。
方世南，储萃．习近平生态文明思想的整体性逻辑［J］．学习论坛，2019（3）：5－12.
方世南．习近平生态文明思想的永续发展观研究［J］．马克思主义与现实，2019（2）：15－20.
方世南．论习近平生态文明思想对马克思主义生态文明理论的继承和发展［J］．南京工业大学学报（社会科学版），2019，18（3）：1－8，111.
方世南．习近平生态文明思想中的生态扶贫观研究［J］．学习论坛，2019（10）：20－26.
② 郇庆治．习近平生态文明思想的政治哲学意蕴［J］．人民论坛，2017（31）：22－23.
郇庆治．习近平生态文明思想中的传统文化元素［J］．福建师范大学学报（哲学社会科学版），2019（6）：1－9，167.
郇庆治．习近平生态文明思想的体系样态、核心概念和基本命题［J］．学术月刊，2021，53（9）：5－16，48.
③ 王雨辰，汪希贤．论习近平生态文明思想的内在逻辑及当代价值［J］．长白学刊，2018（6）：30－37.
王雨辰．习近平生态文明思想的三个维度及其当代价值［J］．马克思主义与现实，2019（2）：7－14.
王雨辰．论习近平生态文明思想的理论特质及其当代价值［J］．福建师范大学学报（哲学社会科学版），2019（6）：10－18，167.
④ 张云飞．习近平生态文明思想的标志性成果［J］．湖湘论坛，2019，32（4）：5－14.
张云飞．习近平生态文明思想话语体系初探［J］．探索，2019（4）：22－31.
张云飞，李娜．习近平生态文明思想对21世纪马克思主义的贡献［J］．探索，2020（2）：5－14.
⑤ 赵海霞．科学发展观下的农村环境政策创新研究［J］．新疆大学学报（哲学社会科学版），2005，（6）：33－37.

展观作为农村环境立法的指导思想，立法要全面落实指导思想①。有学者论述了科学发展观指导下的农村能源生态建设②。有学者提出在科学发展观指导下有序开发水电，实现水资源的科学有序可持续利用③。有学者提出用科学发展观指导农村植树造林的建议④。还有学者认为习近平的农村生态环境治理思想以农民利益为出发点，蕴含农民性的价值追求⑤。有研究者研究了习近平生态文明思想指引下的农村垃圾治理问题⑥。还有研究者在新时代习近平生态文明思想指导下，专门研究了农村生态环境治理问题⑦。

3. 对我国农村环境政策内容构成的研究

（1）对农村环境政策内容进行整体性研究

有学者对农业农村发展政策和环境保护政策中涉及农业农村的部分进行分析，并着重研究了已有环境保护法律法规中关于农业农村环境保护的政策⑧。有学者研究了 1973～2015 年的农村环境政策内容，认为 1973～1979 年的政策多以改善农村环境卫生为主，1980～1989 年的政策以解决农业面源污染和限制企业污染为主，1990～1999 年的政策强调农业环境保护必须与经济发展相协调，2000 年以后的政策在农业污染源监测、农村环境综合整治、农业面源污染防治、农村生活污染防治等方面作出规定⑨。有研究者按改革开放以来中国共产党农村环境政策的三个发展阶

---

① 张晓敏. 科学发展观视野下的我国农村环境保护立法思考 [J]. 河南师范大学学报（哲学社会科学版），2008，35（6）：164-166.

② 华永新. 基于科学发展观指导下的农村能源生态建设 [J]. 农业工程技术（新能源产业），2008（1）：26-29.

③ 程回洲. 用科学发展观指导农村水能资源开发利用 [J]. 水利发展研究，2008（5）：1-4.

④ 路永峰. 用科学发展观指导农村的植树造林 [J]. 现代农业科技，2009（15）：218，222.

⑤ 吴晨晟，李丽敏，张志胜. 习近平农村生态环境治理思想的农民性意蕴 [J]. 佳木斯大学社会科学学报，2019，37（3）：8-10.

⑥ 戴炜. 习近平生态文明思想指引下的农村垃圾治理研究 [D]. 南昌大学，2019.

⑦ 王亚冲. 新时代习近平生态文明思想下农村生态环境治理问题研究 [D]. 哈尔滨商业大学，2021.

⑧ 韩冬梅，金书秦. 中国农业农村环境保护政策分析 [J]. 经济研究参考，2013（43）：11-18.

⑨ 金书秦，韩冬梅. 我国农村环境保护四十年：问题演进、政策应对及机构变迁 [J]. 南京工业大学学报（社会科学版），2015，14（2）：71-78.

段，从宪法、法律法规、中央"一号文件"中提取涉及农村环境保护的政策内容，并总结了每个阶段的政策特征①。有学者认为农业生态环境治理体系是国家治理体系在"三农"和生态环境交叉领域的重要应用。农业生态环境治理体系包括了管理部门的职责分工和责任体系、以农民主体为核心的多元参与和治理体系、农业面源污染监测和核查体系、市场体系和有效的激励机制、信用体系和农业生态环境治理的制度体系②。

（2）对某类农村环境政策内容进行研究

一是对农业环境政策内容的研究。如有学者认为现阶段我国的农业环境政策是以《环境保护法》、《中华人民共和国农业法》（以下简称《农业法》）为主体，其他具体环境污染防治等政策与之结合的体系③。有学者认为，农业环境政策体系包括国家经济发展规划、国务院一号文件、法律法规、部门或地方规章，具体内容涉及水利、天然林、节水农业、生态补偿、农业面源污染等④。

二是对农村人居环境政策内容的研究。如有学者认为改革开放以前缺乏对农村人居环境的治理，20 世纪 80 年代以后围绕农村人居环境，在病害防治、水利工程、住房建设和民生改善等方面进行了规定，21 世纪后则着重围绕农村饮水、行路、用电和污染等问题开展治理⑤。

4. 对我国农村环境政策实践的研究

（1）通过构建指标体系或基于调查对农村环境政策实践成效进行评估

一是评估农村环境政策实践的整体效果。有学者以农村人居环境、农村生态环境和农业生产环境三个方面为一级指标，下设 7 个二级指标，21

---

① 刘娜 . 改革开放以来中国共产党农村环境政策演进问题研究 [D]. 辽宁师范大学，2017.

② 金书秦，韩冬梅 . 农业生态环境治理体系：特征要素和路径 [J]. 环境保护，2020，48 （8）：15 – 20.

③ 赵哲 . 中国农业环境政策研究 [D]. 吉林财经大学，2017.

④ 王哲 . 基于农业支持视角的中国农业环境政策研究 [D]. 中国农业科学院，2013.

⑤ 张会吉，薛桂霞 . 我国农村人居环境治理的政策变迁：演变阶段与特征分析——基于政策文本视角 [J]. 干旱区资源与环境，2022，36 （1）：8 – 15.

个三级指标，评估了 H 省 N 县 S 镇的环境政策绩效①。有学者基于农户满意度对农村环境综合治理政策效应进行了研究②。有学者构建面板模型实证分析了取消农业税与农业大省环境污染的关系，评估其效果③。有学者基于 24 个省 211 个村庄的调查数据，对我国农村人居环境治理政策进行了系统调查与绩效评价④。

二是评估某类或某种农村环境政策的实践效果。有学者采用多变量离散灰色模型构建减排量测度方法度量我国颁布的农村水环境管理政策的减排效应⑤。有学者通过对比分组的 VAR 模型分析了我国农村水环境政策对农业经济增长与农业面源污染总体关系的影响⑥。有学者在局部均衡框架下，比较研究了 5 种不同情境下基于环境税的两部门政策对农业面源污染的规制效应；同时还研究了环境税规制农业面源污染问题的机制和效应⑦⑧。有学者分析比较了产量补贴政策与绿色补贴政策在均衡状态下的环境重要性、污染排放率、农业补贴率、排污税率等因素对补贴效应和社会福利的影响⑨。

（2）关于我国农村环境政策实践成效影响因素的研究

一是宏观影响因素。有学者认为长江流域农村环境变化的影响因素包

---

① 张梅，吴永涛，石磊，马中，周楷．农村环境绩效评估指标体系研究 ［J］．环境保护，2020，48（16）：56 - 60.

② 汪红梅，魏思佳．基于农户满意度的农村环境综合治理政策效应研究 ［J］．福建论坛（人文社会科学版），2018（10）：59 - 66.

③ 周端明，陶欣欣．农业大省环境污染与取消农业税关系的实证研究——基于安徽省 16 市2000 - 2014 年面板数据 ［J］．安徽师范大学学报（人文社会科学版），2017，45（6）：734 - 740.

④ 黄振华．新时代农村人居环境治理：执行进展与绩效评价——基于 24 个省 211 个村庄的调查分析 ［J］．河南师范大学学报（哲学社会科学版），2020，47（3）：54 - 62.

⑤ 张可，马成文，丰景春，薛松．基于离散灰色模型的农村水环境政策减排效应及其空间分异性研究 ［J］．中国管理科学，2017，25（5）：157 - 166.

⑥ 张可，聂阳剑．水环境政策对农业增长与面源污染影响的实证分析 ［J］．统计与决策，2017（14）：118 - 121.

⑦ 周志波，张卫国．基于环境税的两部门政策与农业面源污染规制 ［J］．西南大学学报（自然科学版），2019，41（3）：89 - 100.

⑧ 周志波，张卫国．环境税规制农业面源污染研究——不对称信息和污染者合作共谋的影响 ［J］．西南大学学报（自然科学版），2019，41（2）：75 - 89.

⑨ 李守伟，李光超，李备友．农业污染背景下农业补贴政策的作用机理与效应分析 ［J］．中国人口·资源与环境，2019，29（2）：97 - 105.

括农业生产排放、非农业生产排放、自然资源过度开发、城市化速度、人口压力增大等[1]。有学者运用 IPA 分析法诊断江苏省农村环境整治绩效的影响因素，认为影响因素包括化肥农药污染治理、工业污染治理、河塘污染治理等[2]。

二是从微观角度分析影响因素，主要从农户角度进行研究。有学者基于湖北省问卷调查，运用二元 Logistic 模型，对农作物秸秆资源化利用意愿及影响因素进行了实证分析[3]。有学者利用陕西省 474 户农户入户调研的微观数据，采用 Heckprobit 模型，实证分析了信任与收入对农户参与村域环境治理的影响[4]。有学者以湖北省为例，利用 1 074 份农户微观调查数据，从环境心理学视角下的人地关系出发，探讨地方依恋对农户参与村庄环境治理的影响[5]。

5. 关于完善我国农村环境政策的研究

（1）从总体上完善农村环境政策

有学者提出了我国在农村环境保护方面需要创新思路，即构建新型的农村环境保护体系、环保机构应从执法机构转变为服务机构、统一环境保护目标并建立多部门合作机制、建立农村自我环境监测机制[6]。有学者基于城乡二元视角提出缩小城乡经济差距、农业与环境政策一体化、农村环境政策体系化等方面政策建议[7]。有学者从创新管理体制、推广环境友好型生产方式、乡镇企业走新型工业化道路、加强公众参与、提高农民环保

① 孙剑，乐永海．长江中下游流域农村环境质量变化及影响因素研究［J］．长江流域资源与环境，2012，21（3）：355－360．
② 郑华伟，胡锋．基于农户满意度的农村环境整治绩效研究——以江苏省为例［J］．南京工业大学学报（社会科学版），2018，17（5）：79－86．
③ 崔蜜蜜，何可，颜廷武．农民参与环境治理的意愿选择及其影响因素［J］．调研世界，2015（12）：29－32．
④ 汪红梅，惠涛，张倩．信任和收入对农户参与村域环境治理的影响［J］．西北农林科技大学学报（社会科学版），2018，18（5）：94－103．
⑤ 王学婷，张俊飚，童庆蒙．地方依恋有助于提高农户村庄环境治理参与意愿吗？——基于湖北省调查数据的分析［J］．中国人口·资源与环境，2020，30（4）：136－148．
⑥ 任晓冬，高新才．中国农村环境问题及政策分析［J］．经济体制改革，2010（3）：107－112．
⑦ 李宾．城乡二元视角的农村环境政策研究［M］．北京：中国环境科学出版社，2012．

意识等方面提出对策①。有学者从培育治理主体、创新治理模式、加强运维、发展现代生态循环农业等方面提出农村环境保护体系的构建策略②。有学者提出创新农村环境政策体系，建立健全体制机制，强化对农村生态环境的管理等对策③。有学者认为可以帮助全民树立生态文明意识、调整产业结构、加大投资力度和完善相关的生态环境制度来促进新农村生态环境的改善和优化④。

（2）对我国农村环境政策中的某类或某方面政策的完善进行深入研究

一是从农村环境治理主体角度进行改进。有学者从政府、农民和市场机制等方面构建自治模式，并完善法律体系和运行机制⑤。有学者深入挖掘社区自组织在我国农村生态环境保护中的潜力，认为应合理科学地为社区自组织定位，更好地使社区自组织与政府管理耦合，最终为我国农村生态环境保护尽微薄之力⑥。有学者研究了乡村振兴背景下农村环境治理的主体变迁，并提出创新机制⑦。有学者专门从培育多元共治主体角度提出改进策略⑧。有学者认为为了加强公众参与农村环境治理的积极性和主动性，要提升参与主体的思想意识、完善相关制度保障、多渠道降低公众参与成本和积极发展民间环保组织⑨。

二是某类农村环境政策的完善。其中，关于财税政策改进的研究居多。有学者提出了调整和完善资源税，完善增值税制度，强化消费税加强

---

① 郭建，胡俊苗. 农村环境污染防治 [M]. 保定：河北大学出版社，2013.

② 程会强. 农村环境保护体系的构建策略 [J]. 改革，2017 (11)：50 - 53.

③ 徐婷婷. 中国农村环境保护现状与对策研究 [M]. 长春：吉林人民出版社，2019.

④ 王咸钟，徐昕，韩凌. 生态文明构建视域下我国新农村生态环境治理路径的优化 [J]. 农业经济，2020 (4)：25 - 27.

⑤ 陈叶兰. 农村环境自治模式研究 [M]. 长沙：中南大学出版社，2011.

⑥ 宋言奇. 中国农村环境保护社区自组织研究——以江苏为例 [M]. 北京：科学出版社，2012.

⑦ 戚晓明. 乡村振兴背景下农村环境治理的主体变迁与机制创新 [J]. 江苏社会科学，2018 (5)：31 - 38.

⑧ 张志胜. 多元共治：乡村振兴战略视域下的农村生态环境治理创新模式 [J]. 重庆大学学报（社会科学版），2020，26 (1)：201 - 210.

⑨ 赵素琴. 公众参与农村环境治理存在的问题及途径 [J]. 农业经济，2020 (7)：40 - 42.

农村环境保护的调控功能；适时开征有关新税种，确立加强农村环境保护的主体税种和重要辅助税种等加强我国农村环境保护的税收政策建议①。有学者提出了农村环境财政政策创新的总体思路与对策建议②③④。有学者认为要解决苏北农村水环境所面临的复合性困境，需要在生态文明视域下实施水环境保护的复合性治理机制⑤。

三、国内外研究现状评析

(一) 国外研究现状评析

国外关于农村环境政策的研究取得了不俗的成就，相关理论和模型值得我们反思和借鉴。突出表现在以下方面。

1. 研究内容丰富

丰富表现在：包括对农村环境政策基础理论、政策内容、政策实施效果及影响因素和完善农村环境政策的研究等。扎实表现在：如对农村环境政策的影响因素和实施效果的研究，诸多学者通过建立模型、比较、田野调查等多种方法进行验证和分析，得出比较可靠的结论。

2. 研究方法多样

研究方法包括点源污染控制领域的 CGE、最优化等传统方法，包括农村环境污染主体微观行为的制度经济学分析、基于实验经济学的污染个体

①　严立冬，郝文杰，谭波，邓远建．我国加强农村环境保护的税收政策分析 [J]．税务研究，2010 (1)：50 - 52.

②　卢晓峰，徐晓兰．农村环境问题的财政对策探讨 [J]．云南行政学院学报，2011，13 (2)：47 - 49.

③　陆成林．农村环境综合整治财政政策创新——以辽宁省为例 [J]．财政研究，2014 (4)：62 - 64.

④　李潇．乡村振兴战略下农村生态环境治理的激励约束机制研究 [J]．管理学刊，2020，33 (2)：25 - 35.

⑤　王俊敏．生态文明视域下农村水环境保护机制探究——以苏北地区为例 [J]．河海大学学报 (哲学社会科学版)，2016，18 (6)：87 - 93，96.

行为分析、分析阶层过程（AHP）方法和选择实验（CE）方法等较新的研究方法，再到流行病学方法等，通过研究方法的丰富与改进，使研究结论更符合实际情况。

（二）国内研究现状评析

国内学者在农村环境政策相关领域也取得了较大进展，研究内容比较丰富，研究方法比较多样。但是，与国外相关研究相比，国内相关研究略显零散，许多问题还有待进一步的深入探讨。具体表现在以下方面。

1. 研究内容不够系统深入

一是现有研究较少专门研究农村环境政策的指导思想，较少从理论指导角度把握农村环境政策的方向和目标。二是现有研究多从政治学或公共管理学的学科视角进行农村环境政策研究，缺乏从马克思主义理论学科视角展开研究。三是现有研究主要集中于农村环境政策的某一方面、某个时期或发展阶段的研究，缺乏对我国农村环境政策全面、整体、系统的考察。特别是对我国农村环境政策具体内容的研究均比较简单，缺乏系统和深入的考察。

2. 研究空间尺度具有局限性

现有关于农村环境政策内容的研究主要集中在中央范围，空间尺度并未向下延伸，并未遵循"从自然到人类社会，从大面积到小面积"的原则。与此相反，基于实地调研的研究又多集中于村级，往上一级范围的研究进展相对缓慢。两个角度的研究，研究空间尺度均有局限性。

3. 研究方法有待改进

一是多学科交叉的研究方法运用相对不足。农村环境政策研究涉及马克思主义理论、农业生态学、环境学、公共政策学、经济学、管理学等多学科的理论与技术，而现有研究使用多学科交叉运用的研究方法相对不足。二是目前的农村环境政策研究大多数以对政策文献的定性解读、经验分析、理论探讨等质性分析方法为主，尚缺乏对农村环境政策的定量分析。三是国内学者在进行农村环境政策实施效果评估及影响因素研究时，大多直接引用国外模型，尚未开发出适合中国国情的研究模型。

综上所述，无论是从研究内容和研究空间尺度来看，还是从研究方法而言，均有可拓展深入的空间，这正是本研究试图探索的地方。希望能通过大量政策文本的搜集，有效信息的提取，能尽可能清晰地展示改革开放以来我国农村环境政策的图景，在进行深入分析其效果后，再进行经验总结和未来展望，最终能为农村环境政策的完善尽绵薄之力。

第四节　研究设计

一、研究内容

（一）导论

从现实缘起、政策焦点和学术热点出发，厘清研究缘起；从理论与实践两方面论述研究意义。

在总结国内外学者的相关概念的基础上，界定清楚环境与农村环境、环境政策和农村环境政策的内涵。

通过大量文献资料的收集、整理与分析，厘清国内外研究现状并进行评述。

最后，从研究内容、方法、重点难点和创新之处等方面做好研究设计。

（二）分析改革开放以来我国农村环境政策的指导思想

进行改革开放以来我国农村环境政策指导思想的理论溯源：以马克思恩格斯的生态环境思想为理论渊源，以毛泽东关于环境保护的重要论述为理论基石。厘清改革开放以来我国农村环境政策指导思想的理论资源与借鉴，以中华传统文化中的生态智慧为理论资源，以西方环境伦理中的合理成分为理论借鉴。

厘清改革开放以来我国农村环境政策指导思想的主要内容。具体包括邓小平关于环境保护的重要论述、江泽民关于环境保护的重要论述、胡锦涛关于环境保护的重要论述、习近平的生态文明思想。

最后总结指导思想对农村环境政策的指导作用。

（三）明晰改革开放以来我国农村环境政策的发展历程并进行内容解析

对探索起步阶段（1978～1991年）我国农村环境政策内容进行解析。
对平缓发展阶段（1992～2001年）我国农村环境政策内容进行解析。
对快速发展阶段（2002～2011年）我国农村环境政策内容进行解析。
对全面推进阶段（2012～2021年）我国农村环境政策内容进行解析。

（四）总结改革开放以来我国农村环境政策的演进特征

首先，从中国共产党全国代表大会报告、中央文件、法律等政策文本中提取改革开放以来我国农村环境政策，再进行阅读、整理、鉴别和评价，总结规律。

其次，从指导思想、政策文本、政策体系等方面，总结我国农村环境政策的演进特征。

（五）进行改革开放以来我国农村环境政策的实践考察

首先，考察改革开放以来我国农村环境政策的实践成果。从农村生产环境、人居环境和生态环境三方面剖析取得的突出成就。

其次，总结取得成效的经验。经验包括：坚持以中国特色社会主义生态文明思想为指导思想，坚持中国共产党的领导和以人民为中心，农村环境政策的与时俱进并不断完善，有较好的保障措施。

最后，进行改革开放以来我国农村环境政策实践的经验检视。在找出不足的基础上，从主体力量、政策本身和保障措施等方面进行深刻反思。

（六）完善我国农村环境政策的路径选择

在指导思想层面：始终坚持以习近平生态文明思想为指导。具体而言：坚持发挥理论指导作用，为农村环境政策把握方向；坚持发挥目标导向作用，为农村环境政策确定目标；充分发挥价值塑造作用，为农村环境政策凝聚力量；充分发挥提供方法作用，为农村环境政策确定原则。

在主体力量层面：坚持中国共产党领导凝聚一切力量，充分发挥各级政府的主导作用，充分发挥村民委员会的堡垒作用，充分发挥环保组织的补充作用，充分发挥人民群众的参与作用。

在政策本身层面：全面系统认识我国农村环境问题，明确我国农村环境政策发展方向，修订政策和制定新政策，并不断完善我国农村政策工具体系。

在保障措施层面：充分利用一切有利的资源大力发展绿色经济，进一步完善我国环境治理体制，强化我国生态文化氛围。

二、研究方法

（一）马克思主义方法论

马克思主义方法论是指引我们党的事业取得胜利的法宝，也对学术研究具有普遍的指导意义。

一是以马克思主义唯物论为指导的实事求是方法论。实现主观与客观、主体与客体的统一，是马克思主义哲学方法论的核心问题。实事求是方法论的本质，就是指导人们通过实践实现这两个统一。从改革开放以来我国农村环境政策的历史渊源，到从政策文本中提取我国农村环境政策，到依据统计数据验证我国农村环境政策的成效，再到我国农村环境政策实践的经验检视，最后提出改进建议，都将秉持实事求是方法论。

二是以马克思主义辩证法为指导的辩证分析方法论。马克思主义辩证法是关于自然界、人类社会和思维发展的最一般规律的科学。运用这一理论来指导人们认识世界和改造世界，就形成了一系列相互联系的辩证分析方法群，其中矛盾分析方法是这个方法群中最根本的方法。在研究中坚持矛盾分析方法，特别是在评估我国农村环境政策的实践成效时，需要一分为二地看待成效，既分析取得的良好的成效，也不回避问题，看到我国农村环境政策实践成效的不足。

三是以唯物史观为指导的社会历史分析方法论。马克思创立的唯物史观，使人类对社会历史的认识真正建立在科学的基础之上，并由此形成了一系列认识社会和改造社会的正确的方法。本研究把我国农村环境问题作为一种社会历史现象，放置在时代的、历史的和社会的大舞台中进行分析，梳理1978～2021年我国农村环境政策的发展脉络，寻找其规律性，以期为我国农村环境政策的完善提供可靠的依据。

（二）具体研究方法

在马克思主义方法论的指导下，具体研究方法包括以下几种。

一是文献研究法。通过对经典文献阅读，较为全面地了解掌握改革开放以来我国农村环境政策的指导思想，以及其理论溯源和理论借鉴；通过对政策文献的阅读，深入挖掘改革开放以来我国农村环境政策各阶段的具体内容。

二是政策文本内容分析法。政策文本内容分析法能从文本表层深入文本深层，把握文本所蕴含的深层意义。马克思恩格斯的生态环境思想，毛泽东、邓小平、江泽民、胡锦涛关于环境保护的重要论述以及习近平生态文明思想，散见于各种文集、选集、讲话、报告、指示等不同文本之中；我国的农村环境政策，也见于党的政策、法律、部门规章等不同文本中。要全面梳理我国农村环境政策内容，文本解读与分析是一种可行的方法。

三是比较研究法。开展改革开放以来我国农村环境政策研究，既需要对毛泽东关于环境保护的重要论述、邓小平关于环境保护的重要论述、江泽民关于环境保护的重要论述、胡锦涛关于环境保护的重要论述和习近平生态文明思想的具体内容、地位等基本问题开展研究，也需要对以它们之间的内在关联进行比较研究。通过比较研究，真正认识到改革开放以来我国农村环境政策指导思想一脉相承、又与时俱进的关系，为进一步完善我国农村环境政策提供理论支撑。

四是统计分析法。借用各种统计资料，查找包括化肥施用情况、农药施用情况、农膜施用情况、耕地面积、农村人口、国内生产总值等在内的各种数据，并统计分析我国农村环境问题现状。该方法有助于我们清晰认识我国农村环境问题的严重性和治理的紧迫性，有助于我们客观评价农村环境政策的实践成效。

三、重点难点

（一）研究重点

一是改革开放以来我国农村环境政策的指导思想。中国特色社会主义生态文明思想是改革开放以来我国农村环境政策的指导思想，为农村环境政策指明方向、确定目标、凝聚力量和提供方法，具有强大的指导作用。对指导思想进行理论溯源、内容和作用分析，是本研究的第一个研究重点。

二是改革开放以来我国农村环境政策的发展历程和具体内容。要展开对农村环境政策的研究，了解其发展历程是非常必要的，通过四阶段划分对我国农村环境政策进行分阶段考察，明晰不同发展阶段的具体政策内容，是本研究的第二个研究重点。

三是完善我国农村环境政策的路径选择。立足改革开放以来我国农村环境政策的发展历程、具体内容、演进特征和实践成效的分析，思考并提出完善我国农村环境政策的路径，是本研究的最终落脚点，也是本研究的第三个研究重点。

（二）研究难点

一是资料收集与数据采集有一定难度。研究对象时间跨度长，时间超过 40 年，在此期间，不仅我国农村环境主管部门经过数次改革和调整，而且政策主体涉及多个部门，资料收集与数据采集有一定难度。

二是明晰各发展阶段的具体内容并总结特征有一定难度。经过筛选，确定的政策文本共计 1 485 份，累计超过 600 万字，在上千份政策文本中挖掘我国农村环境政策的核心信息，明晰各发展阶段的具体内容并总结特征有一定难度。

三是提出完善我国农村环境政策的路径有一定难度。作为研究的最终落脚点，如何基于多方面考量，从指导思想、领导力量、政策本身和配套措施方面提出完善我国农村环境政策的路径，有一定难度。

四、创新之处

（一）研究内容的创新之处

以中国特色社会主义理论体系为指引，重点着力于中国特色社会主义生态文明思想，结合文献资料和统计数据，探寻改革开放以来我国农村环境政策的发展脉络和具体内容。

具体而言，研究内容创新主要体现在：一是对农村环境政策的指导思想进行了专门的研究。既探索指导思想的理论溯源，也挖掘指导思想的内容，还分析了指导思想对农村环境政策的作用。二是根据现有政策文献，基于四个发展阶段，详细梳理了改革开放以来我国农村环境政策各阶段的具体内容。在每个阶段，均从综合性环境政策、污染防治政策和自然资源保护政策三方面详细阐释了政策内容，呈现了改革开放以来我国农村环境政策由探索起步到全面推进的全过程。

因此，从研究内容上来说，整体、系统、综合地考察了改革开放以来我国的农村环境政策内容，具有一定创新。

（二）理论观点的创新之处

本研究在一些方面提出了有一定新意的理论观点。

一是概括出农村环境政策的指导思想对农村环境政策的作用。主要体现在：为我国农村环境政策指明方向、为我国农村环境政策确定目标、为我国农村环境政策凝聚力量和为我国农村环境政策提供原则。二是概括出改革开放以来我国农村环境政策指导思想的演进特征。指导思想具有继承性与创新性的统一、理论性与实践性的统一、连续性和上升性的结合、民族性和世界性的融合的特征。三是在以后的农村环境政策制定和实施中，仍需在指导思想层面始终坚持以习近平生态文明思想做指导，主体力量层面坚持中国共产党领导凝聚一切力量，政策本身层面坚持农村环境政策内容的不断完善，保障措施层面坚持完善各项保障措施并发挥合力，最终使我国农村环境政策能更加科学、更加完善，能更好地解决农村环境问题。

（三）研究方法的创新之处

本研究是在以马克思主义唯物论为指导的实事求是方法论、以马克思主义辩证法为指导的辩证分析方法论、以唯物史观为指导的社会历史分析方法论的总体指导下进行的。

具体而言，研究方法的创新主要在于将政策文本内容分析法运用于我国农村环境政策研究领域。首先，本研究系统整理了改革开放以来我国农村环境政策研究文本资料，经查找与筛选，最终确定 1 485 份政策文本，建立共计 600 余万字的政策文本库。其次，本研究运用文献整理、文献计量分析等方式和工具对改革开放以来我国的农村环境政策进行整理汇集和分类，整理核心内容 10 余万字。最后，通过内容分析和特征总结，揭示出我国农村环境政策演进的历史过程，呈现了农村环境政策成长转型的逻辑思路，较为形象、全面、立体地描述了农村环境政策发展的演进图景，为揭示农村环境政策的发展态势与演化规律提供了独特的视角，为农村环境政策的制定和实施提供更加科学有效的决策支持。

这些政策文本和统计分析数据，不仅是本研究的主要资料来源，而且为未来学者研究改革开放以来我国的农村环境政策提供最基本的文献资料。

改革开放以来我国农村
环境政策的指导思想

在中国共产党的第十五次全国代表大会、第十六次全国代表大会和第十八次全国代表大会上,邓小平理论、"三个代表"重要思想和科学发展观逐一被确立为党和国家必须长期坚持的指导思想;在党的十九大上,习近平新时代中国特色社会主义思想被确立为"全党全国人民为实现中华民族伟大复兴而奋斗的行动指南"。毋庸置疑,改革开放以来我国农村环境政策的制定和实施是在上述理论的指导下进行的。在诸多环境政策文本中可进一步证明这一点。《国务院关于印发全国生态环境建设规划的通知》(1998)中明确指出,我国生态环境建设的指导思想是"高举邓小平理论伟大旗帜……",《国务院办公厅转发环保总局等部门关于加强农村环境保护工作意见的通知》(2007)指出指导思想是"以科学发展观为指导……",《全国畜禽养殖防治"十二五"规划(2011~2015)》(2012)中明确指出指导思想为"以科学发展观为指导……",《中共中央、国务院关于实施乡村振兴战略的意见》(2018)中明确指出"全面贯彻党的十九大精神,以习近平新时代中国特色社会主义思想为指导",《全国人民代表大会常务委员会关于全面加强生态环境保护 依法推动打好污染防治攻坚战的决议》（2019）中明确指出"坚持以习近平新时代中国特色社会主义思想特别是习近平生态文明思想为指引"，《国务院办公厅关于加强草原保护修复的若干意见》（2021）中明确指出"以习近平新时代中国特色社会主义思想为指导"，等等。

在本章第二节阐述改革开放以来我国农村环境政策的指导思想时，将不再详细论述邓小平理论、"三个代表"重要思想、科学发展观和习近平新时代中国特色社会主义思想，而是从这些理论中挖掘出邓小平关于环境保护的重要论述、江泽民关于环境保护的重要论述、胡锦涛关于环境保护的重要论述和习近平生态文明思想作为指导思想的具体内容加以详细论述。

第一节　改革开放以来我国农村环境政策指导思想的理论溯源

改革开放以来我国农村环境政策指导思想有着深厚的理论渊源。它传承了马克思主义经典作家的生态环境思想，并在一定程度上继承和超越了毛泽东关于环境保护的重要论述。它还汲取了中国传统文化中的生态智慧和西方环境伦理变迁中的合理成分。

一、以马克思恩格斯的生态环境思想作为理论渊源

在马克思、恩格斯的众多著述中，很难直接找到关于"生态"的术语，但是却能找到蕴含在字里行间极其丰厚深刻的生态环境思想。马克思恩格斯的生态环境思想主要集中在三个方面，包括生态自然观、生态危机论和生态经济论等基本内容。

（一）生态自然观

在马克思、恩格斯的生态自然观中，人、自然、社会三者的相互关系

是其核心内容。

1. 自然对人的先在性与制约性，人能使自然界为己服务

一方面，自然界是先在的，是人生存的前提和现实部分。马克思指出，"人靠自然界生活①"。自然界成为人类索取的对象，是人类生活所赖以存在的前提。人只有依靠实物、燃料、衣物和住房等自然产品才能生活。另一方面，人不是被动地屈从于自然，而是能够发挥主动性和能动性，作出改变，能充分利用各种自然条件，使自然界为自己服务，达到支配自然界的目的，这也正是人与动物的本质区别。对此，恩格斯一语道破，人"通过他所作出的改变来使自然界为自己的目的服务，来支配自然界。这便是人同其他动物的最终的本质的差别②"。

2. 人与自然的关系折射出人与人、人与社会的关系

马克思对人与自然的关系进行了精辟的阐述，他强调："人对自然的关系直接就是人对人的关系，正像人对人的关系直接就是人对自然的关系，就是他自己的自然的规定③"。该论断表明，人与自然的关系折射出人与人的关系，反而言之，人与人的关系就是人与自然关系的直接体现。进而言之，"社会是人同自然界的完成了的本质的统一，是自然界的真正复活，是人的实现了的自然主义和自然界的实现了的人道主义④。"在此基础上，马克思创造性地提出三大人类社会形态以及相对应的人类实践能力的变动状态，阐明社会形态制约人与自然的关系。只有在人与自然的和谐统一阶段，"建立在个人全面发展和他们共同的、社会的生产能力成为从属于他们的社会财富这一基础上的自由个性"⑤，人与自然的矛盾才能得到完全解决。

3. 实践是联结人、自然、社会三者关系的关键所在

实践是连接人与自然的手段，由于实践，自然界有了自在自然和人化

---

① 马克思，恩格斯. 马克思恩格斯文集（第一卷）[M]. 北京：人民出版社，2009：161.
② 马克思，恩格斯. 马克思恩格斯文集（第九卷）[M]. 北京：人民出版社，2009：559.
③ 马克思，恩格斯. 马克思恩格斯文集（第一卷）[M]. 北京：人民出版社，2009：184.
④ 马克思，恩格斯. 马克思恩格斯文集（第一卷）[M]. 北京：人民出版社，2009：187.
⑤ 马克思，恩格斯. 马克思恩格斯文集（第八卷）[M]. 北京：人民出版社，2009：52.

自然的区分。"劳动是整个人类生活的第一个基本条件,而且达到这样的程度,以致我们在某种意义上不得不说:劳动创造了人本身。[①]"没有劳动,就不能创造出人。由此可见,人首先是自然意义上的人,其次才是社会意义上的人。正是由于实践,才将自然意义的人与社会意义的人统一起来,"我们不仅生活在自然界中,而且生活在人类社会中"[②],这也充分说明实践是沟通自然与社会之间的桥梁。

(二) 生态危机论

马克思、恩格斯的生态危机论主要包括三方面内容,有着清晰的逻辑思路,沿着提出问题、分析问题和解决问题的思路具体展开。首先,两位导师对资本主义生态环境问题进行了深刻的揭露与批判;其次,挖掘生态环境问题产生的根源;最后,提出化解生态危机的手段。

1. 对资本主义生态环境问题进行了深刻的揭露与批判

马克思、恩格斯无情地披露了资本主义所带来的生态环境污染,指出资本主义工业直接导致了英国等国家的空气污染、河流污染。恩格斯指出,曼彻斯特周围都是纯粹的工业城市,"到处都弥漫着煤烟"[③]。围绕流经城市的河流,资本家建立了无数的工厂,"桥以上是制革厂,再上去是染坊、骨粉厂和瓦斯厂"[④],这些工厂排出的废水,直接流入河流,"这就容易想象到这条河留下的沉积物是些什么东西"[⑤]。因此,流入城市尚是清澈的英国河流,"在城市的另一端流出的时候却又黑又臭,被各色各样的脏东西弄得污浊不堪了"[⑥]。

马克思还揭示了资本主义对土地资源与环境的破坏情况。资本主义从产生之日开始,就牺牲了农业和农业生产的自然条件,"羊吃人"的圈地运动证

---

① 马克思,恩格斯. 马克思恩格斯文集(第九卷)[M]. 北京:人民出版社,2009:550.
② 马克思,恩格斯. 马克思恩格斯文集(第四卷)[M]. 北京:人民出版社,2009:284.
③ 马克思,恩格斯. 马克思恩格斯全集(第二卷)[M]. 北京:人民出版社,1957:323.
④⑤ 马克思,恩格斯. 马克思恩格斯全集(第二卷)[M]. 北京:人民出版社,1957:331.
⑥ 马克思,恩格斯. 马克思恩格斯全集(第二卷)[M]. 北京:人民出版社,1957:320.

明了此观点，资本家把农民从土地上赶走，将土地变为牧场，"耕地荒芜"①。马克思还指出掠夺性的耕作使纽约州"肥沃的土地已变得不肥沃了"②。

　　两位导师经过对资本主义国家工人阶级的生活状况进行了详细分析，论证了工人阶级所处的恶劣人居环境，此种恶劣人居环境直接影响到工人阶级的生命健康。恩格斯指出每个大城市都有挤满人的贫民窟，"这里的街道通常是没有铺砌过的，肮脏的，坑坑洼洼的，到处是垃圾，没有排水沟，也没有污水沟，有的只是臭气熏天的死水洼"③。与生活环境相比，工人的工作环境更加恶劣。马克思、恩格斯对不同工种个人恶劣的工作环境进行了揭露。磨工的粉尘和金属屑，"弥漫在空气中，从而不可避免地要吸到肺里去"④；陶器工人会因铅、砷等重金属"引起剧烈的腹痛和严重的肠胃病、经常的便秘、疝气痛，有时还会引起肺结核，而在小孩子身上更常常引起羊痫风。在成年男人中常见的现象是手上的肌肉部分麻痹和四肢全部麻痹"⑤；玻璃制品工人则因温度高，引发"全身衰弱和疾病、发育不良、特别是眼病、胃病、支气管炎和风湿病"⑥；采矿工人"都患胃病"，"也常常患心脏病，如心脏肥大，心脏炎和心包炎，心脏的血管硬化和主动脉口狭窄等""由于空气里充满了尘土、碳酸气和矿坑瓦斯（这本来是容易避免的），产生了许多痛苦而危险的肺部疾病，特别是哮喘病……黑痰病"⑦；纺织工人的呼吸器官疾病也大量增加。

2. 生态环境问题产生的根源是资本主义私有制

　　马克思、恩格斯在深刻揭露了资本主义工业和农业对环境的污染及生

---

　　①　马克思，恩格斯. 马克思恩格斯文集（第五卷）[M]. 北京：人民出版社，2009：826.

　　②　马克思，恩格斯. 马克思恩格斯全集（第二十五卷）[M]. 北京：人民出版社，1974：755.

　　③　马克思，恩格斯. 马克思恩格斯全集（第二卷）[M]. 北京：人民出版社，1957：306 - 307.

　　④　马克思，恩格斯. 马克思恩格斯全集（第二卷）[M]. 北京：人民出版社，1957：490.

　　⑤　马克思，恩格斯. 马克思恩格斯全集（第二卷）[M]. 北京：人民出版社，1957：493.

　　⑥　马克思，恩格斯. 马克思恩格斯全集（第二卷）[M]. 北京：人民出版社，1957：494.

　　⑦　马克思，恩格斯. 马克思恩格斯全集（第二卷）[M]. 北京：人民出版社，1957：535 - 536.

态的破坏后，揭露了工人恶劣的生产生活环境带来的危害，还对其产生的根源进行了剖析。马克思、恩格斯认为，人与自然关系的矛盾源自资本主义社会中人与人之间关系的失衡，即资本主义生态危机的制度性根源在于资本主义制度。为了追求更多的剩余价值，资本家无止境地扩大生产，掠夺资源，剥削工人，最终造成资本的无限扩张与资源有限之间的严重矛盾。他们指出，资本主义大农业的弊端是"更直接地滥用和破坏土地的自然力"①"农村的产业制度也使劳动者精力衰竭，而工业和商业则为农业提供各种手段，使土地日益贫瘠"②。由此可见，在资本主义制度下，资产阶级唯利是图的本性决定了经济利益至上，生态环境或许在某个阶段有所缓解，但是生态危机不能得以根本解决。

3. 提出化解生态危机的手段

马克思、恩格斯前瞻性地关注了如何化解生态危机的问题。马克思、恩格斯针对不同类型的环境问题引起的生态危机，就如何化解提出了不同的解决手段。比如，通过城乡融合，统一运用治理手段来解决生态环境污染问题。恩格斯指出，城乡之间由对立走向融合不仅是可能实现的，而且是适应现实社会的需要，不仅是"工业生产本身的直接需要"，而且是"农业生产和公共卫生事业的需要"，"只有通过城市和乡村的融合，现在的空气、水和土地的污染才能排除"③。再如，两位导师还提出了改善土地自然资源的对策，即可以通过轮作等农业改良方法提高土地肥力。"例如，把休闲的土地改为播种牧草；大规模地种植甜菜，（在英国）于乔治二世时代开始种植甜菜。从那时起，沙地和无用的荒地变成了种植小麦和大麦的良田，在贫瘠的土地上生产的谷物增加两倍，同时也获得了饲养牛羊的极好的青饲料。④"

---

①② 马克思，恩格斯. 马克思恩格斯全集（第二十五卷）[M]. 北京：人民出版社，1974：917.

③ 马克思，恩格斯. 马克思恩格斯文集（第九卷）[M]. 北京：人民出版社，2009：313.

④ 马克思，恩格斯. 马克思恩格斯全集（第四十七卷）[M]. 北京：人民出版社，1979：599－600.

当然，从最终意义上看，上述手段并不能完全解决生态环境问题，化解生态环境危机的终极手段在于以共产主义制度替代资本主义制度。只有作为完成了的自然主义的共产主义，才能真正解决人与自然、人与人之间的矛盾，即"这种共产主义，作为完成了的自然主义，等于人道主义，而作为完成了的人道主义，等于自然主义，它是人和自然界之间、人和人之间的矛盾的真正解决，是存在和本质、对象化和自我确证、自由和必然、个体和类之间的斗争的真正解决"①。

（三）生态经济论

马克思、恩格斯的生态经济论，包括自然生产力观和循环经济观。

1. 自然生产力观

马克思认为，"自然生产力"是不需要人类付出任何代价、不需加工就已经存在的自然资源。马克思、恩格斯其他论述中的"自然力""自然条件""无机界的生产力"均是与"自然生产力"有相同内涵的定义。

（1）自然生产力的作用

首先，马克思、恩格斯一贯强调自然生产力的作用，自始至终认为自然对人类的生存和发展起着根本作用。自然是人类生存的前提，人类生存所需要的最基本的自然物质来源于自然，"自然就以土地的植物性产品或动物性产品的形式或以渔业等产品的形式，提供出必要的生产资料"②，如果人类失去了自然，其生存和发展将变成无源之水和无根之木。当然，随着人类对自然认识的提高，随着科学技术的进步，越来越多的自然物被转化为自然资源，参与人与自然之间的物质交换。

其次，自然和劳动一样，都能创造物质财富，并共同成为一切财富的源泉。先有自然界，才有感性的外部世界，工人们才能实现劳动、展开劳动，才有能生产出产品的材料，"没有自然界，没有感性的外部世界，工

---

① 马克思，恩格斯. 马克思恩格斯文集（第一卷）［M］. 北京：人民出版社，2009：185.

② 马克思，恩格斯. 马克思恩格斯全集（第二十五卷）［M］. 北京：人民出版社，1974：712–713.

人什么也不能创造"①。借助大生产，自然力变成社会劳动的因素。马克思在《政治经济学批判（1861～1863 手稿)》中指出："大生产——应用机器的大规模协作——第一次使自然力，即风、水、蒸汽、电大规模地从属于直接的生产过程，使自然力变成社会劳动的因素。②" 当然，马克思也指出，"劳动不是一切财富的源泉"③。土地也是一种"普遍的自然要素"④。

（2）自然生产力与社会生产力的关系

首先，自然生产力和社会生产力同等重要。恩格斯指出，"这样我们就有了两个生产要素——自然和人"⑤，肯定了自然和人都是生产要素，自然力等推动自然物质生产、创造自然价值。从人类历史发展的角度而言，以自然生产力为基础的自然条件，同样对社会物质生产起着重要作用。马克思指出："撇开社会生产的形态的发展程度不说，劳动生产率是同自然条件相联系的。⑥"

其次，自然界是社会生产力的自然基础和物质内容。马克思认为，自然界是"一切劳动资料和劳动对象的第一源泉"⑥。在人类社会存续过程中，自然物通过转变为自然资源进而为人类提供生产资料，人类的生产劳动才具有了生产对象。反之，社会生产力可以能动地反作用于自然生产力。马克思指出，"人作为有生命的存在物"⑦，具有"自然力、生命力"，是"能动的自然存在物"⑧。

最后，自然生产力和社会生产力互相交织，共同构成了生产力发展的全过程。"经济的再生产过程，不管它的特殊的社会性质如何，在这个部

---

① 马克思，恩格斯. 马克思恩格斯全集（第四十二卷）[M]. 北京：人民出版社，1979：92.
② 马克思，恩格斯. 马克思恩格斯文集（第八卷）[M]. 北京：人民出版社，2009：356.
③⑥ 马克思，恩格斯. 马克思恩格斯文集（第三卷）[M]. 北京：人民出版社，2009：428.
④ 马克思，恩格斯. 马克思恩格斯文集（第一卷）[M]. 北京：人民出版社，2009：180.
⑤ 马克思，恩格斯. 马克思恩格斯文集（第一卷）[M]. 北京：人民出版社，2009：67.
⑥ 马克思，恩格斯. 马克思恩格斯文集（第五卷）[M]. 北京：人民出版社，2009：586.
⑦⑧ 马克思，恩格斯. 马克思恩格斯文集（第一卷）[M]. 北京：人民出版社，2009：209.

门（农业）内，总是同一个自然的再生产过程交织在一起"①。

2. 循环经济观

马克思、恩格斯创造性地提出了循环经济观，两位导师从人类利用自然资源生产角度，从自然资源的物质转变、物质转变之后的废物利用，以及如何利用科技手段提高废物利用的全过程，总结出了人类生产的循环观。

（1）物质变换

马克思、恩格斯曾多次使用"人与自然之间的物质变换"来论证人与自然、生产力与生产关系。马克思认为，"劳动首先是人和自然之间的过程，是人以自身的活动做中介、调整和控制人和自然之间的物质变换的过程"②。人的实践活动充当着将人与自然联系起来的中介，将物质从一种形态转化为另一种形态，并将自然资源转化为产品，供人们使用。同时，这些产品在使用后变成"废物"时，将以新的形态回归自然。马克思的这一论述将劳动中人与自然的关系视为人的生产活动与自然环境系统的物质变换之间的关系，并认为物质变换是人类生产的本质特征。因此，人类社会生产实践的发展过程，也是人与自然间以劳动为媒介进行物质变换的过程。

（2）物质循环利用

①废料可以再利用。马克思将废物称为排泄物，并将其分为生产排泄物和消费排泄物。生产排泄物包括工业和农业的废料，譬如"化学工业在小规模生产时损失掉的副产品，制造机器时废弃的又作为原料进入铁地生产的铁屑等等，是生产排泄物"③。消费排泄物则"部分地指人的自然的新陈代谢所产生的排泄物，部分地指消费品消费以后残留下来的东西"④。二者均可再利用。马克思在阐述"不变资本使用上的节约"这一章内容时，提出了废弃物资源化的观点。他指出："所谓的废料，几乎在每一种

_____

① 马克思，恩格斯. 马克思恩格斯全集（第二十四卷）[M]. 北京：人民出版社，1972：398 - 399.

② 马克思，恩格斯. 马克思恩格斯文集（第五卷）[M]. 北京：人民出版社，2009：207 - 208.

③④ 马克思，恩格斯. 马克思恩格斯文集（第七卷）[M]. 北京：人民出版社，2009：115.

产业都起着重要的作用。①"例如种植的亚麻，经过机器的梳麻后，废麻可以作燃料使用。

②可以利用科学技术提高生产资料的使用效率。首先，科学技术使废物具备被再利用的条件。马克思直接明了地指出废物利用的条件，即废物必须达到一定的数量，"这种排泄物必须是大量的，而这只有在大规模的劳动的条件下才有可能，机器的改良，使那些在原有形式上本来不能利用的物质，获得一种在新的生产中可以利用的形态"②。在手工劳动中，很难达到废物数量能再利用的规模，只有在大规模劳动条件下，在机器的改良后，才能使废物有了获得新的利用形态的可能。

其次，科学技术发现这些废物有用。"科学的进步，特别是化学的进步，发现了那些废物的有用性质。③"随着科学技术的不断进步，不仅可以用最新的方法技术对本工业的废料进行再利用，还可以再利用其他工业的种种废料，最大限度地变废为宝、化害为利。以化学工业而言，"它不仅找到新的方法来利用本工业的废料，而且还利用其他各种各样工业的废料，例如，把以前几乎毫无用处的煤焦油转化为苯胶染料，茜红染料（茜素），近来甚至把它转化为药品"④。

再次，科学技术能使废物减量。一方面，废物的减少，"部分地要取决于所使用的机器的质量"⑤，这需要科学技术提高机器的质量。另一方面，废物的减少，还取决于"原料本身的质量。而原料的质量又部分地取决于生产原料的采掘工业和农业的发展，部分地取决于原料在进入制造厂以前所经历的过程的发达程度"⑥。废物的减少还取决于原料本身的质量，原料的质量又部分地取决于采掘工业、农业的发展和原料再加工过程的发达程度，这都需要科学技术的支持。只有科学技术进步，才能改进机器质

---

① 马克思，恩格斯. 马克思恩格斯文集（第七卷）［M］. 北京：人民出版社，2009：116.
② 马克思，恩格斯. 马克思恩格斯文集（第七卷）［M］. 北京：人民出版社，2009：115.
③ 马克思，恩格斯. 马克思恩格斯全集（第二十五卷）［M］. 北京：人民出版社，1974：117.
④ 马克思，恩格斯. 马克思恩格斯全集（第二十五卷）［M］. 北京：人民出版社，1974：118.
⑤ 马克思，恩格斯. 马克思恩格斯文集（第七卷）［M］. 北京：人民出版社，2009：117.
⑥ 马克思，恩格斯. 马克思恩格斯文集（第七卷）［M］. 北京：人民出版社，2009：117－118.

量和原料质量，才能最终减少废物。

最后，科学技术可以实现资源的节约。马克思指出，化学的进步"还教人们把生产过程和消费过程中的废料投回到再生产过程的循环中去，从而无须预先支出资本，就能创造新的资本材料"①。事实有力地证明了这个判断，在1862年底，经收集废毛和破烂毛织物进行再加工的再生羊毛，已占到英国工业全部羊毛消费量的1/3②。

总之，马克思、恩格斯两位导师创造性地提出了诸多关于生态环境的重要论断，具有深远的前瞻性和巨大的科学性，是中国特色社会主义生态文明思想的形成的理论源头。

二、以毛泽东关于环境保护的重要论述为理论基石

从1949年新中国成立到1978年，中国人民在中国共产党的领导下进行了社会主义建设。此间，毛泽东对环境保护作了许多重要论述，这些论述包括如何正确处理人与自然的关系、保护环境和保护资源并重两大方面。毛泽东关于环境保护的重要论述是中国特色社会主义生态文明思想的理论基石。

（一）正确处理人与自然的关系

毛泽东论及人与自然的关系时，认为"人类同时是自然界和社会的奴隶，又是它们的主人"③，认为自然资源是从事生产活动的先决条件，如果缺乏自然资源，人类很难进行正常的生产活动。

进一步，毛泽东论及如何处理人与自然的关系。首先，毛泽东认为人有改造自然的能力。人由自然规定，人也是自然的一部分。因此自然有规定人的能力，人也有规定自然的能力；虽然人的力量微小，但是仍然可以影响自然④。其次，毛泽东认为人能利用工具改造自然。最早的时候，人是

---

① 马克思，恩格斯. 马克思恩格斯全集（第二十三卷）［M］. 北京：人民出版社，1972：664.
② 马克思，恩格斯. 马克思恩格斯文集（第七卷）［M］. 北京：人民出版社，2009：116－117.
③ 毛泽东著作选集（下册）［M］. 北京：人民出版社，1986：158.
④ 毛泽东早期文稿（1912.6－1920.11）［C］. 长沙：湖南出版社，1990：272.

不能将自己同外界区别开的，随着人能制造更进步的工具并进行更进步的生产，人才逐步地"使自己区别于自然界①"。再次，毛泽东提出人应该认识到自然规律。他认为如果没有认识自然界，或者认识不清，在改造自然时"自然界就会处罚我们②"。最后，毛泽东认为人在改造自然时，需要遵守自然规律。如毛泽东认为种树就应该符合自然规律，可种几季的种几季③。

（二）保护环境与保护利用资源并重

1. 整治人居环境

1951年，毛泽东提出要把卫生当作一项重大的政治任务，极力发展。1960年，毛泽东提出卫生工作不会遇到大困难，"一定要争取在三年内做出大成绩④"。同年，又制定了《中共中央关于卫生工作的指示》《关于人民公社卫生工作问题的意见》等文件。

2. 保护和合理利用自然资源

毛泽东认识到资源的有限性，必须加以保护，合理利用。利用时要统筹兼顾，综合平衡，优化利用。统筹兼顾是"指对于六亿人口的统筹兼顾⑤"，综合平衡就是农业、林业和畜牧业发展要符合"三者平衡的相互依赖的道理⑥"，优化利用指要利用好废水、废液、废气。

一是兴修水利，保持水土。实践中，毛泽东不仅注重兴修水利，还特别强调要有专门的机构进行管理，如在《寻乌调查》报告中，毛泽东强调池塘所有权归苏维埃，在分配上则由农家轮流管理。1956年，他指出一切大型水利工程，由国家负责兴修；一切小型水利工程采取农业生产合作社负责兴修和必要的时候国家给以协助的方式。

---

① 中共中央文献研究室编. 毛泽东文集（第三卷）[M]. 北京：人民出版社，1996：82.
② 中共中央文献研究室编. 毛泽东文集（第八卷）[M]. 北京：人民出版社，1999：72.
③ 中共中央文献研究室编. 毛泽东文集（第七卷）[M]. 北京：人民出版社，1999：361.
④ 中共中央文献研究室编. 毛泽东文集（第八卷）[M]. 北京：人民出版社，1999：150.
⑤ 中共中央文献研究室编. 毛泽东文集（第七卷）[M]. 北京：人民出版社，1999：227.
⑥ 中共中央文献研究室编. 建国以来毛泽东文稿（第五册）[M]. 北京：中央文献出版社，1997：101.

　　二是强调保护林业资源非常重要，并要靠颁布政策、制定计划和发动群众做保障。毛泽东指出，"森林是很宝贵的资源"①"没有林，也不成其为世界"②，因此"要发展林业，林业是个很了不起的事业"③。植树造林不是一朝一夕之事，需要各省、各专区、各县算出覆盖面积，"作出森林覆盖面积规划"④，"种的很有规划"⑤；要发动群众，依靠群众，发挥愚公精神，用一百年，两百年去绿化，久久为功。

　　三是勤俭节约的同时，发展再生资源。毛泽东认为，我国还很穷，但我们还要进行大规模的建设，全国上下厉行节约"就是解决这个矛盾的一个方法"⑥，要使坚持厉行节约和反对浪费"这样一个勤俭建国的方针"⑦长久保持下去。毛泽东还认为养猪也是在积肥，他还多次向竺可桢先生请教如何进行太阳能的开发和利用。

　　总之，毛泽东正确地认识了人与自然的关系，在此原则下，从环境保护的角度出发，整治人居环境；从自然资源保护的角度出发，兴修水利，植树造林；从资源合理利用的角度出发，主张厉行节约，反对浪费，并合理利用自然资源，关注再生能源，注重可持续发展。可见，毛泽东在生态领域内的探索，形成了较为系统的关于环境保护的主要论述，并积累了较为丰富的实践经验，是改革开放以来我国农村环境政策的理论基石。

三、以中华优秀传统文化中的生态智慧为理论资源

　　中华优秀传统文化中，人与自然的和谐被当作重要的哲学问题进行了

---

　　①　中共中央文献研究室、国家林业局编：毛泽东论林业［M］. 北京：中央文献出版社，2003：50.

　　②　中共中央文献研究室、国家林业局编：毛泽东论林业［M］. 北京：中央文献出版社，2003：69.

　　③　是在郑州举行的有部分中央领导人和部分地方负责人参加的中央工作会议上的讲话节录，选自中央档案馆保存的讲话记录稿。

　　④　中共中央文献研究室编. 毛泽东文集（第七卷）［M］. 北京：人民出版社，1999：362.

　　⑤　中共中央文献研究室、国家林业局编. 毛泽东论林业［M］. 北京：中央文献出版社，2003：52.

　　⑥　中共中央文献研究室编. 毛泽东文集（第七卷）［M］. 北京：人民出版社，1999：239.

　　⑦　中共中央文献研究室编. 毛泽东文集（第七卷）［M］. 北京：人民出版社，1999：240.

全面深入的阐释,"积淀了丰富的生态智慧"①。

(一) 儒家的生态智慧

1. "天人合一"的生态整体观

一是"源于天",即"天"生"人",主宰"人"。相传孔子作《易传》时曾说:"昔者圣人之作易也,将以顺性命之理。是以,立天之道,曰阴阳;立地之道,曰柔刚;立人之道,曰仁义"(《说卦传》)。《孟子·尽心上》中讲:"尽其心者,知其性也。知其性,则知天矣。存其心,养其性,所以事天也。"

二是尊重"天"、顺应"天",以"天"为则。如董仲舒认为:"事物各顺于名,名各顺于天。天人之际,合而为一。"(《春秋繁露·深察名号》)自然界的运行有它自身的客观规律,"不为尧存,不为桀亡",人们应该"应之以治",而不应该"应之以乱"②。

三是顺应"天"而不卑微于天,可以爱"天",也能治"天"。爱天就是要维护生态平衡,如"谨其时禁",让人们"有余食""有余财""有余用"③。治天即充分发挥人的主观能动性去治理自然,"大天而思之,孰与物畜而制之!从天而颂之,孰与制天命而用之!④"

2. "以仁为本"的生态和谐观

第一层次,自爱。儒家的仁爱是以自爱为起点并进行扩展的。《荀子·子道篇》记载孔子问颜回,"知者若何?仁者若何?"时,颜回回答说"知者自知,仁者自爱",孔子夸他是贤明的君子。第二层次,爱亲。《论语·学而》说君子力求抓住根本,根本建立了,仁道就产生了,"孝弟也者,其为仁之本与"。这表明"爱人"要从孝顺父母和敬爱兄长开始。第

---

① 中共中央文献研究室. 习近平关于社会主义生态文明建设论述摘编 [M]. 北京:中央文献出版社,2017:99.

② 梁启雄. 荀子简释 [M]. 北京:中华书局,1983:220.

③ 梁启雄. 荀子简释 [M]. 北京:中华书局,1983:110.

④ 梁启雄. 荀子简释 [M]. 北京:中华书局,1983:229.

三层次，"泛爱众"。从爱亲扩展到爱所有人，"泛爱众而亲仁"①。第四层次，爱万物。孔子思想中蕴含"爱物"，他认为砍树和杀兽，"不以其时"②，就是不孝。孟子也提出"亲亲而仁民，仁民而爱物"③。

3. "执两用中""以时禁发"的生态实践观

《礼记·中庸》第一章中认为"中"是"天下之大本"，"和"是"天下之达道也"。《论语·先进》中也记载子贡问孔子子张和子夏谁更"贤"时，孔子认为"师也过，商也不及"。子贡继续问是不是子张更好一些时，孔子回答"过犹不及"。朱熹《中庸章句》讲："中者，不偏不倚，无过不及之名。庸，平常也。"可见，"中"就是不偏不倚，是宇宙根本的性质，是天地之间的道义和根本。若能做到，则"致中庸，天地位焉，万物育焉"（《中庸》第一章），意即达到了中和，那么天地万物，都能各安其所，各遂其生了。这种道德原则和方法论也适合于人的生态行为。

《论语·述而》云："子钓而不纲，弋不射宿。"《管子·立政》中认为"虞师"的职责是"修火宪，敬山泽，林薮积草，天财之所出，以时禁发焉"。《荀子·王制》："山林泽梁，以时禁发而不税。"均体现出对待自然资源要"以时禁发"的思想。

（二）道家的生态智慧

1. "天人合一，道法自然"的生态自然观

老子最先表达了"天人合一"的思想，老子提出："'道'生一，一生二，二生三，三生万物"④。"天下万物生于'有''有'生于'无'"⑤。庄子也认为："无受天损易，无受人益难。无始而非卒也，人与天一也"⑥。"天地

---

① 余国庆. 论语今译［M］. 合肥：黄山书社，2000：7.
② 礼记［M］. 长沙：岳麓书社，2001：628.
③ 孟子［M］. 长沙：岳麓书社，2000：244.
④ 陆元炽. 老子浅释［M］. 北京. 北京古籍出版社，1987：94.
⑤ 陆元炽. 老子浅释［M］. 北京. 北京古籍出版社，1987：90.
⑥ 王世舜. 庄子注译［M］. 山东：齐鲁书社1998：268.

与我并生，而万物与我为一"①。天人合一的根本在于人与自然的和谐相处，平等共处，互不侵犯，即"夫至德之世，同与禽兽居，族与万物并"②。

《老子》第二十五章云："人法地，地法天，天法道，道法自然"③。这里的"自然"指事物因其本体、本性而具有的存在方式、表现状态、运行方式，即一般所说的"自然而然"。道产生了万物，滋养万物，但不主宰万物，任万物自化自成。

2. 万物平等的生态伦理观

道化万物、万物同源，万物之间并无高低、贵贱之分，平等共存，"以道观之，物无贵贱；以物观之，自贵而相贱；以俗观之，贵贱不在己"④。《抱朴子》中也认为"剥桂刻漆""拔鹊裂翠""促辔衔镳""荷运重"，"盖非万物并生之意"⑤，主张人与动物和谐相处，而不是违背天性去强取豪夺动物、奴役动物。

3. "知足知止"和"少私寡欲"的生态实践观

强调"知足""知止"，反对过度开发索取、破坏生态平衡，"故知足不辱，知止不殆，可以长久"⑥。强调崇俭、节欲，认为"见素抱朴，少私寡欲"⑦。老子认为"五色令人目盲；五音令人耳聋；五味令人口爽；驰骋畋猎，令人心发狂；难得之货，令人行妨"⑧。老子也强调"罪莫大于可欲"⑨，即最大的过错在于无休止地贪欲；"祸莫大于不知"⑩，即最大的灾祸在于贪得无厌；"咎莫憯于欲得"⑪，即最大的僭越在于不知足。故"甚爱，必大费；多藏，必厚亡"⑫。

---

① 郭庆藩. 庄子集释 [M]. 北京：中华书局，1961：79.
② 郭庆藩. 庄子集释 [M]. 北京：中华书局，1961：336.
③ 陈鼓应. 老子今注今译 [M]. 北京：商务印书馆，2006：169.
④ 郭庆藩. 庄子集释 [M]. 北京：中华书局，1961：577.
⑤ 张松辉，张景译注. 抱朴子外篇 [M]. 北京：中华书局，1985：994－995.
⑥⑫ 陈鼓应. 老子今注今译 [M]. 北京：商务印书馆，2006：241.
⑦ 陈鼓应. 老子今注今译 [M]. 北京：商务印书馆，2006：147.
⑧ 陈鼓应. 老子今注今译 [M]. 北京：商务印书馆，2006：118.
⑨⑩⑪ 陈鼓应. 老子今注今译 [M]. 北京：商务印书馆，2006：245.

（三）佛教的生态智慧

1. 统一的生态自然观

作为佛教基本经典的《杂阿含经》卷中讲："有因有缘集世间，有因有缘世间集；有因有缘灭世间，有因有缘世间灭"①。基于缘起，揭示了人类与其他存在物之间相互联系、相互依存。"依正不二"进一步表明生命存在与其所依存的环境不可分割。

2. 无情有性，众生平等的生态伦理观

大乘佛教认为世间万物都具有"佛性"，是平等的。天台宗湛然在其代表作《金刚𬗟》中说："随缘不变之说出自大教，木石无心之语生于小宗"②。《景德传灯录·慧海禅师》："迷人不知法身无象，应物现形，遂唤青青翠竹，总是法身；郁郁黄华，无非般若"③。《华严经》中也写道："佛说众生平等，大地众生皆有如来智能德性，与佛无异，只因妄想不能证得。"④

3. 慈悲为怀、节欲惜福的生态实践观

一是慈悲为怀。"所有善根，慈为根本"⑤。佛教徒认为在"诸余罪中，杀罪最重；诸功德中，不杀第一"⑥，视戒杀护生为必须遵循的伦理准则。二是节欲惜福。《大智度论》卷十七说世人"贪欲五欲，至死不舍"⑦，即使到了后世仍"受无量苦"⑧，因此要节制因色、声、香、味、触五境而起的五欲。

总之，儒家、道家、佛教这些朴素的自然观、生态价值观以及方法论和生态伦理，构成了中华优秀传统文化中的生态智慧，并"至今仍给人以

---

① 恒强校注. 杂阿含经（上）［M］. 北京：线装书局，2012：24.
② 大正藏（卷48）［Z］. 台北：中华电子佛典协会，2004：282.
③ 道元. 景德传灯录（第28卷）［M］. 海口：海南出版社，2011.
④ ［唐］实叉难陀译. 大方广佛华严经［Z］. 莆田：福建莆田广化寺，1988：1.
⑤ 任继愈，主编. 中华大藏经·第十四册［M］. 北京：中华书局，1985：158.
⑥ 大智度论（卷13）［A］. 大正藏（电子版）：第25卷.
⑦⑧ 大智度论（卷17）［A］. 大正藏（电子版）：第25卷.

深刻的启迪"①，是改革开放以来我国农村环境政策指导思想的理论资源。

四、以西方环境伦理变迁中的合理成分为理论借鉴

在工业文明带来了世界飞速发展的过程中，一系列环境问题陆续出现，一批批优秀的思想家发现了问题并进行了系统的思考与研究，形成了众多学派，构成了西方环境伦理变迁史，推动着学科的发展，也为人们治理环境问题提供了理论借鉴。

（一）人类中心主义中的合理成分

工业文明标志着人类的发展已进入新开端，在物质和精神方面都取得了巨大的成功，但是代价是支撑此文明的生态环境遭到了沉重的破坏。基于此，人类进行了反思，提出了人类中心主义。其合理成分如下。

一是存在着动态平衡的生态系统。从生态系统角度看，人类与自然界的其他生物的生存和发展都是正当的，也即各种生物包括人类之间存在生存竞争，这种生存竞争会形成一种动态平衡，这种动态平衡就是我们所说的生态系统。生态系统形成后，所有生物之间存在着内在关联的"一荣俱荣、一损俱损"的关系。

二是要保护未来世世代代人的利益。人类中心主义是以人类利益的实现作为中心，此种人类利益是指全人类的利益，既包括当代人的利益，也包括未来世代人的利益。

三是人类应该保护生态环境。为了维护人类的"中心"地位，应该对此种等级秩序予以维护，即"保护生态环境"是一项基本的道德要求。由此，人类应尊重自然界，消灭或毁损自然物的基本前提是迫不得已，即为了人类的生存和发展而不得不实施；若不具备此种情形，人类不仅不应限制或消灭特定自然物，还需采取措施保护它们。

---

① 中共中央文献研究室. 习近平关于社会主义生态文明建设论述摘编［M］. 北京：中央文献出版社，2017：99.

（二）生命中心主义中的合理成分

生命中心主义逻辑起点在于生命个体，认为每个生命都有其内在价值，具有自身道德，人类对此理应尊重，环境伦理的中心不应仅是人类，而是各个具体的生命。其合理成分如下。

1. 敬畏生命

阿尔贝特·施韦泽（Albert Schweitzer）将"敬畏生命"作为其基本立场，意图以此为路径来解决社会冲突，以寻求重建自然与伦理之间的联系，其观点主要有：一是所有生命都有其价值。生命本身就是善，它激起并渴望尊重，人类应善待生命、尊重生命、保持生命、促进生命，"成为思考型动物的人感到，敬畏每个想生存下去的生命，如同敬畏自己的生命一样"。二是给所有生命予道德关怀。施韦泽认为有道德的人应该敬畏任何具有固有价值的生命。这个转变要求我们重新认识自己，改变对环境的态度，尊重自然、敬畏生命。

2. 动物解放

彼得·辛格（Peter Singer）主张将伦理关怀主体的范围由人扩展至动物到动物问题。汤姆·雷根（Tom Regan）认为，生命主体具有固有价值，人类和动物都具有固有价值，都是生命主体，具有道德身份，人类应公平和尊敬地对待具有固有价值的主体，由于动物具有固有价值，我们不能仅将其作为工具的同时再去尊敬地对待它们，有固有价值的主体有权要求同样的对待。

3. 尊重自然

保罗·沃伦·泰勒（Paul Warren Taylor）认为，"当其要表达和体现的具体的最终的道德态度是，我称之为尊敬自然时，其行为和品德就是好的和道德的"①。他区分了"善"和"固有价值"②；认为"尊重自然"是

---

① ［美］保罗·沃伦·泰勒. 尊重自然：一种环境伦理学理论 ［M］. 雷毅，李小重，高山，译. 北京：首都师范大学出版社，2010：50.
② ［美］保罗·沃伦·泰勒. 尊重自然：一种环境伦理学理论 ［M］. 雷毅，李小重，高山，译. 北京：首都师范大学出版社，2010：40.

基本道德要求；并提出了具体的伦理规则，即不伤害规则、不干涉规则、忠诚规则、补偿正义规则。可见，与施韦泽将"敬畏生命"作为一种态度相比，泰勒已经将"尊重自然"上升到行为规范的高度。

（三）生态中心主义中的合理成分

生态中心主义是基于整体主义的视角，考察人与自然之间的关系，认为生态系统整体才是环境中心，人类只是其中的一个环节。其合理成分如下。

1. 土地伦理学

李奥帕德（Aldo Leopold）将土地看作有机体，"这样的土地不仅仅是土壤，它是能量流经土壤圈、植物圈和动物圈的基础"①。其土地伦理由三部分组成：①生态系统论。李奥帕德将山、川、河、流、虫、鱼、鸟、兽、花、草及树木视为有机的生态系统，人只是生物群落中的一个成员，是"生物公民"而不是"统治者"。②整体主义方法论。李奥帕德认为，传统的人类生活方式是以人类为中心，土地上的许多成员被忽视并排除，这些成员是土地生态系统基础的组成部分，是完善生态系统功能的基础。他提倡整体主义方法论，认为只有从整体的或功能的解释出发，才能全面理解生态系统。③生态伦理规范。李奥帕德认为，人类应该保持生物共同体的整体性和稳定性，这是土地伦理学中人类应遵守的基本道德准则，也是人类的生态道德义务。

2. 盖娅假说

洛夫洛克（James Lovelock）将地球比作一棵树，狭长的生命纽带在树干之中，被曾经是有机体但已变成僵死的物质所包围，"盖娅是个进化论，他把岩石的进化、物种的进化、海洋的进化和有机物种的进化都看作

---

① ［美］阿尔多·李奥帕德. 沙郡年记. 岑月译 ［M］. 上海：上海三联书店，2011：194 – 195.

是一个唯一的、联系紧密的过程"①。盖娅的视野是自上而下来看地球的，这种自上而下的地球视野的前提是整体主义，出发点是整体而非个体。人与作为整体的地球之间的交往应承担托管责任，人类必须承认自己是地球的一部分，对地球享有权利也需承担责任。

3. 深生态学

阿恩·纳什（Arne Naess）提出了"深生态学"理论。深生态学突破了浅生态学，立足于生态整体主义，探讨了工业文明造成环境危机的根源，把追求"自我实现"和达到"生物平等"作为基本准则，目的在于实现人与自然和谐的价值观。深生态学的两个"最高规范"或"直觉"是自我实现和生物中心平等性。

（四）人类·生态中心主义中的合理成分

在经历了长时间的争论后，人类中心主义、生命中心主义、生态中心主义三者之间已开始出现融合迹象，各种论调和观点纷纷出现。其合理成分如下。

1. 环境协同论

彼得·S. 温茨（Peter S Wenz）首先将协同论适用于环境保护领域。其环境协同论观点为：①逻辑起点是自然是具有内在价值的，自然是内在价值的主体之一，即作为主体的自然对客体自然的价值。正因为自然和人类都具有内在价值，二者地位对等，可以成为合作对象，人类在此前提下才会尊重自然。②在环境协同论中，尊重是双重、平等的，正如温茨所言，"包含于协同论的两个事物：对人类的尊重和对自然的尊重"，从长远和全体看，对此二者的尊重对双方而言都是好的。③环境协同论倡导整体主义的思路，给关注协调整合，环境协同论提供了一个新视野：不再强调人类与自然之间的对立，而是关注两者的共存、共生、共荣。

---

① 克里斯托弗·司徒博环境与发展——一种社会伦理学的考量［M］.邓安庆，译. 北京：人民出版社，2008：77.

2. 环境实用主义

代表人物有布莱恩·若顿（Bryan Norton）、安德鲁·莱特（Andry Light），其观点主要有：①问题还是主义？环境实用主义者认为，多数的环境伦理过多关注抽象概念，如内在价值等，这些讨论无助于解决环境危机，哲学应关注现实的环境保护问题。所以，其特别关注环境伦理中的社会因素、政治因素，试图通过对这些因素的干预来解决有关环境问题。②道德多元论。多元论既抛弃了一元论的唯一性，也抛弃了相对主义所认为的不存在正确答案的见解，认为道德真理存在多元，它们不能被统一成为唯一的原则。显然，大多数环境问题是不可能有唯一答案的，关于其道德的判断本身也是多元的。③超越内在价值。内在价值是环境伦理的缘起和基本概念，然而，其并非环境伦理存在的依据，其依据应是为保护环境提供理论指导。为了返回环境伦理发展的正道，必须重新回到环境伦理的本源，重新审视环境伦理所面临的问题。

3. 客人伦理

克里斯托弗·司徒博（Christoph Stuckelberger）首倡的"客人伦理"之逻辑起点是将人定位于"上帝的客人"。其基本内容为：①客人地位。基督教神学的首要问题——"我是谁"？《圣经·诗篇》对此回答道："我不过是世上的过客；求你别向我隐藏你的诫命！""客人地位"实际上衍生出两层含义：一方面，人是由上帝赋予生命并被委托来"耕种和看管"地球的"客人"，这意味着人对于自然没有所有权，故人类中心主义是行不通的；另一方面，作为"上帝肖像"的人是接受上帝托付的"管家"，地位优于其他自然物，必须优先考虑人在其他受造物前的优势地位[①]。②敬畏上帝、尊重自然。一方面，上帝是万物的主宰，人与自然的命运都是由上帝决定的，但是现实情况决定上帝必须依靠人来共同完成创世计划；另一方面，尽管人在自然受造物面前具有优势地位，但人的生活离不开自然受造物，

---

① [瑞士] 克里斯托弗·司徒博. 环境与发展：一种社会伦理学的考量 [M]. 北京：人民出版社，2008：11.

人的发展与完善离不开自然受造物的保存和持续，可持续发展的基础是自然受造物的持续，这也是创世纪计划成功的前提。正是在此意义上，人的权力与责任被明确，这也是敬畏上帝、尊重自然的具体体现。③客人法则。作为上帝的客人、地球的管家，必须将人的行为限定在上帝和自然都可以接受的限度内，司徒博称此原则为"适度"，由"适度"而引申出了人们行为的尺度，他总结了12条客人守则纲要，作为客人遵守的法则①。

总之，西方环境伦理变迁中有许多合理成分值得我们学习与引进，是改革开放以来我国农村环境政策指导思想的理论借鉴。

第二节　改革开放以来我国农村环境政策指导思想的主要内容

一、邓小平关于环境保护的重要论述

改革开放之初，邓小平正视我国严峻的环境形势，发表了一系列讲话，并采取了积极的政策措施进行环境保护。他的讲话与政策措施蕴含着丰富的生态智慧。

（一）坚持人口、经济与环境协调发展理念

1. 正确认识和处理经济发展与环境保护的关系

邓小平一方面主张"提高经济效益"②，经济发展要与生态环境相适应，要尊重客观规律，而不是付出巨大环境代价的发展。如在开发利用水

---

① ［瑞士］克里斯托弗·司徒博. 环境与发展：一种社会伦理学的考量［M］. 北京：人民出版社，2008：345－391.

② 邓小平. 邓小平文选（第三卷）［M］. 北京：人民出版社，1993：22.

资源时，应"充分注意对自然生态的影响"①。另一方面，邓小平也重视自然资源的经济效益，开发利用资源实现经济发展与环境保护协调发展的目的。他强调"这些资源要是开发出来，就是了不起的力量"②。他认为可以在黄土高原种草种树，这样，不仅人们能富裕起来，"生态环境也会发生很好的变化"③。

2. 正确认识和处理人口与环境的关系

邓小平看到了"人口高速增长和资源环境之间的矛盾"④。因此，他认为我们一方面要计划生育，控制人口数量和增长速度，"应该立些法，限制人口增长"⑤，将计划生育问题看作"一个战略问题"⑥，持久地进行下去；另一方面他主张要提高人口素质，他认为"劳动者的素质"⑦决定着我们国力的强弱和经济发展的后劲。可以看出，邓小平既注重劳动者的人数，同时也注重劳动者的素质，只有二者都增长起来，才能把我国的人才资源优势发挥出来。如何提高人口素质呢？教育是非常关键的，且教育事业需要包括计划生育委员会在内的多个部门一起努力。

（二）强调制度保障与科技支撑对保护环境的重要作用

1. 生态制度是保障

首先，邓小平强调要加强生态法律法规的制定，邓小平明确指出要"集中力量制定"⑧包括森林法、环境保护法在内的"各种必要的法律"⑨，

---

① 中共中央文献研究室. 新时期环境保护重要文献选编 ［M］. 北京：中央文献出版社，2001：155－156.

② 邓小平. 邓小平文选（第二卷）［M］. 北京：人民出版社，1994：232.

③ 理论界编辑部. 邓小平论林业与生态建设 ［J］. 内蒙古林业，2004：8.

④ 中共中央文献研究室. 建国以来重要文献选编（第6册）［M］. 北京：中央文献出版社，1993：57－58.

⑤ 中共中央文献研究室. 邓小平思想年谱 ［M］. 北京：中央文献出版社，1998：112.

⑥ 中共中央文献研究室. 邓小平年谱（1975－1997）下册 ［M］. 北京：中央文献出版社，2004：747.

⑦ 邓小平. 邓小平文选（第三卷）［M］. 北京：人民出版社，1993：120.

⑧⑨ 邓小平. 邓小平文选（第二卷）［M］. 北京：人民出版社，1994：146.

做到有法可依、有法必依、执法必严和违法必究。其次，政策的实施非常
关键，邓小平在与国务院副总理万里谈话时提出要搞好中国的林业，必须
"采取一些有力措施"①；可以提出政策，经由法定程序，"使它成为法律，
及时施行"②；且为了保证相关植树行动实施的有效性，应有"切实可行
的检查和奖惩制度"③。最后，他主张加强生态教育与法律意识教育，"真
正使人人懂得法律"④，使越来越多的人知法且不犯法，而且能"积极维
护法律"⑤。

2. 科学技术是支撑

邓小平特别重视科技，他创造性地提出"科学技术是第一生产力"⑥。
他指出："农业文章很多，我们还没有破题。农业科学家提出了很多好意
见。"⑦ 强调科学不仅能增产，还能解决农村的能源问题，保护好生态
环境⑧。

（三）保护好环境和优化资源利用的具体观点

1. 下定决心治理环境污染

20 世纪 70 年代末 80 年代初，邓小平在视察大庆时谈到化学工业
"三废"问题，在视察唐山时强调城市的合理布局和废水废气污染问题，在
视察桂林时指出了漓江风景区存在的污染问题，他不同意中国帮德意志联邦
共和国贮存核废料问题等。他认为上述污染问题很严重，要限期解决。

2. 重视农田水利建设

邓小平多次强调农业水利问题，认为农业除了化肥和农药外，"要着

①② 邓小平. 论林业与生态建设［J］. 内蒙古林业，2004（8）：卷首.
③ 邓小平. 邓小平文选（第三卷）［M］. 北京：人民出版社，1993：21.
④⑤ 邓小平. 邓小平文选（第二卷）［M］. 北京：人民出版社，1994：254.
⑥ 邓小平. 邓小平文选（第三卷）［M］. 北京：人民出版社，1993：274.
⑦ 邓小平. 邓小平文选（第三卷）［M］. 北京：人民出版社，1993：23.
⑧ 中共中央文献研究室. 邓小平年谱（1975－1997）下册［M］. 北京：中央文献出版社，
2004：882.

重解决水利问题"①。他还认为，国家已经为水利建设花了很多钱，但是灌溉效益并没有体现出来，因此要考虑"对原来的水利建设工程进行修补"②，有的地方可以通过打井来解决问题。

3. 反对盲目开荒与乱砍滥伐，推行国土绿化建设

邓小平认为禁止乱砍滥伐、植树造林非常重要，它们是保护环境和改善生态的重大战略措施，要一直坚持干下去。1981 年，在四川省的特大水灾后，邓小平强调四川的洪灾与林业问题有关，涉及过量采伐林木，这些地区应该注意采伐的方法，采用间伐方式，"不搞皆伐，特别是大面积的皆伐"③。1983 年 3 月，他在参加植树活动时说植树造林是"造福子孙后代的伟大事业"④，是治理山河、维护和改善生态环境的一项"重大战略措施"⑤，要不断坚持，要"一代一代永远干下去"⑥。

4. 节约资源和提高资源的利用效率

一方面，邓小平认为要提高资源的利用效率。比如在开发煤炭时，"首先应当做也必须做的"⑦ 就是要进行洗煤，且要提高洗煤比重，洗过的煤可以提高热效能，节约运输成本。他在对大地震后的唐山视察时还指出，钢厂煤矿的余热仍然可以回收利用。另一方面，邓小平主张推广使用可再生能源或清洁能源。他认为"水利资源成本低，具有可再生性"⑧，要大力开发利用；他还认为，沼气可以用来煮饭、发电、积肥，还非常卫生，对农村的作用非常大。

总之，邓小平关于环境保护的重要论述凝聚着邓小平总揽全局、驾驭复杂问题的智慧，既为习近平生态文明思想的提出奠定了坚实的基础，也为中国特色社会主义生态文明思想内容的充实贡献了重要力量。

---

① 邓小平. 邓小平文选（第一卷）[M]. 北京：人民出版社，1994：336.
② 邓小平. 邓小平文选（第一卷）[M]. 北京：人民出版社，1994：326.
③ 理论界编辑部. 邓小平论林业与生态建设 [J]. 内蒙古林业，2004，8.
④⑤⑥ 王达阳. 邓小平情注植树造林 [J]. 党史博采，2011（10）.
⑦ 吴式瑜. 中国洗煤发展三十年 [J]. 煤炭加工与综合利用，2009（1）：3 – 4.
⑧ 中共中央文献研究室. 邓小平年谱（1975 – 1997）上册 [M]. 北京：中央文献出版社，1998：156 – 158.

二、江泽民关于环境保护的重要论述

江泽民对我国环境问题有清醒的认识，认为我国"污染物排放总量远远超过环境承载能力"①。江泽民围绕如何认识和解决我国环境问题提出了一系列科学论断。

（一）环境生产力观

1996 年，江泽民提出了"保护环境的实质就是保护生产力"② 的科学论断，这是首次把保护环境纳入了发展生产力的一部分。2001 年，他在海南考察工作时进一步丰富了这一思想，在"保护资源就是保护生产力"③ 的基础上更进一步，提出"破坏资源就是破坏生产力"④ 和"改善资源环境就是发展生产力"⑤ 两个重要论断。

（二）人与自然和谐观

首先，自然是人生存的基础。江泽民认为，当环境被污染或破坏后，就会影响人民的身体健康，影响人民生存的条件。在此基础上，他还提出"人类是自然之子"的论断，所以，自然之母为我们提供了基本的生存条件，我们必须爱护它。其次，人必须尊重自然，并掌握其自然规律，然后人性的改造自然。历史说明人们并不能即时即刻全面地认识自然规律，规律往往是要"通过现象的不断往复才能更明确地被人们认知"⑥。最后，江泽民从战略的高度提出了"要促进人和自然的协调与和谐"⑦ 的思想。

---

① 江泽民. 江泽民文选（第三卷）[M]. 北京：人民出版社，2006：463.
② 江泽民. 江泽民文选（第一卷）[M]. 北京：人民出版社，2006：534.
③④⑤ 江泽民. 江泽民论有中国特色社会主义（专题摘编）[M]. 北京：中央文献出版社，2002：282.
⑥ 江泽民. 在全国抗洪抢险总结表彰大会上的讲话 [J]. 防汛与抗旱，1998：3 – 5.
⑦ 江泽民. 江泽民文选（第三卷）[M]. 北京：人民出版社 2006：295.

（三）可持续发展观

可持续发展就是要兼顾当前发展和未来发展的需要，"不要以牺牲后代人的利益为代价来满足当代人的需要"①，江泽民认为可持续发展的核心问题就是要"实现经济社会和人口资源环境的协调发展"②，要在现代化建设中把"实现可持续发展作为一个重大战略"③。

在人口与环境资源关系方面，江泽民指出，"人口问题从本质上讲是发展问题"④，人口问题"是制约可持续发展的首要问题"⑤，"人口增长对环境的影响也不能低估"⑥。在生态环境保护与经济发展关系方面，江泽民认为"任何地方的经济发展都要……以生态良性循环为基础"⑦，发展不仅要注重经济增长指标，还要注重"资源指标、环境指标"⑧，在加快发展的过程中"决不能以浪费资源和牺牲环境为代价"⑨。

（四）保护环境观

一是加强宣传教育。"要加强环境保护的宣传教育"⑩ 和"加强人口、资源、环境方面的法制宣传教育"，使干部、群众和企事业单位不仅通晓环保知识，也知晓相关法律知识，增强其保护环境的责任感和紧迫感。

二是注重利用科技手段。江泽民认为，全球面临的资源、环境、生态、人口等问题的应对解决，都"离不开科学技术的进步"⑪。

三是完善环境保护制度。江泽民强调，"人口、资源、环境工作要切

---

① 江泽民. 江泽民文选（第一卷）[M]. 北京：人民出版社，2006：518.

②⑧ 江泽民. 江泽民文选（第三卷）[M]. 北京：人民出版社.2006：462.

③ 江泽民. 江泽民文选（第一卷）[M]. 北京：人民出版社，2006：463.

④ 江泽民. 江泽民论有中国特色社会主义（专题摘编）[M]. 北京：中央文献出版社，2002：287.

⑤ 江泽民. 江泽民文选（第三卷）[M]. 北京：人民出版社.2006：463.

⑥ 江泽民. 江泽民文选（第一卷）[M]. 北京：人民出版社，2006：519.

⑦⑨⑩ 江泽民. 江泽民文选（第一卷）[M]. 北京：人民出版社，2006：533.

⑪ 江泽民. 论科学技术 [M]. 北京：中央文献出版社，2001：2.

实纳入依法治理的轨道"①。为保障环境保护的顺利开展，江泽民要求各级党委和政府必须高度重视环境保护，听取环保工作报告，及时解决问题，"这要成为一项制度"②，并且在考核各级领导干部的政绩时，"应该包括环保方面的内容"③。

四是加强国际合作。生态环境恶化是事关人类生存和发展的全球性问题之一，全球性问题的逐步解决需要"国际上的相互配合和密切合作"④。

（五）资源生态观

合理开发利用资源和节约资源并重。一方面，资源的合理开发应"保护生态环境"。如江泽民认为，水是"基础性自然资源和战略性经济资源"⑤，"水的问题同整个生态环境的状况紧密联系着"⑥，要可持续利用水资源。另一方面，要节约资源，要坚持"节水、节地、节能、节材、节粮及其他各种资源"⑦。

总之，江泽民关于环境保护的重要论述既为习近平生态文明思想的形成夯实了基础，也是中国特色社会主义生态文明思想的重要组成部分。

三、胡锦涛关于环境保护的重要论述

在总结和深化前人观点的基础上，胡锦涛实现了对人与自然关系、人与人关系认识的超越，提出了科学发展观，并阐释了"生态文明理念"。2007 年，在党的十七大上，胡锦涛提出了"建设生态文明"的战略任务及目标。两个月后，胡锦涛在学习贯彻党的十七大精神研讨班上详细阐述

---

① 江泽民. 江泽民文选（第三卷）［M］. 北京：人民出版社.2006：468.
②③ 江泽民. 必须把实施可持续发展战略始终作为大事来抓.1996 年 7 月 16 日在第四次全国环境保护会议上的讲话［J］. 环境保护，1996（8）：2-3.
④ 江泽民. 江泽民文选（第一卷）［M］. 北京：人民出版社，2006：480.
⑤ 江泽民. 江泽民文选（第三卷）［M］. 北京：人民出版社，2006：467.
⑥ 江泽民. 江泽民文选（第二卷）［M］. 北京：人民出版社，2006：295.
⑦ 江泽民. 江泽民文选（第一卷）［M］. 北京：人民出版社，2006：532.

了"建设生态文明",指出其"实质上就是要建设以资源环境承载力为基础、以自然规律为准则、以可持续发展为目标的资源节约型、环境友好型社会"①。2012年,他在省部级主要领导干部专题研讨班开班式上将"生态文明观念"替换为"生态文明理念",概念更为科学、严谨。同年,他还进一步明确强调生态文明建设的重要性:"必须把生态文明建设放在突出地位,纳入中国特色社会主义事业总体布局,进一步强调生态文明建设地位和作用"②。

(一)生态自然观

胡锦涛的自然生态观已经相对成熟,不仅科学地指出了自然生态的地位、作用、与人类之间的关系,并且还提出了促进人与自然生态共同发展的相关对策。胡锦涛多次强调要"统筹人与自然和谐发展"③,"建立和维护人与自然相对平衡的关系"④。自然界是"人类赖以生存和发展的基本条件"⑤,我们要爱护和建设自然界,不能"只讲索取不讲投入,只讲利用不讲建设"⑥。换而言之,良好的生态环境是人和社会能够持续发展的根本基础。反过来,如果人类与自然界关系不和谐,就会在人与人的关系、人与社会的关系上出现问题,如果我们不能有效地保护生态环境,不仅不适合可持续发展,人们的生存也会受到威胁,"由此必然引发严重的社会问题"⑦。

(二)生态发展观

2003年10月,胡锦涛在中共十六届三中全会上明确提出:"树立和

---

① 中共中央文献研究室.十七大以来重要文献选编(上)[M].北京:中央文献出版社,2013:109.
② 胡锦涛.胡锦涛文选(第三卷)[M].北京:人民出版社,2016:609.
③ 中共中央文献研究室.十六大以来重要文献选编(上)[M].北京:中央文献出版社,2011:850.
④⑤⑥ 中共中央文献研究室.十六大以来重要文献选编(上)[M].北京:中央文献出版社,2011:853.
⑦ 胡锦涛.胡锦涛文选(第二卷)[M].北京:人民出版社,2016:295.

落实全面发展、协调发展和可持续发展的科学发展观"①。在党的十七大上，胡锦涛对科学发展观的科学内涵进行了科学系统的阐释。

科学发展观是我国环境治理过程中的重要指导理论。对此发展观，要从三方面来理解：一是以人为本阐释了发展为了谁。是为了人的全面发展，是人与自然、人与社会的全面可持续发展。二是全面协调可持续表明生态文明建设是一项宏大的系统工程，需要全方位各环节相协调。只有在经济发展、政治建设以及社会构建等诸方面全盘着手，系统铺开，各机构相互配合、共同努力，才能体现出生态环境建设的全局力量和整体效应。三是统筹兼顾则为解决生态问题提供方法论原则。要统筹城乡发展、区域发展、人与自然和谐发展等多个方面的发展。在科学发展观的指导下，我党提出了可持续发展战略，可持续发展战略兼顾了人类利益与生态利益，考虑当代人与未来世代人，其不仅事关中华民族长远发展，也事关子孙后代的福祉。在改革发展的关键时期，要把"科学发展观贯穿于发展的整个过程和各个方面"②。

（三）生态民生观

1. 生态环境问题会影响经济社会发展和人民生活

胡锦涛同志认识到生态环境保护与经济发展、群众生活之间的密切联系。胡锦涛指出，"资源紧缺的矛盾日益突出"③，"生态环境总体恶化的趋势尚未根本扭转"④。生态环境污染和破坏会导致生态系统的功能退化甚至消失，影响老百姓的日常吃喝、呼吸等基本生存条件，进而严重危及了经济社会的可持续发展。对于如何调和生态环境保护与经济建设，胡锦涛指出，在具体建设中，一定要以人民为中心，"一定要充分考虑群众实际利益，切实解决群众生产生活中的实际问题"⑤，同时，要为群众找到

---

①　中共中央文献研究室. 十六大以来重要文献选编（上）［M］. 北京：中央文献出版社，2011：483.

②　胡锦涛. 胡锦涛文选（第二卷）［M］. 北京：人民出版社，2016：173.

③④　中共中央文献研究室. 十六大以来重要文献选编（上）［M］. 北京：中央文献出版社，2011：854.

⑤　胡锦涛. 胡锦涛文选（第一卷）［M］. 北京：人民出版社，2016：486.

新的增收门路，让他们无后顾之忧地参与环境保护，"真正把广大群众的积极性引导到生态环境保护和建设上来"①。

2. 保护环境是利国利民的大事情、好事情

胡锦涛多次阐述了生态环境保护的意义，指出我党应该充分尊重自然、积极保护自然、合理利用自然。胡锦涛在中央人口资源环境工作座谈会上指出："保护自然就是保护人类"②。2006 年，胡锦涛在考察青藏铁路时，指出植树造林和防风固沙是"功在当代、利在千秋的大事"③。他赞赏护林员做的事情非常有意义，养好一片树林，就能对格尔木市的风沙治理起到"很大作用"④。因此，一定要"倍加爱护和保护自然，尊重自然规律"⑤，在服从自然规律的基础上开展各项工作，科学利用自然，使其为"人们的生活和社会发展服务"⑥。

（四）生态实践观

1. 强化生态文明建设的意识

意识是行动的先导，意识的改善有利于促进提升行为的实效。在生态文明的建设与落实的过程中，只有强化人民群众的环境保护意识，才能引导人人参与，营造良好的生态环境保护的氛围。胡锦涛多次要求提升人民群众的环境保护意识。首先，"要大力宣传生态环境保护和建设的重要性，增强全民族环境保护意识，营造爱护环境、保护环境、建设环境的良好风气"⑦。其次，要使人人心中有生态危机意识，要让节约资源和保护环境的观念深

---

① 胡锦涛. 胡锦涛文选（第一卷）［M］. 北京：人民出版社，2016：486.

②⑤ 中共中央文献研究室. 十六大以来重要文献选编（上）［M］. 北京：中央文献出版社，2011：853.

③④ 孙承斌，邹声文. 胡锦涛总书记考察青藏铁路沿线纪实［N］. 人民日报，2006 – 07 – 02（1）.

⑥ 中共中央文献研究室. 十六大以来重要文献选编（中）［M］. 北京：中央文献出版社，2011：716.

⑦ 胡锦涛. 胡锦涛文选（第二卷）［M］. 北京：人民出版社，2016：184.

入人心，"落实到每个单位、每个家庭"①。

2. 重视生态科技的运用

科学技术作为第一生产力，也是修复生态环境的有力武器。胡锦涛数次强调要通过科学技术的进步来更好地保护生态环境。他指出，"必须依靠技术进步和创新……切实提高资源利用效率，改善生态环境"②。他还指出，"大力加强生态环境保护科学技术。……要注重源头治理，发展节能减排和循环利用关键技术，建立资源节约型、环境友好型技术体系和生产体系"③。

3. 健全生态文明建设相关制度

制度作为规范体系，可以有效保障生态文明建设行为沿着法制轨道有序前行。胡锦涛同志历来重视制度建设，重视以制度来实现我国的环境保护目标。胡锦涛强调："要加快制定和完善环境法律法规和标准"④。需要加强环境监管制度、环境保护协调机制、考核评价制度、资源有偿使用制度、生态补偿机制等。如针对国土资源工作，胡锦涛指出："要落实最严格的耕地保护制度"⑤。

4. 把生态建设和经济开发紧密结合

环境保护与经济发展两者之间关系密切，两者之间既存在尖锐的矛盾，又存在紧密的关联。胡锦涛历来重视调和二者之间的矛盾，改善两者的关系。胡锦涛强调："采取强有力措施，全面规划、综合治理，把生态建设和经济开发紧密结合起来，尽快停止人为的生态破坏，逐步走向生态良性循环"⑥。在农村，要转变经济发展方式，发展循环农业，发展节地、节水、节肥、节

---

① 胡锦涛. 高举中国特色社会主义伟大旗帜　为夺取全面建设小康社会新胜利而奋斗——在中国共产党第十七次全国代表大会上的报告 ［M］. 北京：人民出版社，2007：24.

② 中共中央文献研究室. 十六大以来重要文献选编（中）［M］. 北京：中央文献出版社，2011：825－826.

③ 胡锦涛. 在中国科学院第十五次院士大会中国工程院第十次大会上的讲话 ［N］. 光明日报，2010－06－08（1）.

④ 胡锦涛. 胡锦涛文选（第二卷）［M］. 北京：人民出版社，2016：376.

⑤ 中共中央文献研究室. 十六大以来重要文献选编（上）［M］. 北京：中央文献出版社，2011：856.

⑥ 胡锦涛. 胡锦涛文选（第一卷）［M］. 北京：人民出版社，2016：3.

药、节种的节约型农业，坚持节约生产、清洁生产、安全生产①。

5. 加强全球合作

生态环境具有整体性特征，这也使得生态环境的治理离不开各国之间的密切合作，只有通过全球合作，才能应对突发环境事件，治理全球性的环境污染破坏事件，达到改善地球环境的目的。为此，胡锦涛指出，要协调好各国经济发展与环境保护的关系，应该充分考虑本国和世界各国人民的利益，充分考虑环境的承载能力，充分考虑当前和未来的发展，加强全球合作，"共同应对气候变化带来的挑战"②。

总之，胡锦涛关于环境保护的重要论述内容丰富、涵盖面广，是中国特色社会主义生态文明思想的重要组成部分，是我国农村环境政策指导思想的重要组成部分，也为习近平生态文明思想的形成夯实了基础。

四、习近平生态文明思想

（一）生态自然观

1. 人与自然和谐共生

在人与自然关系的伦理考量方面，习近平总书记认为自然为人类提供了赖以生存的日光、空气、水流等生存条件和物质资料，"人因自然而生"③，人必须依靠自然界生存。因此，我们必须"树立尊重自然、顺应自然、保护自然的生态文明理念④"。人类的社会活动一定要尊重自然和顺应自然，如果我们没有像看待生命一样看待自然，没有像保护我们生命一样保护好自然，脱离自然，超于自然，甚至破坏自然，我们"就会遭到大自然的报

---

① 胡锦涛. 胡锦涛文选（第二卷）[M]. 北京：人民出版社，2016：415.
② 胡锦涛. 开创未来，推动合作共赢 [N]. 人民日报，2005 - 07 - 08（1）.
③ 中共中央文献研究室. 十八大以来主要文献选编（下）[M]. 北京：中央文献出版社，2018：759.
④ 习近平谈治国理政（第一卷）[M]. 北京：外文出版社，2018：208 - 209.

复，这个规律谁也无法抗拒"①。只有坚持"人与自然是一种共生关系"②，并自觉维护好人与自然的共生关系，才能最终实现人与自然和谐共生的现代化。

2. 生命共同体

习近平总书记提出了"山水林田湖是一个生命共同体"③ 的论断，强调"人的命脉在田，田的命脉在水，水的命脉在山，山的命脉在土，土的命脉在树"④。人不是高于自然生态中其他元素的存在，不是独立于自然生态的存在，而是与山、水、林等自然生态元素相存相依、共荣共生，构成一个生态共同体。习近平总书记还指出在具体性意涵层面，即进行环境治理或生态修复时，必须尊重自然规律，必须把山水林田湖当作一个整体，一个系统，统筹治理，统一保护和修复。在黄河流域治理和长江大保护中，习近平总书记强调要坚持统筹山水林田湖，把整个流域当作一个整体来治理和保护。更进一步，习近平提出了"人与自然是生命共同体"的论断。由此，科学界定了人与自然的内在联系和内生关系，强调二者是相互统一的有机整体，使人与自然和谐共生有了现实的、具体的生态图景。

（二）　生态生产力观

在社会主义初级阶段应大力发展生产力的现实背景下，习近平总书记阐明了保护改善生态环境与保护发展生产力之间的内在一致性，提出"保护生态环境就是保护生产力，改善生态环境就是发展生产力"⑤ 的观点。之后，他在论述如何处理好经济发展同生态环境保护的关系时，多次重申该观点。这一论断重视和强调生态环境的生产力作用，生动展示了生态环境与生产力之间辩证统一的关系，促成了从个体化的自然生产力向整体化

---

①② 中共中央文献研究室. 十八大以来主要文献选编（下）［M］. 北京：中央文献出版社，2018：759.

③ 中共中央文献研究室. 习近平关于社会主义生态文明建设论述摘编［M］. 北京：中央文献出版社，2017：47.

④ 习近平关于全面建成小康社会论述摘编［M］. 北京：人民出版社，2016：172.

⑤ 李学仁. 习近平在海南考察时强调加快国际旅游岛建设谱写美丽中国海南篇团. 海南人大，2013（5）：6.

的生态生产力的创新发展。

"绿水青山就是金山银山"① 的论断是习近平生态生产力观的集中体现，实现了从可持续发展到绿色发展的创新。习近平总书记认为人们在实践中对两山之间关系的认知经历了三个阶段，在发展的第一阶段，只考虑金山银山（经济发展），不考虑或较少考虑绿水青山（生态环境保护），用牺牲绿水青山（生态环境保护）的巨大代价换取经济一时的快速发展；第二阶段，开始认识到绿水青山（生态环境保护）的重要性，既要金山银山（经济发展），也要绿水青山（生态环境保护）；第三阶段认识到生态环境保护的生产力作用，认为"绿水青山可以源源不断地带来金山银山，绿水青山本身就是金山银山"②，即搞好生态环境保护能带来经济的发展，良好的生态环境本身就有巨大的经济价值，这一阶段才是人与自然和谐发展的阶段。"两山"论认为"绿水青山和金山银山绝不是对立的"③，打破了将经济发展与生态环境保护对立起来的僵化认知模式，实现了二者共赢。

（三）生态民生观

1. 优良生态环境就是民生福祉

首先，习近平认为环境本身就是民生，指出"环境就是民生，青山就是美丽，蓝天也是幸福"④。"就是"一词斩钉截铁地宣示了良好的生态环境是更高阶的民生需求，也表明了中国共产党人保护生态环境的决心和勇气。进而言之，习近平认为"良好生态环境是人和社会持续发展的根本基础"⑤。生态环境问题是关系民生的社会问题，人民群众对该问题高度重视，极度关

---

① 中共中央文献研究室. 习近平关于社会主义生态文明建设论述摘编［M］. 北京：中央文献出版社，2017：21.

② 习近平. 之江新语［M］. 杭州：浙江人民出版社，2007：186－187.

③ 中共中央文献研究室. 习近平关于社会主义生态文明建设论述摘编［M］. 北京：中央文献出版社，2017：23.

④ 习近平. 在省部级主要领导干部学习贯彻党的十八届五中全会精神专题研讨班上的讲话［N］. 人民日报，2016－5－10（2）.

⑤ 习近平. 习近平谈治国理政（第一卷）［M］. 北京：外文出版社，2018：209.

注。不仅如此，生态环境更关乎经济的高质量发展、民众的良好生存、社会的长期稳定和民族的未来与发展，"生态环境是关系党的使命宗旨的重大政治问题"①。因此，我们要把生态环境问题置于重大社会问题和重大政治问题的高度，"把解决突出生态环境问题作为民生优先领域"②，极度重视，优先解决，最终，为老百姓供给良好的生态环境，供给"最普惠的民生福祉"③。

2. 生态公平是生态民生题中应有之义

2013年4月，习近平总书记强调："良好的生态环境是最公平的公共产品"④。生态公平的核心是权利的平等享有，可从代内、代际、空间等多个层面理解。从代内层面而言，能为全体社会成员提供蓝天、碧水、青山等良好的生态产品或服务；从代际层面而言，生态环境能"支撑当代人过上幸福生活"⑤，"也要为子孙后代留下生存根基"⑥，使我们的子孙后代也能享有良好的生态环境；从空间层面而言，全国各地的空气清新、森林茂盛、土壤肥沃、水域清澈、生物多样，不以某些地区的环境为代价换取其他区域的经济发展，能为人民群众供给良好的生态环境就是供给了最好的公共产品，就是达到了最好的生态公平。

3. 人民群众是生态文明建设的主体力量

首先，人民群众需要认识到我们应"像保护眼睛一样保护生态环境，像对待生命一样对待生态环境"⑦。如果失去眼睛，我们就只能生活在黑暗中，如果我们失去生命，就失去了所有，再讨论其他任何事情都失去意义。其次，人民群众应作为主体力量参与生态文明建设。习近平总书记指出"生态文明是人民群众共同参与共同建设"⑧的事业，只有"动员全社会力量推进生态文明建设"⑨，一起努力保护和改善生态环境，才能更好

---

① 习近平. 习近平谈治国理政（第三卷）［M］. 北京：外文出版社，2020：359.
② 习近平. 习近平谈治国理政（第三卷）［M］. 北京：外文出版社，2020：368.
③④⑦ 习近平. 在省部级主要领导干部学习贯彻党的十八届五中全会精神专题研讨班上的讲话［N］. 人民日报，2016-05-10（2）.
⑤⑥ 习近平. 习近平谈治国理政（第二卷）［M］. 北京：外文出版社，2017：396.
⑧ 习近平. 推动我国生态文明建设迈上新台阶［J］. 奋斗，2019（3）：1-16.
⑨ 习近平. 在纪念马克思诞辰200周年大会上的讲话［J］. 党建，2018（5）：4-10..

地促进生态文明建设，才能更好地完成美丽中国的建设任务，才能让人民群众享受到自然之美。

4. 生态安全是为了保障人民安全

习近平指出："新形势下我国国家安全和社会安定面临的威胁和挑战增多，特别是各种威胁和挑战联动效应明显"①。生态安全与其他安全问题内外联动、累积叠加，增加了维护国家安全和人民安全的压力和难度，如果"扛不住"，"全面建成小康社会进程就可能被迫中断"②。生态安全在国家安全中具备独有地位并发挥特殊功能，是"国家安全的重要组成部分，是经济社会持续健康发展的重要保障"③。生态安全为人民安全提供了根本保障，生态安全是人民安全的重要条件。只有生态安，才有人民安。只有建立"以生态系统良性循环和环境风险有效防控为重点的生态安全体系"④，才能切实地保护好人民安全，才能兑现好保护人民安全的承诺，才能最终保障国家安全。

5. 生态治理国际合作观彰显人民情怀

习近平生态文明思想既指向国内，又指向国际，体现了将建设美丽中国与建设美丽世界紧密的关联起来的人民情怀⑤。地球是我们共同的家园，也是唯一的家园。生态环境问题不仅是各国应积极应对的国内公共问题，更是全球问题，哪一个国家都不能独善其身，都需积极参与治理生态环境问题。习近平同志强调中国一定继续"承担应尽的国际义务"⑥，勇担大国责任，为维护全球生态环境利益贡献中国方案和中国力量。习近平更呼吁国际社会，呼吁全球人民，齐心合力，共商共建，"构建人类命运共同体"⑦，携手探寻生态治理国际合作方案，"共建生态良好的地球美好

---

① 习近平关于总体国家安全观论述摘编 [M]. 北京：中央文献出版社，2018：6.
② 习近平关于总体国家安全观论述摘编 [M]. 北京：中央文献出版社，2018：9.
③ 习近平. 习近平谈治国理政（第三卷）[M]. 北京：外文出版社，2020：370.
④ 习近平. 习近平谈治国理政（第三卷）[M]. 北京：外文出版社，2020：366.
⑤ 方世南. 论习近平生态文明思想的人民情怀 [J]. 马克思主义理论学科研究，2021，7 (6)：90 – 97.
⑥ 习近平. 习近平谈治国理政（第一卷）[M]. 北京：外文出版社，2018：212.
⑦ 习近平. 习近平谈治国理政（第二卷）[M]. 北京：外文出版社，2017：538 – 539.

家园①"。

（四）生态发展观

习近平同志的生态发展观是绿色发展观。只有绿色价值观、绿色生产方式和绿色生活方式三个场域的互动，才能真正走出一条"新型"绿色发展之路。

1. 倡导并形成绿色价值观

习近平同志主政浙江时就指出："在全社会确立起追求人与自然和谐相处的生态价值观，是生态省建设得以顺利推进的重要前提"②。对于国家来说也是一样的，国家在推进生态文明建设的时候，更需要全体公民有良好的环保意识。为了倡导并形成绿色价值观，习近平同志在诸多场合多次呼吁和强调要大力弘扬、增强、倡导绿色价值观。2010 年，习近平同志强调"要大力弘扬生态文明理念和环保意识"③。2013 年，习近平同志强调要"增强全民节约意识、环保意识、生态意识，营造爱护生态环境的良好风气"④。2019 年，习近平同志再次强调"要倡导尊重自然、爱护自然的绿色价值观念，让天蓝地绿水清深入人心，形成深刻的人文情怀"⑤。只有绿色价值观成为社会生活的主流价值观，形成良好的生态文化氛围，生态环境保护才能深入人心，人民群众才会将内化于心的绿色价值理念，转化为外化于行的保护和改善生态环境的绿色行为。

2. 发展方式的转变

习近平总书记指出："加快经济发展方式转变和经济结构调整，是积极应对气候变化，实现绿色发展和人口、资源、环境可持续发展的重要前提"⑥。要在多个领域推进绿色发展和低碳发展，如推进绿色工业、绿色

① 习近平. 习近平谈治国理政（第一卷）[M]. 北京：外文出版社，2018：212.
② 习近平. 之江新语 [M]. 杭州：浙江人民出版社，2007：48.
③⑥ 习近平. 携手推进亚洲绿色发展和可持续发展 [N]. 人民日报，2010 - 04 - 11（1）.
④ 习近平. 习近平谈治国理政（第一卷）[M]. 北京：外文出版社，2018：210.
⑤ 习近平. 习近平谈治国理政（第三卷）[M]. 北京：外文出版社，2020：373.

农业、绿色服务业等。要用绿色科技助推经济发展方式转变，使绿色产业成为经济社会发展新的生长点和增长点，才能更好地促进各方面的可持续发展。

3. 生活方式的转变

习近平总书记非常重视人民群众的生活方式朝着绿色低碳转变。他指出要让绿色生活方式"成为每个社会成员的自觉行动"①。推进绿色生活方式，需要政府、企业、社会各个主体的共同努力。可在机关、家庭、学校、社区等开展多种多样的绿色行动或低碳行动，使人民群众在衣、食、住、行等方面积极转变并逐步形成绿色低碳的生活方式。

（五）生态法治观

1. 坚持"最严格制度最严密法治"原则

习近平总书记极其重视生态文明制度和法治的关键作用，并在宏观战略层面数次进行阐述。早在2000年，习近平同志就指出"健全和完善环保体制，严格执行各项环保标准"②是生态文明建设的最佳选择，并生动地将法律比作耕地的"保护神"③。之后，他多次指出保护好生态环境必须靠最严格制度和最严密法治。2013年5月，习近平同志强调"只有实行最严格的制度、最严密的法治，才能为生态文明建设提供可靠保障"④。2017年5月，习近平同志再次强调建设生态文明，关键在建章立制，关键在"用最严格的制度、最严密的法治保护生态环境"⑤。2018年5月，习近平同志再次指出："保护生态环境必须依靠制度、依靠法治"⑥。习近平总书记在内蒙古、贵州、江苏、浙江、福建等地进行调研和视察时也针对各地实际情况作出了关于用法律制度治理环境的具体指示。

---

① 习近平. 携手推进亚洲绿色发展和可持续发展［N］. 人民日报，2010-04-11（1）.
② 习近平. 扎扎实实转变经济增长方式［J］. 求是，1996（10）：30.
③ 习近平. 依法行政 保护耕地［N］. 福建日报，2000-06-25（1）.
④ 习近平在中共中央政治局第六次集体学习时强调 坚持节约资源和保护环境基本国策努力走向社会主义生态文明新时代［N］. 人民日报，2013-05-25（1）.
⑤ 习近平关于社会主义生态文明建设论述摘编［M］. 北京：中央文献出版社，2017：110.
⑥ 习近平. 习近平谈治国理政（第三卷）［M］. 北京：外文出版社，2020：363.

2. 要建成系统完备的生态法治体系

一是要尽快"建立系统完备的生态文明制度体系"① "让制度成为刚性的约束和不可触碰的高压线"②。首先，要做好立法规划，保证生态立法的前瞻性和稳定性；其次，保证生态立法科学化、严密化；再次，通过扩大公众参与，保障生态立法的民主性。二是严格执法。首先，生态环境执法严格化，加强执法机关建设，提高执法人员能力和水平；其次，建立责任追究制度。三是通过加强环境资源司法专门化、专业化建设，保障生态司法公正化、权威化。最后，通过上述多个维度的强化共同保障生态文明建设的进程。

（六）生态建设观

1. 建设美丽中国

生态文明建设的总体目标是建设美丽中国。习近平总书记在党的十八大提出要建设美丽中国，为我们勾勒了瑰丽的生态中国前景。2013 年，习近平总书记强调要"为建设美丽中国创造更好生态条件"③。同年，他还强调建设美丽中国是"实现中华民族伟大复兴的中国梦的重要内容"④，充分肯定了建设美丽中国在实现中国梦中的紧要地位和重要作用。习近平在党的十九大报告中再次强调"建设美丽中国"⑤。美丽中国是全国人民的心之所向，确保到 2035 年，基本实现美丽中国的目标；到本世纪中叶，完成美丽中国的目标⑥。

2. 建设美丽城市

为建设中国特色的美丽城市，需要在城市规划、发展规模、空间布局、设计细节等多方面下功夫。在城市规划建设中要尊重城市发展规律，

---

① 习近平. 习近平谈治国理政（第一卷）[M]. 北京：外文出版社，2018：85.
② 习近平. 习近平谈治国理政（第三卷）[M]. 北京：外文出版社，2020：363.
③ 习近平. 习近平谈治国理政（第一卷）[M]. 北京：外文出版社，2018：207.
④ 习近平. 习近平谈治国理政（第一卷）[M]. 北京：外文出版社，2018：211.
⑤ 习近平. 习近平谈治国理政（第三卷）[M]. 北京：外文出版社，2020：39.
⑥ 习近平. 习近平谈治国理政（第三卷）[M]. 北京：外文出版社，2020：366 – 367.

在城市发展规模上要适度，在空间布局上要优化，甚至在具体细节上"都要考虑到对自然的影响，更不要打破自然系统"①。

3. 建设美丽乡村

美丽乡村是乡村振兴的重要目标，其突出体现在"生态"和"宜居"两个方面，可以确保人民群众生存发展的良好自然条件和物质基础。习近平总书记多次指出要建设好生态宜居的美丽乡村。生态宜居作为乡村振兴的重要标志，也是乡村振兴的新发力点。习近平总书记在内蒙古考察时明确了美丽乡村建设的着力点，即完善农村公共基础设施，改善农村人居环境，其中的重点工作包括垃圾污水治理、厕所革命、村容村貌提升等。习近平总书记还强调要通过农村人居环境治理"打造美丽乡村，为老百姓留住鸟语花香田园风光"②。

总之，习近平生态文明思想不仅包括从理念、制度到实践建设的有机构成，还具有高瞻远瞩的长远视野，是中国特色社会主义生态文明思想的核心内容。

第三节　改革开放以来我国农村环境政策 指导思想的作用体现

中国共产党的发展历史证明，正确的理论指导是革命胜利的根本保障，也是我国社会主义建设取得巨大成就的前提和基础。政策是否科学与其指导思想是密不可分的，换句话说，政策的科学性取决于指导思想的科学性。改革开放以来我国农村环境政策的指导思想是马克思主义中国化所形成的智慧结晶，其科学性已经过多次验证。在农村生态环境政策的制定

---

① 习近平关于全面建成小康社会论述摘编 [M]. 北京：人民出版社，2016：172.
② 习近平. 习近平谈治国理政（第三卷）[M]. 北京：外文出版社，2020：370.

及实践上，指导思想的作用主要体现如下。

一、为我国农村环境政策把握方向

（一）为我国农村环境政策的制定把握方向

中国共产党作为马克思主义政党，坚持马克思主义为指导，制定了诸多革命和建设的政策，取得了一个个巨大成就。农村环境保护作为当前我国生态文明建设的重要领域，其坚持马克思主义是应有之义。当前，中国共产党运用马克思主义，结合中国实际，创造性提出的中国特色社会主义生态文明思想，是我国农村环境保护的指导思想。生态环境保护必须坚持上述指导思想，在农村环境政策制定过程中，要在兼顾发展与保护的基础上，既要实现经济社会的发展，也要遵循"人与自然是生命共同体"的基本理念，尊重、顺应和保护自然。只有坚持马克思主义指导，才可能制定科学的农村环境政策，实现人与自然共生共荣。

（二）为我国农村环境政策的完善把握方向

中国共产党是中国革命和建设事业胜利的根本保证。在中国共产党的领导下，仅仅用40年左右的时间，我国的经济建设就取得了令人瞩目的成就。在中国共产党的领导下，仅仅经过十多年的时间，生态文明建设领域也已经取得了巨大成就，各项生态环境指标得到了改善与恢复。这些成就的取得，在于相关政策的科学性与正确性。中国特色社会主义生态文明思想作为面向未来、面向实践的科学理论体系，对于农村环境政策具有不可替代的指导作用，只有坚持中国特色社会主义生态文明思想作指导，才能制定科学的农村环境政策，才能对不符合实际的政策及时进行修正，去粗存精、去伪存真，确保农村环境政策与时俱进。

（三）为农村环境政策的顺利实施把握方向

科学的政策与社会发展规律是相适应的，社会发展规律来源于实践并指导实践。当前，我们在坚持马克思主义的前提下，准确把握了社会发展的客观规律，这也是我国各项政策得以延续并不断发展的基础。在农村环境保护领域，相关政策是否符合社会发展规律，是否具有延续性，对于农村环境保护至关重要。党和政府在坚持社会发展客观规律的基础上，从实际出发，通过深入研究、调适和平衡经济发展与生态环境保护两者之间的关系，不仅保证了经济社会发展的延续性，而且及时出台了相关环境政策，确保了农村环境政策的连贯性和及时性，有效保证了农村环境政策的推进，兼顾了绿水青山与金山银山的平衡，进而保证了我国农村生态文明建设的顺利推进。

二、为我国农村环境政策确定目标

目标是政策所欲达成的结果。政策是围绕特定目标而制定的。政策的科学性与目标达成呈正相关性。

（一）决定农村环境政策的宏观目标

中国特色社会主义生态文明思想作为相对成熟的生态文明思想体系，其基本内容涵盖了我国生态文明建设的目标与方向，决定了我国生态文明建设的边界，此种界限决定了农村生态文明建设的基本目标，进而决定了农村环境政策宏观层面的目标。

建设美丽中国是生态文明建设的目标，这也决定了我国当前农村生态文明建设的目标，故农村环境政策目标必须服从此目标，在此目标的引导下来制定具体的环境政策。同时，马克思主义是以人民利益作为出发点和归宿的，与之相适应，我国各项政策的目标归根结底也是为了实现人民的利益。为了实现人民利益，我国开展了各项建设，旨在在各个领域落实人民利益。在环境保护领域，农村环境政策也是根据指导思想来制定的，其根本目的不仅符合人民的利益，而且还具有满足环境利益的特殊目的。

（二）影响农村环境政策的微观目标

相较于宏观目标而言，微观目标所对应的环境问题较小，只是在微观层面有所体现，此种微观层面的环境问题一般不影响全局。正因此，此种层面的环境政策本身具有易变性，即针对微观层面的问题可能存在多种解决办法，由此会导致政策的多变性。但是，不管微观层面的政策如何变动，其必须遵循中国特色社会主义生态文明思想的基本理念，不背离指导思想，在指导思想允许的范围内进行政策调整。

（三）为完成目标制定和实施相关保障措施

指导思想不仅影响政策本身，而且会影响其保障措施。农村环境政策的保障措施范围很广，包括物质保障、制度支持、文化氛围等。中国特色社会主义生态文明思想作为我国农村环境政策的指导思想，对农村环境政策的保障措施的影响主要有：首先，影响经济基础。鉴于环境保护与经济发展之间的张力，两者之间矛盾的调解十分困难，对此，习近平生态文明思想提出了绿色发展理念，提倡"两山"理论，此种兼顾发展与保护的理论创造性地解决了两者之间的矛盾，进而为农村环境政策创造坚实的物质保障。其次，影响文化氛围。通过学习、传播、实践生态文明，生态文明已经成为我国社会主义文化的 DNA，深刻影响到我国的立法、执法、司法等各个领域，进而为农村环境政策的实施创造良好的文化氛围。

三、为我国农村环境政策凝聚力量

指导思想的重要功能之一是凝聚功能。作为引领中国共产党的旗帜，马克思主义具有强大的凝聚作用，其鼓励和指引着一代代的热血民众投身于党的事业。

（一）指导思想具有强大的动员作用

激励作用即通过塑造民众认可的价值观，以提高民众对政策的认可度，增强参与的积极性，以实现相应的政策目标。通过马克思主义的激励，凝聚人心、汇合力量，动员各方主体共同参与我国社会主义建设事业。具体来说，包括两个方面：一是党和政府制定了诸多环境政策，将农村环境全面纳入了保护范围，而且通过制度设计将更多的力量投入农村环境保护。近年来，环境政策对农村环境保护的倾斜力度越来越大。中央"一号文件"将农村作为首要关注对象，2018～2021年连续四年中央"一号文件"也关注乡村振兴及农业农村发展，其中，提升和改善农村生态环境、人居环境均包含在这些文件中。二是为了实现农村环境治理，依靠单一的政府治理显然无法确保农村环境治理的效果。为此，党和政府在农村环境政策中数次呼吁多元主体共同参与农村环境治理，以期形成政府、企业、社会组织、农户等共同参与农村环境治理的多元格局。

（二）指导思想能凝聚力量办大事

中华人民共和国成立以来的所有重大工程基本都体现了马克思主义凝聚力量的功能。以马克思主义为指导的中国共产党从宏观层面关注公共问题，一旦确定了突出问题所在，便集中力量解决突出问题，针对突出问题出台相关配套政策，全力解决该问题。当前，党的事业在和平年代主要体现为建设事业，我国面临的建设任务主要有包含生态文明建设在内的"五位一体"的建设任务。农村生态环境保护作为生态文明建设的重要任务之一，是当前党和政府十分关注的任务之一。党和政府出台大量的农村环境政策，致力于解决农村环境问题。

四、为我国农村环境政策提供方法

我国农村环境政策的指导思想，不仅可以使我们了解到农村环境治理产生和发展的理论逻辑，而且能够为党和政府制定相关政策提供科学的方法论，即必须秉持以下原则来找寻最为合适的政策。

（一）实事求是

指导思想要求我们必须实事求是，从实际出发来解决问题。农村环境政策是规制人与自然之间关系，是实现生态文明建设的基本手段之一。为此，如何寻找最为恰当的政策是有效治理生态环境问题的必由之路。制定政策必须从实际出发，探寻事物的本来面貌，既然农村环境政策目的在于解决农村环境问题，那么首先必须尊重自然。尊重自然包括两层含义：一是在地位上尊重自然，将自然界与人类置于同等地位，两者之间是平等互利的关系，农村环境治理要实现人与自然的和谐共生；二是探寻农村环境现状及存在的问题，问题的准确度与农村环境政策的恰当性是密切关联的，为此只有实事求是，尊重自然发展规律，找准所需解决的农村环境问题，对症下药，才能有效解决问题。

（二）普遍联系

马克思主义要求以普遍联系的观点来看待世界。普遍联系存在万事万物之中，要求我们的生态文明建设必须将人类、社会、自然界等方面统一起来，从整体主义视角来看待和解决三者之间存在的矛盾。联系的客观性要求在制定农村环境政策时必须保持客观性，服从自然规律，准确了解自然规律对于人类社会的影响。联系的多样性要求在制定农村环境政策的内容时，必须深刻分析政策所涉及的人与自然之间相关事物、现象和过程的内在逻辑，掌握其复杂多变的联系方式及变动结果。在此基础上，才有可能制定出符合实际需求的农村环境政策。

（三）发挥人的主观能动性

马克思主义要求积极发挥人的主观能动性，党和政府在生态文明建设过程中，只有不断发挥主观能动性，才能对现有环境问题进行准确应对，化解生态环境危机，实现人与自然的和谐相处。在农村环境政策的制定及实施过程中，人的主观能动性尤为重要。政策的制定需要收集、分析信息、得出结论、验证结论、制定方案、方案抉择等诸多环节，这些环节均离不开人的主观因素，只有充分发挥主观能动性，才可能制定出最为妥当的政策。在政策的实践环节，鉴于涉及政策内容的现实化，牵涉面广，涉及环境管理、行政执法，甚至司法等诸多环节，只有通过发挥人的主观能动性，才能将政策内容付诸现实。

本 章 小 结

生态文明作为一种文明形态，只有进行时没有完成时，它不是简单的状态或者结果而是一个过程。这个过程的理论形态就是中国特色社会主义生态文明思想的形成史和发展史，这是在长期的社会主义建设实践中不断探索和总结而得出的科学理论，也是他们对前人的思想进行继承和提升的结果，是一脉相承的。

一脉相承主要表现在：一是具有共质性。这个"质"就是马克思主义，换而言之，邓小平关于环境保护的重要论述、江泽民关于环境保护的重要论述、胡锦涛关于环境保护的重要论述和习近平的生态文明思想共同构成了中国特色社会主义生态文明思想，是马克思主义生态文明思想的重要组成部分。二是具有同源性。几代领导人都继承和发展了马克思恩格斯的生态环境思想，继承和发展了毛泽东关于环境保护的重要论述，批判吸收了中国优秀传统文化中的生态智慧。三是具有为民性。中国特色社会主义生态文明思想始终代表和维护最广大人民群众的根本利益，急人民之所急，为人民之所需，具有充分的为民性。

中国特色社会主义生态文明思想是改革开放以来我国农村环境政策的指导思想，为农村环境政策指明方向、确定目标、凝聚力量和提供方法，具有强大的指导作用。

第二章
CHAPTER 2

改革开放以来我国农村环境政策的
发展阶段及内容解析

　　正如恩格斯所指出："思维的任务现在就是要透过一切迷乱现象探索这一过程的逐步发展的阶段，并且透过一切表面的偶然性揭示这一过程的内在规律性"[①]。鉴于此，要展开对农村环境政策的研究，了解其发展历程是非常必要的。对改革开放以来我国农村环境政策的发展历程，既可以从总体考察，也可通过阶段划分来进行分阶段考察。发展阶段该如何划分呢？首先必须确定划分标准。

　　现有研究的划分标准包括：一是以农村环境政策体系的发展程度划分发展阶段。李宾（2012）将农村环境政策分为无成文（1949～1972 年）、城市环境政策体系逐步形成（1973～2003 年）以及农村环境政策逐步得到重视（2004 年至今）三个阶段[②]。张金俊（2018）以农村环境治理体系现代化为分析视角，把我国农村环境政策体系的演进分为农村环境政策体系的萌芽（1949～1977 年）、农村环境政策体系的构建（1978～1999

---

　　① 马克思，恩格斯. 马克思恩格斯文集（第九卷）［M］. 北京：人民出版社，2009：27.
　　② 李宾. 城乡二元视角的农村环境政策研究［M］. 北京：中国环境科学出版社，2012：107－124.

年)、农村环境政策体系的初步形成(2000 年以后)三个调整阶段①。二是以政策主题的变化划分发展阶段。王西琴等(2015)把农村环境政策的变迁分为以水土保持、农业资源保护为主的起步阶段(1949~1977年)、以农业面源污染和乡镇企业污染控制为主的强化阶段(1978~1991年)、污染防治与生态保护并重的转型阶段(1992~2002 年)、以生态补偿和村镇综合整治为主的多元化阶段(2003~2012 年)以及以生态农业和农业可持续发展为主的综合治理阶段(2013 年至今)五个阶段②。金书秦等(2015)将其分为农村环境问题初步显现、政策分散(1973~1979年),乡镇企业问题突出、政策起步(1980~1989 年),多层次的农村环境问题集中显现、政策关注度提高(1990~1999 年),农业面源污染严重、农业发展向绿色转型(2000 年至今)四个阶段③。三是以政策目标与行动变化为标准划分发展阶段。韩冬梅、金书秦等(2019)认为中国农业农村环境保护政策按照阶段性特征具体可分为四个阶段:酝酿阶段,笼统目标下缺乏有效行动(1978~1994 年);起步阶段,个别领域采取分散行动(1995~1999 年);发展阶段,目标由单一向综合转变(2000~2016年);全面提升期,以绿色发展引领乡村振兴(2017 年至今)。

综上所述,在考察改革开放以来的农村环境政策历程时,大部分学者以"标志性历史事件发生的时序为线索"作为划分标准。学者们把 1978年党的十一届三中全会的召开,作为农村环境治理的开端;其后的 40 多年发展历程,众多学者采取了"三阶段""四阶段""五阶段"划分方法。因此,笔者所采取的阶段划分方法,从划分标准看仍然是具有历史学范式的时间序列分期法。关键性事件主要指党的全国代表大会召开的时间,为方便进行政策文本分析,将党的十四大、党的十六大和党的十八大召开的

---

① 张金俊. 我国农村环境政策体系的演进与发展走向——基于农村环境治理体系现代化的视角 [J]. 河南社会科学, 2018, 26 (6): 97-101.

② 王西琴, 等. 我国农村环境政策变迁:回顾、挑战与展望 [J]. 现代管理科学, 2015 (10): 28-30.

③ 金书秦, 韩冬梅. 我国农村环境保护四十年:问题演进、政策应对及机构变迁 [J]. 南京工业大学学报(社会科学版), 2015 (2): 71-78.

当年，划归为新阶段的起始年份。最后，将我国农村环境政策划分为四个阶段：探索起步阶段（1978～1991 年）、平缓发展阶段（1992～2001年）、快速发展阶段（2002～2011 年）和全面推进阶段（2012 年至今）。此阶段划分法，也可与几代领导人关于环境保护的重要论述和习近平生态文明思想保持一致性。当然，此处需要注意的是，不仅是农村环境政策是具有整体性和连贯性的，其指导思想更是一脉相承，具有整体性和连贯性。对农村环境政策进行阶段划分，是为了更细致地了解其发展历程和不同阶段的政策内容。

第一节　探索起步阶段政策内容解析

一、综合性环境政策较为薄弱

（一）面向全国的综合性环境政策内容

1. 初步提出全国环境保护的目的与任务

一是环境保护写入根本大法。《中华人民共和国宪法》（以下简称《宪法》）（1978）第十一条第三款的规定是我国首次在国家根本大法中提出要进行环境保护工作。《宪法》（1982）第九条强调对自然资源的合理利用、保护珍贵动植物、禁止侵占或破坏自然资源；第二十六条强调"国家保护和改善生活环境和生态环境，防治污染和其他公害。国家组织和鼓励植树造林，保护林木"①。与 1978 年的《宪法》相比，保护条款更多，

---

① 中共中央文献研究室. 十二大以来重要文献选编（上）[M]. 北京：中央文献出版社，2011：192.

规定也更加细致。在自然资源方面增加了合理利用和严禁侵占或破坏、强调对珍贵动植物和林木的保护,在环境保护方面增加了"改善"和"生活环境"。《宪法》虽然没有直接提及保护农村环境,但宪法是国家根本大法,宪法对环境保护的规定也必将为农村环境保护提供宪法保障。

二是国务院规范性文件中对环境保护地位的认可。首先是给予消除污染、保护环境工作较高的地位,认为它们是经济建设和实现四个现代化的重要内容①。其次是对环境保护机构进行调整。对成立国务院环境保护委员会及任务,各级人民政府环境保护机构的设置与调整,其他相关部门的环保任务等作出规定②。

三是规划计划中对环境保护目标的规定。"六五"计划(1982)指出"六五"期间环境保护的目标为:"既要制止自然环境和自然资源的破坏、防止新污染,又要控制生态环境的进一步恶化,抓紧解决突出的污染问题"③。

2. 做好调查与规划

一是做好城乡规划与建设。"八五"计划指出要做好城乡规划和建设。有步骤地加强农村能源等基础设施的建设④。

二是特别要做好国土开发整治和环境保护的调查与规划。"六五"计划指出"要做好国土的测绘、开发、规划、立法、保护与治理"⑤。"八五"计划指出"做好国土开发整治和环境保护的调查与规划"⑥。

---

① 中国政府网. 新中国 60 周年系列报告之十七:环境保护成就斐然[EB/OL]. http://www.gov.cn/gzdt/2009 – 09/28/content_1428543. htm, 2020 – 08 – 24.

② 国务院办公厅. 国务院关于环境保护工作的决定[Z]. 中华人民共和国国务院公报, 1984(10):319 – 322.

③ 国务院办公厅. 中华人民共和国国民经济和社会发展第六个五年计划[J]. 中华人民共和国国务院公报, 1983(9):307 – 410.

④⑥ 国务院办公厅. 国民经济和社会发展十年规划和第八个五年计划纲要[Z]. 中华人民共和国国务院公报, 1991(12):374 – 414.

⑤ 国务院办公厅. 中华人民共和国国民经济和社会发展第六个五年计划[Z]. 中华人民共和国国务院公报, 1983(9):307 – 410.

3. 做好环境监测

一是初步建立起环境监测制度。其中《全国环境监测管理条例》（1983）对环境监测的目的、任务、机构、职责与职能、对监测站的管理、环境监测网的组成、报告制度等作出规定。《环境监测质量保证管理规定》（1991）对环境监测机构和职责、质量保证的量值传递、实验室和监测人员的基本要求、质量保证工作内容、质量保证报告制度等作出规定；《环境监理工作暂行办法》（1991）对环境监理的主要任务，环境监理机构及职责，环境监理员的资质、权力、义务、奖惩等作出规定。

二是颁布针对不同行业的环境监测文件。内容涉及环境卫生监测站属性、任务、组织机构、职责范围等，基准气候站的观测环境，交通环境监测、污染源监测、污染事故（应急）监测、质量保证、资料报告制度等，工业污染源监测的分类、机构、职责，监测管理、报告制度等。

（二）综合性农村环境政策内容

1. 农村环境保护的目的与任务

（1）党和政府清醒地认识到农村的三大隐患，提出农村环境保护的目的与任务

党的十二大报告（1982）指出，以后必须在"坚决保护各种农业资源""保持生态平衡"[①]的同时，加强农村基本建设，在有限的耕地上能产出尽可能多的粮食，全面发展各行各业，满足工业发展的需要，也满足人民生活的需要。

1983年中央一号文件认为，我国农村的三大隐患包括森林过度开采、耕地逐年减少和人口急剧膨胀，需要在很多方面采取有力措施，认真对待，着力解决，必须严格控制人口增长，"合理利用自然资源，保持良好

---

① 中共中央文献研究室．十二大以来重要文献选编（上）［M］．北京：中央文献出版社，2011：12.

的生态环境"①。1986 年中央"一号文件"提出，有关部门在当年内应制定控制非农建设占用耕地、保持水土和农村环境保护方面的具体措施，经国务院批准后实施②。

到 20 世纪 90 年代，中共中央清醒地认识到人口增长过快和耕地减少两大隐患并未得到有效的控制，仍是农村经济和社会发展的制约因素。因而在农村环境保护方面还必须"严格控制非农占地，合理开发利用资源，保护生态环境"③。

（2）法律中对农村环境保护目的与任务的规定

在环境保护基本法中体现农村环境保护。《环境保护法》（1979）并没有明确提到农村环境，但至少将农村环境列为法律保护要素。该法还规定了合理使用土地和改良土壤，保护水域、维持良好水质、节约用水，保护和发展森林资源、牧草资源，保护、发展和合理利用野生动植物资源，禁止向一切水域倾倒垃圾、废渣，积极发展高效、低毒、低残留农药等包含农村环境保护的条款，表达了对农村环境保护的关注④。而《环境保护法》（1989）则明确提出农村环境保护，如第二条在列举环境的具体要素中明确区分了城市和乡村，第二十条更是明确提出各级政府具有农业环境保护职责。

（3）国务院规范性文件中的农村环境保护目的与任务

着重强调保护农业生产环境。《国务院关于环境保护工作的决定》（1984）第四点第三款强调"要认真保护农业生态环境"⑤。《国务院关于进一步加强环境保护工作的决定》（1990）中也强调"农业部门必须加强

---

① 中共中央文献研究室. 十二大以来重要文献选编（上）［M］. 北京：中央文献出版社，2011：217.

② 中共中央文献研究室. 十二大以来重要文献选编（中）［M］. 北京：中央文献出版社，2011：320.

③ 中共中央文献研究室. 十三大以来重要文献选编（下）［M］. 北京：中央文献出版社，2011：281.

④ 常紫钟，罗涵先主编. 中国农业年鉴［Z］. 北京：中国农业出版社，1980：78 – 80.

⑤ 国务院办公厅. 国务院关于环境保护工作的决定［Z］. 中华人民共和国国务院公报，1984（10）：319 – 322.

对农业环境的保护和管理"①。

（4）国民经济和社会发展计划中的农村环境保护目的与任务

"六五"计划（1982）第七章农业（种植业、畜牧业、水产业、水利建设）、第八章林业（造林和育林、木材采运、林产工业）、第十章能源（能源节约、煤炭工业、石油工业、电力工业、农村能源）、第二十四章国土开发和整治、第三十五章环境保护均涉及农村环境保护。

"七五"计划（1986）中则明确提出"保护农村环境"②。其第七章农业、第九章能源、第二十二章国土开发和整治、第五十二章环境保护均涉及农村环境保护。

2. 做好农业资源调查与规划

《中共中央关于加快农业发展若干问题的决定（草案）》（1979）指出，国务院有关部门和各地区必须组织起来，在三年内完成全国范围的土壤、气象等自然条件、自然资源以及其他社会条件的普查，在此基础上，与当地有丰富经验的农民、农村干部和科研人员一起制定区域化专业生产规划，并与农、林、牧、渔、工等方面互相配合③。1982年中央"一号文件"指出农业资源调查和区划这一基础工作必须搞好。当前要抓紧调查土地、水、生物等资源和重点开发地区，要加强对农业资源的保护，要抓好县级农业区划和成果的应用④。"六五"计划也强调继续做好农业资源调查和农业区划工作。

3. 做好农业环境监测

颁布了专门针对农业环境监测的政策《全国农业环境监测工作条例》（1984）。该条例规定：要经常性监测进入农业环境中的污染物，全国农

---

① 国务院关于进一步加强环境保护工作的决定［J］. 江西政报，1991（1）：11 - 14.

② 国务院办公厅关于第七个五年计划的报告［Z］. 中华人民共和国国务院公报，1986（10）：276 - 304.

③ 中共中央文献研究室. 三中全会以来重要文献选编（上）［M］. 北京：中央文献出版社，2011：171 - 172.

④ 中共中央文献研究室. 三中全会以来重要文献选编（下）［M］. 北京：中央文献出版社，2011：371.

业环境监测网由三级农业环境监测站构成，并对它们的职责和任务、报告制度等作出具体规定。

4. 加大农业技术研发与推广

1982 年中央一号文件指出，保护环境必须广泛借助现代科学技术成果。这些技术包括栽培技术、科学施肥、合理用水、高效低残毒农药等。1983 年中央一号文件指出："要继续进行农业技术改造。[①]"农业技术改造应该有自己的特色：一方面要继续保持传统农业精耕细作，节能降耗，生态平衡的优势；另一方面，又要积极吸收现代技术和先进管理方法。

二、污染防治政策开始萌芽

除了"八五"计划指出的"重点抓好大气、水、固体废物污染控制"[②] 外，此阶段农村污染防治政策的重点为农业面源污染防治和乡镇企业污染防治。

（一）面向全国的污染防治政策内容

1. 水污染防治

《水污染防治法》（1984）对水环境质量标准和污染物排放标准的制定、水污染防治的监督管理、防止地表水污染、防止地下水污染、法律责任等作出了规定。这些规定既针对城市也针对农村。《饮用水水源保护区污染防治管理规定》（1989）指出，加强饮用水水源保护区的污染防治和管理工作的目的之一是保障城乡人民身体健康[③]。

---

① 中共中央文献研究室. 十二大以来重要文献选编（上）[M]. 北京：中央文献出版社，2011：224.

② 国务院办公厅. 国民经济和社会发展十年规划和第八个五年计划纲要 [Z]. 中华人民共和国国务院公报，1991（12）：374 – 414.

③ 王子强，杨朝飞主编. 中国环境年鉴 [Z]. 北京：中国环境科学出版社，1990：520 – 521.

2. 噪声污染防治

《噪声污染防治条例》（1989）对环境噪声污染防治进行了规定。其第五条规定地方各级人民政府在进行村镇建设规划时，应合理规划和布局，防止环境噪声污染。

3. 海洋污染防治

《中华人民共和国海洋环境保护法》（以下简称《海洋环境保护法》）（1982）对整个海洋环境保护作出全面规定。

4. 大气污染防治

《大气污染防治法》（1987）是大气污染防治的综合性环境政策。《大气污染防治法实施细则》（1991）则对大气污染防治的实施进行了规定。二者内容涉及排污单位的责任、单位和个人的权利与义务、标准的制定，监督管理机关及职能，大气污染防治的监督管理，防治烟尘污染，防治废气、粉尘和恶臭污染，法律责任等，但并无专门针对农村大气污染防治的条款。

（二）农村污染防治政策内容

1. 农业面源污染防治

一是化肥方面的防治措施。要改善施肥结构；广泛使用有机肥，如农家肥、绿肥、饼肥等；研究防治化肥造成的环境污染技术和施肥技术；控制化肥的过量使用。二是农药方面的防治措施。科学用药，控制农药过量使用；研究防治化肥造成环境污染的有效方法。三是积极扩大秸秆还田。

2. 做好乡镇企业污染防治

一是工矿企业要认真解决污染问题，防止企业对自然资源的损害和对农业的损害①。二是在兴办乡镇企业时应当防治环境污染，要加强对乡镇

---

① 中共中央文献研究室. 三中全会以来重要文献选编（上）[M]. 北京：中央文献出版社，2011：164.

企业污染的管理①，从源头开始考虑乡镇企业可能带来的环境污染。

3. 农村水污染防治

《水污染防治法》（1984）第三十九条对县级以上地方人民政府的农业管理部门和其他有关部门在农村环境管理方面的职责作出了规定。《关于防治水污染技术政策的规定》（1986）第三部分第十二条到二十条指出，乡镇企业水污染的技术政策对农村环境的保护至关重要。

4. 海洋污染防治

《海洋环境保护法》（1982）第二十三条规定，沿海农田施用化学农药时应符合国家的相关规定和标准。

三、自然资源保护政策相对完善

"八五"计划（1991）指出："加强自然资源管理和环境保护"②。

（一）保护土地资源

1. 保护土地资源的总体要求

党的十三大报告指出："积极加强土地管理"③。

《中共中央关于加快农业发展若干问题的决定》（1979）指出："垦荒与造田时不能破坏自然资源和水利设施"④。1982年中央一号文件指出：

---

① 国务院办公厅. 关于第七个五年计划的报告 [Z]. 中华人民共和国国务院公报，1986（10）：276-304.

国务院办公厅. 国民经济和社会发展十年规划和第八个五年计划纲要 [Z]. 中华人民共和国国务院公报，1991（12）：374-414.

② 国务院办公厅. 国民经济和社会发展十年规划和第八个五年计划纲要 [Z]. 中华人民共和国国务院公报，1991（12）：374-414.

③ 中共中央文献研究室. 十三大以来重要文献选编（上）[M]. 北京：中央文献出版社，2011：20.

④ 中共中央文献研究室. 三中全会以来重要文献选编（上）[M]. 北京：中央文献出版社，2011：164.

"切实注意保护耕地和合理利用耕地"[①]。1983 年中央"一号文件"指出："做好规划,严格控制占用耕地建房"[②]。1986 年中央"一号文件"指出,有关部门要在当年制定严格控制非农建设占用耕地的条例,水土保持和农村环境保护的具体措施,并报国务院批准实施[③]。《中共中央关于进一步加强农业和农村工作的决定》(1991)指出:"十分珍惜耕地,依法加强土地管理,建立基本农田保护区"[④]。

"七五"计划指出:"做好土地资源的考察、研究、开发、整治规划,土壤肥力的维护与提高,加强对耕地的保护"[⑤]。

2. 保护土地资源的具体制度

一是土地所有权制度。二是土地调查统计制度。三是土地规划制度。四是土地征用制度。五是建设用地审批制度。六是耕地占用税。七是土地复垦制度。八是法律责任[⑥]。

(二)保护林业和草原资源

1. 保护林业和草原资源的总体要求

《中共中央关于加快农业发展若干问题的决定(草案)》(1979)指出:一是限期绿化荒山荒地;二是加强森林资源的综合利用;三是切实保护森林,严禁乱砍滥伐,严防森林火灾;四是要加强草原和农区草山、草

---

① 中共中央文献研究室. 三中全会以来重要文献选编(下)[M]. 北京:中央文献出版社,2011:366.

② 中共中央文献研究室. 十二大以来重要文献选编(上)[M]. 北京:中央文献出版社,2011:228.

③ 中共中央文献研究室. 十二大以来重要文献选编(中)[M]. 北京:中央文献出版社,2011:320.

④ 中共中央文献研究室. 十三大以来重要文献选编(下)[M]. 北京:中央文献出版社,2011:287.

⑤ 国务院办公厅. 关于第七个五年计划的报告[Z]. 中华人民共和国国务院公报,1986(10):276–304.

⑥ 土地管理法. 中国农业年鉴编辑委员会. 中国农业年鉴[Z]. 北京:中国农业出版社,1987:408–411.

坡的建设①。1982 年中央"一号文件"指出:"要把振兴林业作为国土整治的一项根本大计"②。1983 年中央"一号文件"指出:"严格执行各项林业政策,发动群众造林护林、增加植被、绿化祖国,建设生态屏障"③。1984 年中央"一号文件"指出:一方面,强调通过进一步放宽政策,加快对山区和草原的开发;另一方面,采取措施鼓励保护森林、草原资源。如鼓励种草种树、保护草场、改良草场、保持草畜平衡④。1985 年中央"一号文件"指出:"一是有计划有步骤地将山区二十五度以上的坡耕地退耕还林还牧。二是需依法经政府批准后才能砍伐木材,严禁乱砍滥伐"⑤。1986 年中央"一号文件"指出:"发展林业要持之以恒,以短养长"⑥。《中共中央关于进一步加强农业和农村工作的决定》(1991)指出:"要高度重视林业发展……改善生态环境"⑦。

"六五"计划指出,全面植树、恢复老林区、加强林木管理和保护、控制森林采伐量⑧。"七五"计划指出:"在加强林政管理、制止乱砍滥伐的同时,加大力度进行荒山、荒地造林以及封山育林;加强牧区草原建设和南方草山草坡的开发利用"⑨。"八五"计划指出:"积极开展植树造林

① 中共中央文献研究室. 三中全会以来重要文献选编(上)[M]. 北京:中央文献出版社,2011:166.

② 中共中央文献研究室. 三中全会以来重要文献选编(下)[M]. 北京:中央文献出版社,2011:374.

③ 中共中央文献研究室. 三中全会以来重要文献选编(上)[M]. 北京:中央文献出版社,2011:228.

④ 中共中央文献研究室. 十二大以来重要文献选编(上)[M]. 北京:中央文献出版社,2011:371-372.

⑤ 中共中央文献研究室. 十二大以来重要文献选编(中)[M]. 北京:中央文献出版社,2011:93.

⑥ 中共中央文献研究室. 十二大以来重要文献选编(中)[M]. 北京:中央文献出版社,2011:320.

⑦ 中共中央文献研究室. 十三大以来重要文献选编(下)[M]. 北京:中央文献出版社,2011:286.

⑧ 国务院办公厅. 中华人民共和国国民经济和社会发展第六个五年计划[Z]. 中华人民共和国国务院公报,1983(9):307-410.

⑨ 国务院办公厅. 关于第七个五年计划的报告[Z]. 中华人民共和国国务院公报,1986(10):276-304.

绿化活动"①。

2. 森林资源保护的具体制度

《森林法》（1979）中规定：一是森林所有权制度，森林属于社会主义全民所有和社会主义劳动群众集体所有；二是植树造林、爱林护林；三是国营林业局、国营林场实行分级管理和企业管理；四是实行林业规划制度；五是育林基金制度；六是严格控制森林采伐量，对森林采伐实行统一管理。《森林法》（1984）则规定：一是森林所有权制度，森林资源属于全民所有、由法律规定属于集体所有的除外；二是对森林实行限额采伐，鼓励植树造林、封山育林，扩大森林覆盖面积；三是对林业实行经济扶持政策；四是实行林业规划制度；五是自然保护区制度。《森林法实施细则》（1986）还规定了林木采伐许可证制度。

3. 草原资源保护的具体制度

一是草原所有权制度。二是调剂使用草原、草原所有权和使用权的争议协商制度。三是实行草原资源普查，制定草原畜牧业发展规划制度。四是严格保护草原植被，禁止开垦和破坏；合理使用草原，防止过量放牧②。

（三）保护水资源

1982年中央"一号文件"指出："切实做到科学用水、计划用水、节约用水"③。

"八五"计划提出："要加强水资源保护"④。

《中华人民共和国水法》（以下简称《水法》）（1988）对合理开发利用和保护水资源、防治水害作出规定。具体制度包括：一是实行统一管理与分级，分部门管理相结合的制度；二是开发利用实行规划制度；三是实

---

① ④　国务院办公厅. 国民经济和社会发展十年规划和第八个五年计划纲要［Z］. 中华人民共和国国务院公报，1991（12）：374 – 414.

②　白富才，冯鼎复主编. 中国农业年鉴［Z］. 北京：中国农业出版社，1986：350 – 351.

③　中共中央文献研究室. 三中全会以来重要文献选编（下）［M］. 北京：中央文献出版社，2011：375.

行取水许可制度；四是实行水费和水资源费的征收制度；五是实行水事纠纷协商制度；六是法律责任。该法第十四条规定在满足城乡居民生活用水的基础上，统筹兼顾农业、工业用水和航运需要；如果水源不足，应当限制城市规模和耗水量大的工业、农业的发展。

地矿部专门出台政策加强地下水资源管理。《违反水法规行政处罚暂行规定》（1990）对违反水法规行政处罚进行了专门规定。

此阶段，党和政府还非常重视农业水利建设。《中共中央关于加快农业发展若干问题的决定（草案）》（1979）、1982 年中央"一号文件"、1986 年中央"一号文件"、《中共中央关于进一步加强农业和农村工作的决定》（1991）均提到要加强农田水利建设。

（四）保护野生生物资源

1. 野生药材资源保护

1985 年中央"一号文件"指出：要保护好因自然资源必须严格控制的少数品种中药材资源①。

《野生药材资源保护管理条例》（1987）中规定：一是对野生药材资源进行了分级管理。二是对野生药材资源进行采药证、采伐证和狩猎证许可管理。三是进行野生药材资源保护区管理。四是规定了相应的法律责任。

2. 野生动物资源保护

《中华人民共和国野生动物保护法》（以下简称《野生动物保护法》）（1988）是野生动物保护领域的"基本法"。具体包括：一是实行分级保护管理，分为两级。二是实行自然保护区保护管理。三是实行许可证管理，如驯养繁殖许可、特许猎捕证、狩猎证、持枪证。四是规定了一系列禁止行为。五是规定了法律责任。

---

① 中共中央文献研究室. 十二大以来重要文献选编（中）［M］. 北京：中央文献出版社，2011：93.

对重点保护野生动物实行名录管理和目录管理也是野生动物保护的重要手段。《国家重点保护野生动物名录》（1989）规定了兽纲、爬行纲、两栖纲、鱼纲、文昌鱼纲、珊瑚纲等多个纲的具体保护名录。

（五）保护渔业资源

《中共中央关于加快农业发展若干问题的决定（草案）》（1979）指出："认真贯彻执行水产资源繁殖保护条例，尽快颁布渔业法，加强渔政管理"①。

"六五"计划对"加强渔政管理和水产资源保护等提出要求"②。"八五计划"指出："加强渔业政策管理，严格控制近海捕捞强度"③。

具体制度包括：一是统一领导、分级管理制度。二是许可证制度。三是确定重点保护的渔业资源品种及采捕标准制度。四是实行禁渔区和禁渔期制度④。

（六）保护矿产资源

一是矿产资源所有权制度。矿产资源属于国家所有。二是登记和申请制度。勘查和开采矿产资源，必须进行依法登记和依法申请取得采矿权。三是资源税和资源补偿费制度。四是实行调查和普查制度。五是对乡镇集体矿山企业和个体采矿实行积极扶持、合理规划、正确引导、加强管理的方针。六是监督管理制度。七是法律责任⑤。

---

① 中共中央文献研究室．三中全会以来重要文献选编（上）［M］．北京：中央文献出版社，2011：167.

② 国务院办公厅．中华人民共和国国民经济和社会发展第六个五年计划［Z］．中华人民共和国国务院公报，1983（9）：307－410.

③ 国务院办公厅．国民经济和社会发展十年规划和第八个五年计划纲要［Z］．中华人民共和国国务院公报，1991（12）：374－414.

④ 渔业法．甘重斗主编．中国法律年鉴［Z］．北京：法律出版社，1987：105－107.

渔业法实施细则．白富才，冯鼎复主编．中国农业年鉴［Z］．北京：中国农业出版社，1988：505－507.

⑤ 矿产资源法．杨文鹤主编．中国海洋年鉴［Z］．北京：海洋出版社，1987－1990：17－19.

（七）节约能源

党的十二大报告指出："必须加强能源开发，大力节约能源消耗……①"
"六五"计划和"七五"计划都指出，在农村能源方面，一方面要节约能源，推广省柴、洁煤的炉灶；另一方面要加强能源开发，发展沼气池、整顿小水电，开发利用太阳能、风能、地热等②。

第二节　平缓发展阶段政策内容解析

一、综合性环境政策逐步扩容

（一）面向全国的综合性环境政策内容

1. 提出环境保护的目的或任务

党的十四大报告（1992）指出，加强环境保护是我国的一项基本国策，要"努力改善生态环境"③。党的十五大报告（1997）指出，在现代化建设中应实施可持续发展战略，既要控制人口，也要保护好环境，处理好经济发展同人口、资源与环境的关系。

---

① 中共中央文献研究室. 十二大以来重要文献选编（上）[M]. 北京：中央文献出版社，2011：12.

② 国务院办公厅. 中华人民共和国国民经济和社会发展第六个五年计划 [Z]. 中华人民共和国国务院公报，1983（9）：307－410.

国务院办公厅. 关于第七个五年计划的报告 [Z]. 中华人民共和国国务院公报，1986（10）：276－304.

③ 中共中央文献研究室. 十四大以来重要文献选编（上）[M]. 北京：中央文献出版社，2011：28.

《中国 21 世纪议程——中国 21 世纪人口、环境与发展白皮书》（1994）从我国具体国情出发，提出人口、经济、社会、资源和环境相互协调，可持续发展的总体战略。其中，也针对农业与农村的可持续发展提出要求。"十五"计划（2001）指出："要加强生态建设，遏制生态恶化，加大环境保护和治理力度，提高城乡环境质量"①。明确区分了城乡环境。

《国务院关于环境保护若干问题的决定》（1996）提出了短期环境保护的目标，到二〇〇〇年力争使环境污染和生态破坏加剧的趋势得到基本控制，部分城市和地区的环境质量有所改善②，重心仍然在城市。《全国生态环境保护纲要》（2000）指出："全面实施可持续发展战略，落实环境保护基本国策，巩固生态建设成果，努力实现祖国秀美山川的宏伟目标"③。

2. 制定环境保护规划计划

（1）关于环境规划的具体规定

《国务院关于印发全国生态环境建设规划的通知》（1998）提出我国陆地生态环境建设中的天然林等自然资源保护、植树种草、水土保持、防治荒漠化、草原建设、生态农业等重要方面需要进行规划。

《"十五"国土资源生态建设和环境保护规划》（2001）规定了"十五"期间国土资源生态建设和环境保护的总体目标、主要任务、重点工程和实施的政策保障。总体目标是初步建立国土资源生态建设和环境保护政策体系和管理体系，稳步推进国土综合整治，逐步改善土地、矿山、地质和海洋生态环境，实现国土资源开发利用与生态建设和环境保护的协调发展④。

---

① 国务院办公厅. 国民经济和社会发展第十个五年计划纲要［Z］. 中华人民共和国国务院公报，2001（12）：16 – 38.

② 中共中央文献研究室. 十四大以来重要文献选编（下）［M］. 北京：中央文献出版社，2011：81.

③ 中共中央文献研究室. 十五大以来重要文献选编（中）［M］. 北京：中央文献出版社，2011：555.

④ 关于印发《"十五"国土资源生态建设和环境保护规划》的通知［J］. 中华人民共和国国务院公报，2002（11）：24 – 29.

（2）关于环境保护计划的具体规定

《环境保护计划管理办法》（1994）规定了环境保护计划的目的、适用范围、四级管理方式、内容，编制和实施环境保护计划的政策、原则、程序、机构等。

（3）关于土地利用规划的规定比较系统和突出

此阶段，除了《全国土地利用总体规划纲要》（1993）外，还有《土地总体规划编制审批暂行办法》（1993）、《土地利用总体规划编制审批规定》（1997）、《省级土地利用总体规划审查办法》（1998）等几十份政策文本对土地利用总体规划的目的、期限、分级管理、编制程序与规划内容、规划成果、规划审批、主管部门及职责等方面作出具体规定。

3. 加强技术研发与推广

制定了关于环境保护科学技术研究成果管理、科学技术进步奖励、最佳实用技术和重点环境保护实用技术推广管理的一系列政策。

4. 关于环保资金的规定

一是加大对环境保护的资金投入。二是本阶段对关于水资源费和水资源补偿费作出规定。《国务院办公厅关于征收水资源费有关问题的通知》（1995）指出，水资源费的征收暂时按照省、自治区、直辖市的相关规定执行。《关于征收地下水资源补偿费的复函》（1995）对征收地下水资源补偿费的相关问题进行了解释。

5. 关于环境标准的规定

一是《环境标准管理办法》（1998）对环境标准的目的、适用范围、分类等作出规定。具体包括环境标准的制定、环境标准的实施与监督等。

二是大气污染物排放标准。《大气污染物综合排放标准》（1996）规定了33种大气污染物的排放限值及标准执行中的各种要求、引用标准、标准采用的定义、本标准设置的三项指标体系、排放速率标准分级、标准值、其他规定、监测、标准实施等。其他具体标准还包括锅炉、燃煤电厂污染物排放及测试方法标准，已建成使用的单台出力小于0.7兆瓦的自然通风锅炉和新安装的单台出力小于0.7兆瓦的非自然通风锅炉党的排放限值，彩色显像管玻壳厂铅玻璃窑炉烟气中铅的最高允许排放浓度，大气污染物无组织排放监测技术导则、固定污染源排气中二氧化硫的测定等标准。

三是水污染物排放标准。具体包括造纸工业水污物排放标准、采矿行业排放污水中一类污染物采样点、造纸工业水污染物排放标准、污水海洋处置工程污染控制标准等。

6. 关于环境监测的规定

《污染源监测管理办法》（1999）规定了污染源监测单位的职责、任务分工、污染源监测网络、污染源监测管理、污染源监测设施的管理、污染源监测结果报告、处罚等。

其他还包括隧道污染防治监督管理、铁路环境测量管理、火电行业环境监测管理、电力行业环境检测监督管理、水土保持生态环境监测工作等。

（二）综合性农村环境政策内容

1. 明确农村环境保护的要求

此阶段党与政府对农村环境的重视、认识与保护均上了一个新台阶，在数个重要政策文本中均提出农业与农村的可持续发展。

《中国 21 世纪议程》（1994）提出"农业与农村的可持续发展"[①]。具体包括：一是要综合管理，强化农业生态环境保护和农业自然资源管理的法规、标准和政策体系。二是开发和推广节约资源和保护环境的农业技术。三是减少农业面源污染，多施有机肥。四是乡镇企业要尽量无污染。五是保护和利用好资源，加强防护林建设，改良土地，开发和推广农村新能源。

《中共中央、国务院关于"九五"时期和今年农村工作的主要任务和政策措施》（1996）指出："保护耕地资源和生态环境，实现农业和农村

---

① 中国 21 世纪议程——中国 21 世纪人口、环境与发展白皮书［M］. 北京：中央文献出版社，1994：77–87.

经济的可持续发展"①。《中共中央关于农业和农村工作若干重大问题的决定》（1998）中规定我国农业和农村跨世纪发展目标十条方针之一为"实现农业可持续发展"②。《中共中央、国务院关于做好二〇〇〇年农业和农村工作的意见》（2000）指出"改善农业生态环境"③。其中，农业基础设施建设以水利为重点的，生态环境建设以植树种草、水土保持为重点。

《国家环境保护总局关于加强农村生态环境保护工作的若干意见》（1999）提出当前农村生态环境保护的主要任务是"防治农业生产和农村生活污染，综合整治乡镇环境，促进自然资源的合理开发利用，维护农村重要自然生态系统的良性循环，提高城乡居民的生活环境质量，确保农村经济社会的健康、持续发展。"④ 这是我国第一个直接且专门针对农村环境保护的政策文本。

《农业法》（1993）规定："发展农业必须合理利用资源，保护和改善生态环境。⑤"各级人民政府应当组织农业生态环境治理。

2. 制定农村环境保护规划计划

《农业法》（1993）规定各级人民政府应当制定农业资源区划、农业环境保护规划和农村能源发展计划。

3. 加强农村环境保护技术研发与推广

《中共中央、国务院关于当前农业和农村经济发展的若干政策措施》（1993）指出，要加快节水灌溉和旱作农业技术，秸秆氨化饲养技术，高

---

① 中共中央文献研究室．十四大以来重要文献选编（中）［M］．北京：中央文献出版社，2011：621．

② 中共中央文献研究室．十五大以来重要文献选编（上）［M］．北京：中央文献出版社，2011：494．

③ 中共中央国务院关于做好二〇〇〇年农业和农村工作的意见［J］．农村工作通讯，2000（3）：4－8．

④ 国家环境保护总局关于加强农村生态环境保护工作的若干意见——环发［1999］247号文：附件［J］．中国环保产业，2000（1）：7－8．

⑤ 蔡盛林，陈万里主编．中国农业年鉴［Z］．北京：中国农业出版社，1994：524－528．

效低残留农药的研发①。《中共中央、国务院关于 1994 年农业和农村工作的意见》（1994）指出：利用科技推动农村环境改善。如机械深施化肥、测土配方施肥、节水灌溉、秸秆氨化等②。《中共中央、国务院关于"九五"时期和今年农村工作的主要任务和政策措施》（1996）指出，要推广一批先进实用的农业技术，如测土配方施肥、化肥深施、节水灌溉、秸秆过腹还田等技术③。《中共中央关于农业和农村工作若干重大问题的决定》（1998）中指出：改善农业生态环境要在农业资源高效利用、旱作节水农业技术等方面做好研究与推广④。《中共中央、国务院关于做好二〇〇〇年农业和农村工作的意见》（2000）指出在农业科技方面要注重市场导向，其主要目标是为了提高农业效益和改善生态环境，重点要发展节水灌溉为重点的降耗增效技术、以生物措施为重点的生态环境建设技术等⑤。《中共中央、国务院关于做好 2001 年农业和农村工作的意见》（2001）指出，要调整农业科研与开发的方向，把重点放在节水技术、生态环境治理、防沙治沙技术等方面⑥。

4. 加大农业基础设施资金投入

在 1993 年至 1998 年中共中央关于农业农村的重要文件里均提出要加大对农业的投入。要"多渠道增加农业投入"⑦，增加的农业投资多用于

---

① 中共中央文献研究室. 十四大以来重要文献选编（上）[M]. 北京：中央文献出版社，2011：424.
② 王仕元. 中国经济体制改革年鉴 [Z]. 北京：改革出版社，1995：5 - 8.
③ 中共中央文献研究室. 十四大以来重要文献选编（中）[M]. 北京：中央文献出版社，2011：622.
④ 中共中央文献研究室. 十五大以来重要文献选编（上）[M]. 北京：中央文献出版社，2011：501.
⑤ 中共中央国务院关于做好二〇〇〇年农业和农村工作的意见 [J]. 农村工作通讯，2000（3）：4 - 8.
⑥ 中共中央文献研究室. 十五大以来重要文献选编（中）[M]. 北京：中央文献出版社，2011：686.
⑦ 中共中央文献研究室. 十四大以来重要文献选编（上）[M]. 北京：中央文献出版社，2011：426.

农业基础设施建设。多渠道既包括"中央和地方大幅度的资金投入"①，也包括利用多种市场手段的资金投入②，还包括在保证农业信贷资金及时足额到位的情况下，适当增加节水、供水、水利工程技改、林业项目、治沙等贷款③。农业基础设施包括大江大河大湖治理、防护林体系建设、大面积水土流失地区综合治理等大中型建设项目，大规模的水利工程，生态工程等。

二、污染防治政策平缓发展

（一）本阶段污染防治政策的总体要求

党的十五大报告（1997）指出：要加强环境污染治理。

《关于"九五"期间加强污染控制工作的若干意见》（1997）指出："一是强化'达标排放'，加快限期治理；二是全面开展排污申报登记，实施污染物排放总量控制；三是采取从严管理措施，控制'三河''三湖'和'两区'污染；四是加强城市环境综合整治，改善城市环境质量；五是推行清洁生产和清洁能源，淘汰落后工艺和设备；六是加强污染控制的法制建设，完善法规标准配套"④。

（二）面向全国的污染防治政策内容

1. 水污染防治

一是《水污染防治法实施细则》（2000）对水污染防治的监督管理、

---

① 中共中央文献研究室. 十五大以来重要文献选编（上）[M]. 北京：中央文献出版社，2011：500.

② 中共中央文献研究室. 十四大以来重要文献选编（下）[M]. 北京：中央文献出版社，2011：342.

③ 中共中央文献研究室. 十四大以来重要文献选编（中）[M]. 北京：中央文献出版社，2011：281.

④ 北大法宝 [EB/OL]. http://pkulaw.cn/fulltext_form.aspx? Gid=85251，2020-08-04.

防止地表水污染、防止地下水污染、法律责任作出具体规定。具体制度包括：重点污染物排放总量控制制度，水环境质量标准，现场检查制度，应急事件处理制度，水源保护区制度。

二是流域水污染防治规划计划。《关于滇池流域水污染防治"九五"计划及 2010 年规划的批复》（1998）、《关于长江上游水污染整治规划的批复》（1999）、《关于太湖流域水污染防治及"十五"计划的批复》（2001）、《关于三峡库区及其上游水污染防治规划的批复》（2001）等对各流域水污染防治作出规定。

三是《印染行业水污染防治技术政策》（2001）对印染行业水污染防治技术作出规定。

2. 噪声污染防治

《中华人民共和国环境噪声污染防治法》以下简称（《环境噪声污染防治法》）（1996）对环境噪声污染防治的监督管理、工业噪声污染防治、建筑施工噪声污染防治、交通运输噪声污染防治、社会生活噪声污染防治、法律责任作出具体规定。在其第五条中，与《环境噪声污染防治法》（1989）相比，以"在制定城乡建设规划时"取代"在制定城市、村镇建设规划时"，意思未变，表述更加简洁；增加"应当充分考虑建设项目和区域开发、改造所产生的噪声对周围生活环境的影响，统筹规划"，更加人性化；以"合理安排功能区和建设布局"取代"应当合理地划分功能区和布局建筑物、构筑物、道路等"，范围更广；以"防止或者减轻环境噪声污染"取代"防止环境噪声污染，保障生产环境的安静"，更符合实际，生产环境安静现实中很难做到。

具体制度包括：一是环境标准。包括国家声环境质量标准、国家环境噪声排放标准、工业企业厂界和建筑施工场界环境噪声排放标准。二是环境影响制度。三是超标准排污费制度。四是环境噪声污染严重设备名录制度。五是环境噪声监测制度。

3. 固体废物污染防治

《中华人民共和国固体废物污染环境防治法》（以下简称《固体废

物污染环境防治法》）（1995）对固体废物污染环境防治作出规定。具体内容包括：一是固体废物污染环境监测制度。二是环境影响制度。三是目录名录制度。四是申报登记制度。五是环境防治责任制度。六是环境保护标准，包括城市环境卫生标准等。七是排污费制度。八是危险废物转移联单制度。

此阶段对危险废物污染的规定较多。《危险废物转移联单管理办法》（1999）对危险废物转移联单管理的具体程序、方式、罚则等作出规定。《危险废物污染防治技术政策》（2001）对危险废物的减量化、收集和运输、转移、资源化、贮存、焚烧处置、安全填埋处置，特殊危险废物污染防治，危险废物处理处置相关的技术和设备作出规定。

（三）本阶段农村污染防治的重点内容

1. 农业面源污染防治

一是要发展生态农业[1]。二是控制工业和生活对土地和水源造成的污染。三是防治农业不合理使用化肥、农药、农膜和超标污水灌溉对土地和水资源的污染。强调保护农村饮用水水源[2]。四是鼓励研发和生产易消纳的农膜，尽可能回收农膜，防止或减少农膜污染[3]。

2. 乡镇企业污染防治

地方政府要加强对乡镇企业的环境管理，"根本扭转乡镇企业对环境污染和生态破坏加剧的状况"[4]。一是发展乡镇企业时坚决停止生产可能

---

[1] 中共中央文献研究室. 十四大以来重要文献选编（下）[M]. 北京：中央文献出版社，2011：86.

国务院办公厅. 国民经济和社会发展第十个五年计划纲要 [Z]. 中华人民共和国国务院公报，2001（12）：16－38.

[2] 中共中央文献研究室. 十四大以来重要文献选编（下）[M]. 北京：中央文献出版社，2011：86.

中共中央文献研究室. 十五大以来重要文献选编（上）[M]. 北京：中央文献出版社，2011：500.

[3] 孙琬钟主编. 中国法律年鉴 [Z]. 北京：中国法律出版社，1996：294－299.

[4] 中共中央文献研究室. 十四大以来重要文献选编（下）[M]. 北京：中央文献出版社，2011：83.

对环境产生严重污染的产品①。二是把村镇与少污染无污染的产业结合起来建设。三是乡镇企业自身要提升处理环境污染的能力。

为了加强对乡镇企业污染的防治，1993 年，农业部和国家环境保护局发布了《关于进一步加强乡镇企业土法炼硫磺污染防治工作的通知》，规定在地方政府的领导下，各级乡镇企业主管部门和环境保护部门密切配合，对乡镇硫磺企业进行整顿；在改造过程中，要因地制宜、依靠科技，要多渠道解决资金问题，硫磺产区有关的省、地、县要加强合作②。1997年，国家环境保护局、煤炭部发布《关于加强乡镇煤矿环境保护工作的规定》（1997），对乡镇煤矿企业的义务作出规定。

3. 噪声污染防治

在未划分声环境功能区的乡村生活区域的噪声及在该类区域的工业噪声标准均按相关 I 类标准执行；在有地方标准的地区按地方标准执行。

三、自然资源保护政策平缓增加

（一）本阶段自然资源保护政策的总体要求

党的十五大报告（1997）指出："资源开发和节约并举……植树种草，搞好水土保持，防治荒漠化，改善生态环境"③。

《中国 21 世纪议程》（1994）提出"自然资源保护与可持续利用"④。要建立市场运行与政府宏观调控结合的自然资源管理体系；将环境影响评价制度升级为可持续发展影响评价制度；也要做好水、土地、森林等各种

---

① 中共中央国务院关于做好二〇〇〇年农业和农村工作的意见 [J]. 农村工作通讯，2000（3）：4 - 8.

② 张力军主编. 中国环境年鉴 [Z]. 北京：中国环境年鉴社，1994：17 - 18.

③ 中共中央文献研究室. 十五大以来重要文献选编（上）[M]. 北京：中央文献出版社，2011：24.

④ 中国 21 世纪议程——中国 21 世纪人口、环境与发展白皮书 [M]. 北京：中央文献出版社，1994：107 - 134.

自然资源的保护、开发和可持续利用。

"九五"计划（1996）规定："要狠抓资源节约和综合利用，大幅度提高资源利用效率"[①]。"十五"计划指出要"节约保护资源，实现永续利用"[②] 和加强生态建设。

《农业法》（1993）规定保护和合理利用水、森林、草原、野生动植物等自然资源，防止其被污染或者被破坏。

（二）自然资源保护政策的具体内容

1. 兴修水利，保护水土

兴修水利既能防洪抗旱，也能保持水土，防治水土流失，解决水资源不足和水污染问题，因此，党和政府一直以来都非常重视兴修水利，同时也非常重视农田水利基本建设。

《中共中央、国务院关于当前农业和农村经济发展的若干政策措施》（1993）指出：加快水土流失严重地区的治理，做好水土保持工作；加强农田水利建设[③]。《中共中央、国务院关于 1994 年农业和农村工作的意见》（1994）指出要做好水利建设和水土保持。《中共中央、国务院关于做好 1995 年农业和农村工作的意见》（1995）指出，要继续加快水利建设步伐[④]。《中共中央、国务院关于"九五"时期和今年农村工作的主要任务和政策措施》（1996）指出要"大搞农田水利基本建设"[⑤]。《中共中央、国务院关于一九九七年农业和农村工作的意见》（1997）指出：切实

---

① 国民经济和社会发展"九五"计划和 2010 年远景目标纲要 [J]. 人民论坛，1996（4）：15 – 23.

② 国务院办公厅. 国民经济和社会发展第十个五年计划纲要 [Z]. 中华人民共和国国务院公报，2001（12）：16 – 38.

③ 中共中央文献研究室. 十四大以来重要文献选编（上）[M]. 北京：中央文献出版社，2011：425.

④ 中共中央文献研究室. 十四大以来重要文献选编（中）[M]. 北京：中央文献出版社，2011：282.

⑤ 中共中央文献研究室. 十四大以来重要文献选编（中）[M]. 北京：中央文献出版社，2011：621.

抓好水利建设，实行分级负责制①。做好群众性的农田基本建设②。《中共中央、国务院关于 1998 年农业和农村工作的意见》（1998）指出：坚持做好水利建设；坚持不懈地开展群众性农田水利建设③。《中共中央关于农业和农村工作若干重大问题的决定》（1998）指出："要增强全民族的水患意识，动员全社会力量把兴修水利这件安民兴邦的大事抓紧抓好。"④《中共中央、国务院关于做好二○○○年农业和农村工作的意见》（2000）指出要做好水资源管理。《中共中央、国务院关于做好 2001 年农业和农村工作的意见》（2001）指出要利用和保护水资源。

《中国 21 世纪议程》（1994）提出，做好荒漠化土地综合整治与管理，做好水土流失综合防治和水土保持生态工程建设与管理。"十五"计划指出，要加强水利建设。

《农业法》（1993）规定：对水土保持工作实行预防为主，全面规划，综合防治，因地制宜，加强管理，注重效益的方针⑤。

2. 保护土地资源

《中共中央、国务院关于当前农业和农村经济发展的若干政策措施》（1993）指出，要切实保护耕地，强调"耕地是我国最稀缺的资源"⑥，珍惜和合理利用每寸土地。《中共中央关于农业和农村工作若干重大问题的决定》（1998）中指出，由于我国后备耕地资源不足，应立足现有耕地的保护和改造。《农业法》（1993）规定应当划定基本农田保护区，对基本

---

① 中共中央文献研究室．十四大以来重要文献选编（下）[M]．北京：中央文献出版社，2011：340．

② 中共中央文献研究室．十四大以来重要文献选编（下）[M]．北京：中央文献出版社，2011：341．

③ 中共中央文献研究室．十五大以来重要文献选编（上）[M]．北京：中央文献出版社，2011：170．

④ 中共中央文献研究室．十五大以来重要文献选编（上）[M]．北京：中央文献出版社，2011：499．

⑤ 蔡盛林，陈万里．中国农业年鉴 [Z]．北京：中国农业出版社，1994：524 - 528．

⑥ 中共中央文献研究室．十四大以来重要文献选编（上）[M]．北京：中央文献出版社，2011：427．

农田保护区内的耕地实行特殊保护①。《土地管理法》（1998）在总则中强调"十分珍惜、合理利用土地和切实保护耕地是我国的基本国策"②。

具体制度包括：一是土地产权制度，包括土地所有权、土地承包、土地征收（用）制度。二是土地用途管制制度。三是国有土地有偿使用制度。四是基本农田保护制度。五是法律责任。

3. 保护森林资源

（1）保护森林资源的总体要求

《中共中央、国务院关于当前农业和农村经济发展的若干政策措施》（1993）指出，加快培育和加强保护森林资源③。《中共中央、国务院关于1994年农业和农村工作的意见》（1994）指出，要"大力发展林业"④。《中共中央、国务院关于做好1995年农业和农村工作的意见》（1995）指出，要"重视造林绿化，增加森林植被，充分发挥林业的生态屏障作用"⑤。"坚决制止乱砍滥伐，保护好森林资源"⑥。《中共中央、国务院关于"九五"时期和今年农村工作的主要任务和政策措施》（1996）指出，要"加快林业建设的步伐"⑦。《中共中央、国务院关于一九九七年农业和农村工作的意见》（1997）指出："进一步搞好植树造林，积极发展林产业"⑧。抓好防护林体系建设，广泛发动群众植树造林，加强护林防火，做好森林保护工作。《中共中央、国务院关于1998年农业和农村工作的意

---

① 蔡盛林，陈万里. 中国农业年鉴［Z］. 北京：中国农业出版社，1994：524 – 528.

② 沈镇昭，梁书升主编. 中国农业年鉴［Z］. 北京：中国农业出版社，1999：485 – 491.

③ 中共中央文献研究室. 十四大以来重要文献选编（上）［M］. 北京：中央文献出版社，2011：425.

④ 王仕元. 中国经济体制改革年鉴［Z］. 北京：改革出版社，1995：5 – 8.

⑤ 中共中央文献研究室. 十四大以来重要文献选编（中）［M］. 北京：中央文献出版社，2011：282.

⑥ 中共中央文献研究室. 十四大以来重要文献选编（中）［M］. 北京：中央文献出版社，2011：283.

⑦ 中共中央文献研究室. 十四大以来重要文献选编（中）［M］. 北京：中央文献出版社，2011：623.

⑧ 中共中央文献研究室. 十四大以来重要文献选编（下）［M］. 北京：中央文献出版社，2011：341.

见》（1998）指出，要加强生态环境建设和保护好森林资源①。《中共中央关于农业和农村工作若干重大问题的决定》（1998）指出："要大力提高森林覆盖率，使适宜治理的水土流失地区基本得到整治"②。《中共中央、国务院关于做好 2001 年农业和农村工作的意见》（2001）指出，要保护森林资源和草原资源，做好水土保持综合治理③。

《农业法》（1993）规定实行全民义务植树制度。《森林法》（1998）对森林经营管理、森林保护、植树造林、森林采伐、法律责任等作出具体规定。

（2）保护森林资源的具体制度

一是森林、林木和林地登记发证制度。二是林业长远规划。三是林地占用或者征用制度。四是保护森林，植树造林。五是森林采伐限额制度。六是林木采伐许可证制度。七是法律责任④。

4. 保护野生生物资源

（1）保护陆生野生生物资源

陆生野生动物保护制度包括：一是野生动物资源调查普查制度。二是野生动物名录制度⑤。三是许可证制度。包括特许猎捕证、驯养繁殖许可证。四是申请登记注册制度。野生动物经营利用都需申请审核。五是监督

---

① 中共中央文献研究室. 十五大以来重要文献选编（上）[M]. 北京：中央文献出版社，2011：171.

② 中共中央文献研究室. 十五大以来重要文献选编（上）[M]. 北京：中央文献出版社，2011：499.

③ 中共中央文献研究室. 十五大以来重要文献选编（中）[M]. 北京：中央文献出版社，2011：684-685.

④ 森林法实施条例. 沈镇昭，梁书升主编. 中国农业年鉴 [Z]. 北京：中国农业出版社，2001：518-522.

在法律责任方面，《关于破坏森林资源重大行政案件报告制度的规定》（2001）对破坏森林资源重大行政案件报告的机构、时间、方式、程序、内容等作出规定。《关于违反森林资源管理规定造成森林资源破坏的责任追究制度的规定》（2001）对具有违反森林资源管理规定、造成森林资源破坏行为的林业主管部门工作人员依法追究责任进行了详细规定。

⑤《国家保护的有益的或者有重要经济、科学研究价值的陆生野生动物名录》（2000）规定了国家保护的有益的或者有重要经济、科学研究价值的陆生野生动物名录。

检查制度。六是奖励与惩罚①。

野生植物保护制度包括：一是分级保护制度。分为二级。二是野生植物名录制度。三是自然保护区制度。四是监测和监督检查制度。五是环境影响评价制度。六是重点保护野生植物资源调查和建档制度。七是采集许可证制度。八是申请审核制度。出售、收购、进出口均需要申请审核。九是法律责任②。

（2）保护水生野生生物资源

一是水生野生动物资源调查制度。二是水生野生动物名录制度③。三是许可证制度。包括特许捕捉证、驯养繁殖许可证。四是申请登记注册制度，出售、收购、利用都需申请审核。五是监督检查制度，对水生野生动物或者其产品的经营利用实行监督检查。六是奖励与惩罚。七是水生动植物自然保护区制度④。

5. 保护渔业资源

《中共中央关于农业和农村工作若干重大问题的决定》（1998）指出：改善农业生态环境应"加强沿海水域环境和鱼类资源的保护"⑤。

具体制度包括：一是监督管理制度。二是许可证制度，包括养殖证、

---

① 陆生野生动物保护实施条例. 孙琬钟主编. 中国法律年鉴 ［Z］. 北京：中国法律年鉴社，1993：265 – 269.

② 野生植物保护条例. 中国林业年鉴 ［Z］. 北京：中国林业出版社，1996：27 – 29.

③ 《农业植物新品种保护名录（第一、二、三批）》（1999，2000，2001）、规定了农业植物新品种保护名录。《国家重点保护野生植物名录（第一批、第一批修正）》（1999，2001）规定了重点保护野生植物名录。《林业植物新品种保护名录》（1999）、《植物新品种保护名录（林业部分）（第二批）》（2000）规定了植物新品种保护名录。

④ 水生野生动物保护实施条例. 孙琬钟主编. 中国法律年鉴 ［Z］. 北京：中国法律年鉴社，1994：443 – 446.

水生动植物自然保护区管理办法. 沈镇昭，陈万里主编. 中国农业年鉴 ［Z］. 北京：中国农业出版社，1998：540 – 542.

⑤ 中共中央文献研究室. 十五大以来重要文献选编（上）［M］. 北京：中央文献出版社，2011：500.

捕捞许可证。三是捕捞限额制度，捕捞量必须低于渔业资源增长量。四是渔业资源增殖保护费制度。五是禁渔区和禁渔期制度。六是渔业资源品种名录制度。七是法律责任①。

6. 保护矿产资源

一是所有权制度，矿产资源属于国家所有，由国务院行使国家对矿产资源的所有权。二是申请审批和登记制度，勘查、开采矿产资源必须申请、经批准并办理登记。三是有偿取得制度。四是许可证制度，矿产资源的勘查、开采均实行许可证制度。五是矿产资源勘查规划制度。六是矿产资源规划制度。七是矿产资源补偿费制度。八是储量规模划分标准。九是法律责任②。

7. 节约能源

《中国 21 世纪议程》（1994）提出："可持续的能源生产与消费"③。"十五计划"指出，要"优化能源结构。发挥资源优势，优化能源结构，提高利用效率，加强环境保护"④。

在农村能源综合建设中，一方面节约能源，另一方面发展沼气、节能灶等新能源和新型节能技术。

---

① 渔业法．沈镇昭，梁书升主编．中国农业年鉴［Z］．北京：中国农业出版社，2001：515 – 518；长江渔业资源管理规定．沈镇昭，张合成主编，中国渔业年鉴［Z］．北京：中国农业出版社，2000：211 – 212；渔业行政处罚规定．沈镇昭，张合成主编，中国渔业年鉴［Z］．北京：中国农业出版社，2000：224 – 226.

② 矿产资源法．张学俭主编．中国水利年鉴［Z］．北京：中国水利水电出版社，1997：7 – 10；矿产资源法实施细则．孙琬钟主编，中国法律年鉴［Z］．北京：中国法律出版社，1995：238 – 243. 其他还包括《违反矿产资源法规行政处罚办法》（1993）、《矿产资源补偿费征收管理规定（已修订）》（1994）、《关于矿产资源勘查登记、开采登记有关规定的通知》（1998）、《矿产资源规划管理暂行办法》（1999）等政策文本。

③ 国务院关于贯彻实施中国 21 世纪议程——中国 21 世纪人口、环境与发展白皮书的通知［Z］．中华人民共和国国务院公报，1994（16）：710 – 711.

④ 国务院办公厅．国民经济和社会发展第十个五年计划纲要［Z］．中华人民共和国国务院公报，2001（12）：16 – 38.

第三节　快速发展阶段政策内容解析

一、综合性环境政策相对完善

（一）面向全国的综合性环境政策内容

1. 明确全国环境保护的目的或任务

一是党的十六大和党的十七大报告强调深入贯彻科学发展观，把保护环境和资源作为基本国策。党的十六大报告（2002）指出："必须把可持续发展放在十分突出的地位，坚持计划生育、保护环境和保护资源的基本国策"①。党的十七大报告（2007）指出："深入贯彻落实科学发展观"②。"必须坚持全面协调可持续发展③"。在科学发展观的指引下，我国环境保护工作迈上一个新台阶，农村环境保护工作也得到快速发展。

二是"五年规划"中强调建设两型社会，节约资源、保护环境。"十一五"规划（2006）强调："要把节约资源作为基本国策，发展循环经济，保护生态环境，加快建设资源节约型、环境友好型社会，促进经济发展与人口、资源、环境相协调④"。"十二五"规划（2011）坚持把建设资

---

①　中共中央文献研究室．十六大以来重要文献选编（上）［M］．北京：中央文献出版社，2011：17．

②　中共中央文献研究室．十七大以来重要文献选编（上）［M］．北京：中央文献出版社，2013：10．

③　中共中央文献研究室．十七大以来重要文献选编（上）［M］．北京：中央文献出版社，2013：12．

④　国民经济和社会发展第十一个五年规划纲要．杜鹰主编．中国区域经济发展年鉴［Z］．北京：中国财政经济出版社，2007：3-40．

源节约型、环境友好型社会作为加快转变经济发展方式的重要着力点①。

三是国务院规范性文件中强调，要用科学发展观统领环境保护工作，解决突出环境问题，建立、完善和创新环境保护机制。《国务院关于落实科学发展观加强环境保护的决定》（2005）指出："建设资源节约型和环境友好型社会，努力让人民群众喝上干净的水、呼吸清洁的空气、吃上放心的食物，在良好的环境中生产生活"②。这一时期环境保护的重点工作包括：全面提高环境保护监督管理水平，着力解决影响突出环境问题，改革创新环境保护体制机制③。

2. 确保环境保护的资金投入

通过推进环保收费制度改革、严格水资源费的征收、使用和管理确保环境保护的资金来源，通过建立健全资源环境产权交易机制、生态补偿机制拓宽环境保护的资金来源渠道。

3. 加强环境保护的制度建设

（1）加强污染防治和资源节约方面的制度建设

一是强化污染防治的具体措施。包括：实行严格的环保绩效考核、环境执法责任制和责任追究制，健全环境监管体制，实施排放总量控制、排放许可和环境影响评价制度，实行清洁生产审核、环境标识和环境认证制度，严格执行强制淘汰和限期治理制度，建立跨省界河流断面水质考核制度等④。

二是强化促进节约的政策措施。包括：加快循环经济立法，实行单位能耗目标责任和考核制度，实行有利于资源节约、综合利用和石油替代产品开

---

① 国民经济和社会发展第十二个五年规划纲要. 米春改主编. 中华人民共和国年鉴 ［Z］.北京：年鉴社，2011：77 – 102.

② 中共中央文献研究室. 十六大以来重要文献选编（下）［M］. 北京：中央文献出版社，2011：86.

③ 中共中央文献研究室. 十七大以来重要文献选编（下）［M］. 北京：中央文献出版社，2013：550 – 555.

④ 国民经济和社会发展第十一个五年规划纲要. 米春改主编. 中华人民共和国年鉴 ［Z］.北京：年鉴社，2011：77 – 102.

发的财税、价格、投资政策，增强全社会的资源忧患意识和节约意识等①。

（2）本阶段比较突出的几项制度

一是环境影响评价制度。《中华人民共和国环境影响评价法》（以下简称《环境影响评价法》）（2002）对环境影响评价的主体及对象、规划的环境影响评价、建设项目的环境影响评价、法律责任等作出规定。《规划环境影响评价条例》（2009）、《专项规划环境影响报告书审查办法》（2003）、《建设项目环境影响评价分类管理名录》（2008）、《建设项目环境影响评价文件分级审批规定》（2009）作补充。

二是突发环境事件处置制度。《国家突发环境事件应急预案》（2006）对组织指挥与职责，预防和预警，应急响应、应急保障、后期处置等作出规定。《突发环境事件信息报告办法》（2011）对上报程序、内容和方式，罚则等作出规定。

三是环境信访制度。《环境信访办法》（2006）对环境信访工作应遵循的原则，环境信访工作机构、工作人员及职责，环境信访渠道，环境信访事项的提出，环境信访事项的受理，环境信访事项办理和督办，法律责任等作出规定。

4. 实施主体功能区战略

一是将国土空间划分为优化开发、重点开发、限制开发和禁止开发四类主体功能区。二是实施分类管理的区域政策。三是实行各有侧重的绩效评价。②

5. 发展循环经济

在全国大力发展循环经济。一是推行循环型生产方式。二是健全资源循

---

① 国民经济和社会发展第十一个五年规划纲要. 米春改主编. 中华人民共和国年鉴［Z］. 北京：年鉴社，2011：77－102.

② 国民经济和社会发展第十一个五年规划纲要. 杜鹰主编. 中国区域经济发展年鉴［Z］. 北京：中国财政经济出版社，2007：3－40.

国民经济和社会发展第十二个五年规划纲要. 米春改主编. 中华人民共和国年鉴［Z］. 北京：中华人民共和国年鉴社，2011：77－102.

环利用回收体系。三是推广绿色消费模式。四是强化政策和技术支撑①。

6. 健全环境标准体系

（1）丰富环境标准体系

相关文件对地方环境质量标准和污染物排放标准备案管理、环境污染治理设施运营资质分级分类标准、污染源编码规则、未纳入污染物排放标准的污染物排放控制与监管等作出规定。

（2）完善具体排放标准

一是关于柠檬酸生产工业及企业污染物的一系列排放标准，涉及水、大气、固体物等多种污染物排放。二是水污染物和大气污染物排放标准。如制浆造纸工业污染物排放标准、淀粉工业水污染物排放标准等。三是固体废物污染标准。包括生活垃圾填埋污染控制标准、危险废物填埋污染控制标准、医疗机构污染物排放标准、危险废物贮存污染控制标准、电子信息产品污染控制重点管理目录、废矿物油回收利用控制技术规范等。四是噪声污染标准。包括工业企业厂界环境噪声排放标准、社会生活环境噪声排放标准、建筑施工场界环境噪声排放标准等。

7. 完善环境监测机制

《环境监测管理办法》（2007）对主管部门及职责、环境监测机构具体承担的技术支持工作、罚则等作出规定。

8. 大力发展环境保护科学技术

在全国推广节能技术。"十二五"规划（2011）指出："推广先进节能技术和产品"②。2006年中央"一号文件"强调："要大力开发节约资源和保护环境的农业技术"③。2007年中央"一号文件"指出："大力推广资源节约型农业技术"④。

①② 国民经济和社会发展第十二个五年规划纲要．米春改主编．中华人民共和国年鉴［Z］．北京：中华人民共和国年鉴社，2011：77－102.

③ 中共中央文献研究室．十六大以来重要文献选编（下）［M］．北京：中央文献出版社，2011：144－145.

④ 中共中央文献研究室．十六大以来重要文献选编（下）［M］．北京：中央文献出版社，2011：842.

（二）综合性农村环境政策内容

1. 优化农村环境保护目的或任务

（1）通用性环境政策文本中的农村环境保护目的或任务

一是党和政府明确提出了农村环境保护目标。2007 年中央"一号文件"强调"改善农村水环境"[①]。2008 年中央"一号文件"关注"加强农村节能减排工作"[②]。《中共中央关于推进农村改革发展若干重大问题的决定》（2008）明确农村环境的目标是基本形成资源节约型、环境友好型农业生产体系，农村人居环境和生态环境均得到明显改善，可持续发展能力不断地增强[③]。

二是国家环境保护规划中在明确全国环境保护目标的前提下，提炼出农村环境保护的任务。"十一五"规划明确了全国环境保护的重点领域和主要任务。其中，整治农村环境需要"实施农村小康环保行动计划，开展农村环境综合整治，加强土壤污染防治，控制农业面源污染，发展生态农业，优化农业增长方式"[④]。"十二五"规划明确农村环境保护的任务为：一是提高农村环境保护工作水平、生活污水和垃圾处理水平、种植和养殖业污染防治水平，保障农村饮用水安全，改善重点区域农村环境质量。二是加强环境监管体系建设。加强农业农村环境统计、面源污染物排放总量控制和减排核证体系、农村饮用水源地监测、村庄河流（水库）水质监测试，加强流动监测能力建设，提高监测覆盖率，启动农村环境质量调查评估。三是实施重大环保工程。涉及农村环保工程包括畜禽养殖污染防治水污染物减排工程、重点流域水污染防治及水生态修复和地下水污染防治工程、农村环境综合整治和农业面源污染防治工程、城乡饮用水水源地安

① 中共中央文献研究室. 十六大以来重要文献选编（下）［M］. 北京：中央文献出版社，2011：839.

② 张合成，刘增胜主编. 中国农业年鉴［Z］. 北京：中国农业出版社，2008：8-13.

③ 中共中央文献研究室. 十七大以来重要文献选编（上）［M］. 北京：中央文献出版社，2013：672.

④ 杨明森主编. 中国环境年鉴［Z］. 北京：中国环境年鉴社，2008：21-33.

全保障工程等①。

（2）专门性农村环境政策文本中的农村环境保护目标

《国务院办公厅转发环保总局等部门关于加强农村环境保护工作意见的通知》（2007）提出2010年和2015年农村环境保护的主要目标。到2010年，"农村环境污染加剧的趋势有所控制"②，农村饮用水水源地环境质量、农业面源污染防治、农村地区工业污染和生活污染防治均得到改善，农村环境监管能力得到加强，农民的环保意识提高。到2015年，"农村人居环境和生态状况明显改善，农业和农村面源污染加剧的势头得到遏制，农村环境监管能力和公众环保意识明显提高，农村环境与经济、社会协调发展"③。这份专门性农村环境政策文本中对农村环境保护的目标定位非常清晰，也很实际，同时比较全面。

2. 通过多种方式确保农村环境保护资金投入

农村环保资金投入以"中央财政投入为主，地方配套，村民自愿，鼓励社会各方参与"为基本原则④。具体而言：一是继续加大对农村环境保护的资金投入。《关于加强农村环境保护工作的意见》（2007）进一步对中央、地方政府和乡镇、村庄各级环境保护资金投入责任进行了界定。二是安排专门资金，实行"以奖促治"，保障农村污染治理⑤。"以奖促治"原则上以建制村为基本治理单元，重点支持与村庄环境质量改善密切相关的整治措施，资金使用实行县级财政报账制，要求组织领导要落实地方责任，做好部门分工⑥。三是拓宽农村环境保护资金来源渠道。如对农民实行的"三减免、三补贴"和退耕还林补贴等政策⑦；加大力度筹集森林、

① 杨明森主编. 中国环境年鉴［Z］. 北京：中国环境年鉴社，2012：147-156.

②③ 杨明森主编. 中国环境年鉴［Z］. 北京：中国环境年鉴社，2008：139-142.

④ 国家农村小康环保行动计划. 杨明森主编，中国环境年鉴［Z］. 北京：中国环境年鉴社，2007：257-258.

⑤ 中共中央文献研究室. 十七大以来重要文献选编（上）［M］. 北京：中央文献出版社，2013：829.

⑥ 杨明森主编. 中国环境年鉴［Z］. 北京：中国环境年鉴社，2010：131-132.

⑦ 中共中央文献研究室. 十六大以来重要文献选编（下）［M］. 北京：中央文献出版社，2011：146.

草原、水土保持等生态效益补偿资金，建立造林、抚育、保护、管理投入补贴制度，大力增加森林碳汇，扩大政策性森林保险试点范围①；广泛吸引社会资金投资水利作为水利投入稳定增长的方式之一②。

3. 加强农村环境保护的制度建设

一是健全严格规范的农村土地管理制度。包括统筹土地利用和城乡规划，合理安排市县域空间布局制度；坚持最严格的耕地保护制度；划定永久基本农田，建立保护补偿机制；继续推进土地整理复垦开发制度；搞好农村土地确权、登记、颁证工作；完善土地承包经营权权能；实行最严格的节约用地制度。二是健全农业生态环境补偿制度。三是完善干部考核评价体系，把耕地保护、环境治理等作为考核地方特别是县（市）领导班子绩效的重要内容③。

4. 发展循环农业和生态农业

《中共中央、国务院关于做好 2002 年农业和农村工作的意见》（2002）指出：“因地制宜发展特色农业、生态农业和节水农业”④。2006年中央“一号文件”强调：“加快发展循环农业”⑤。2007 年中央“一号文件”指出：“提高农业可持续发展能力。鼓励发展循环农业、生态农业，有条件的地方可加快发展有机农业”⑥。2008 年中央“一号文件”指出：“鼓励发展循环农业”⑦。2010 年中央“一号文件”指出：“发展循环

---

① 中共中央文献研究室. 十七大以来重要文献选编（中）[M]. 北京：中央文献出版社，2013：344 - 349.

② 中共中央文献研究室. 十七大以来重要文献选编（下）[M]. 北京：中央文献出版社，2013：56.

③ 中共中央关于推进农村改革发展若干重大问题的决定（2008）. 中共中央文献研究室. 十七大以来重要文献选编（上）[M]. 北京：中央文献出版社，2013：674 - 688.

④ 中共中央文献研究室. 十五大以来重要文献选编（下）[M]. 北京：中央文献出版社，2011：409.

⑤ 中共中央文献研究室. 十六大以来重要文献选编（下）[M]. 北京：中央文献出版社，2011：144.

⑥ 中共中央文献研究室. 十六大以来重要文献选编（下）[M]. 北京：中央文献出版社，2011：840.

⑦ 中共中央文献研究室. 十七大以来重要文献选编（上）[M]. 北京：中央文献出版社，2013：141.

农业和生态农业"①。

5. 完善农业面源污染排放标准

关于农业面源污染排放标准包括畜禽养殖业污染治理工程技术规范、农村地区生活污水排放执行国家污染物排放标准、农业固体废物污染控制标准等。

6. 进一步完善农村环境监测

《全国农村环境监测工作指导意见》（2009）提出基本建立全国农村环境监测工作制度。

7. 大力发展节约资源和保护环境的农业技术

一是加快农药生产企业的技术改造，淘汰剧毒和高残留农药的生产②。二是加快农业方面节约资源和防治污染技术的研发、推广③。三是在适宜地区积极推广沼气、秸秆气化等清洁能源技术④。四是科学使用化肥、农药和农膜，推广平衡施肥、缓释氮肥等适用技术⑤。

二、污染防治政策走向多元

（一）本阶段污染防治政策的总体要求

党的十七大报告（2007）强调："重点加强水、大气、土壤等污染防

---

① 中共中央文献研究室．十七大以来重要文献选编（中）[M]．北京：中央文献出版社，2013：345.

② 中共中央文献研究室．十五大以来重要文献选编（下）[M]．北京：中央文献出版社，2011：411.

③ 中共中央文献研究室．十六大以来重要文献选编（下）[M]．北京：中央文献出版社，2011：142.

④ 中共中央文献研究室．十六大以来重要文献选编（下）[M]．北京：中央文献出版社，2011：147.

⑤ 国民经济和社会发展第十一个五年规划纲要．杜鹰主编．中国区域经济发展年鉴 [Z]．北京：中国财政经济出版社，2007：3-40.

治，改善城乡人居环境"①。

"十一五"规划（2006）指出：要加强污染防治。一是加强水污染防治。二是加强大气污染防治。三是加强固体废物污染防治②。"十二五"规划（2011）指出：加强污染治理。一是强化水污染物减排和治理。二是控制温室气体排放。三是加强重金属污染综合治理。四是加强农村环境综合整治③。

（二）面向全国的污染防治政策内容

1. 健全污染防治相关制度

一是全国主要污染物排放总量控制制度。《关于"十一五"期间全国主要污染物排放总量控制计划的批复》（2006）确定了"十一五"期间全国主要污染物排放总量，并强调要将责任落实到各省（区、市）和国务院各有关部门。次年，关于主要污染物治理减排监测、统计、考核的文件相继颁布，对主要污染物减排监测方法，主要污染物总量减排考核内容、时间、程序、结果及用途，主要污染物总量减排统计内容、方法等作出规定。

二是污染普查制度。《全国污染普查条例》（2007）对污染源普查的任务、污染源的定义、污染源普查的原则、所需经费来源、时间间隔，污染源普查对象、范围、内容和方法，污染源普查的组织实施，数据处理和质量控制，数据发布、资料管理和开发应用，表彰和处罚等作出规定。关于普查的通知、质量核查工作细则等进一步保障普查的顺利进行。

三是污染物的监控监察制度。具体包括污染源的自动监控管理、主要污染物总量减排监察系数核算、自动监控设施运行管理、政策落实情况监

---

① 中共中央文献研究室. 十七大以来重要文献选编（上）[M]. 北京：中央文献出版社，2013：19.

② 国民经济和社会发展第十一个五年规划纲要. 杜鹰主编. 中国区域经济发展年鉴 [Z]. 北京：中国财政经济出版社，2007：3-40.

③ 国民经济和社会发展第十二个五年规划纲要. 米春改主编. 中华人民共和国年鉴 [Z]. 北京：中华人民共和国年鉴社，2011：77-102.

督检查、政策落实情况绩效管理、企业污染源自动监测设备监督考核合格标志使用等。

四是技术政策。包括国家先进污染防治技术示范名录；国家鼓励发展的环境保护技术目录；关于制革、毛皮工业，铬渣污染，燃煤电厂污染防治的技术政策或技术指南。

五是保证污染防治的资金。具体包括中央财政主要污染物减排专项资金管理、环境污染责任保险、排污费征收等。

2. 强化水污染防治

此阶段水污染防治政策包括主要水污染物总量分配制度、水体污染控制与治理科技重大专项管理、全国地下水污染的防治规划、水污染事故的预防与处置制度等。

本阶段水污染防治的重点为流域水污染防治政策，既有关于重点流域水污染防治的总体设计，也有具体河流流域的水污染防治政策。前者对重点流域水污染的治理方案、责任主体、组织领导、规划编制、资金筹措与管理、考核评估等作出规定。后者涉及淮河流域、长江流域、巢湖流域、辽河流域、海河流域、海河流域、松花江流域等流域的水污染防治，其中涉及淮河流域和长江流域水污染防治的政策较多；具体内容包括计划规划、责任主体、职能分工、防治资金、协作治理、监督管理、考核评估等。

3. 强化固体废物污染防治

《固体废物污染环境防治法》（2004）规定：一是固体废物污染环境防治技术标准，二是固体废物污染环境监测制度，三是环境影响评价制度，四是名录目录制度，五是工业固体废物污染环境防治工作规划制度，六是工业固体废物申报登记制度，七是危险废物排污费制度，八是许可证制度，九是法律责任[1]。其中，专门针对农村固体废物污染防治的条款非常少，只包括第十九条对农膜的规定，第二十条对畜禽规模养殖的规定，

---

① 于越峰主编. 中国环境年鉴［Z］. 北京：中国环境年鉴社，2005：19-26.

第四十九条对农村生活垃圾污染环境防治具体规定由地方性法规规定等。可见，该部法律的重心仍然偏向于城市。

此阶段固体废物污染防治的重点是电子废物污染环境防治管理，颁布了《废电池污染防治技术政策》（2003）、《废弃家用电器与电子产品防治技术政策》（2006）、《电子废物污染环境防治管理办法》（2007）等一系列政策。具体制度包括环境影响评价制度、污染物排放日常定期监测制度、定期报告制度、名录制度、全过程管理和污染物质总量控制制度、电池分类标识制度、公众参与制度、环保技术规范、技术标准体系、绿色采购制度等。

废弃危险化学品污染环境防治是另一个重点。具体制度包括：国家危险废物名录，危险化学品报废管理制度，废弃危险化学品管理计划，环境标准，危险废物经营许可证、识别标志、转移联单制度，监督检查制度，法律责任等①。

4. 强化大气污染防治

一是关于水污染防治总体方面的规定。二是大气污染联防联控工作。明确重点区域和防控重点，优化区域产业结构和布局，加大重点污染物防治力度，加强能源清洁利用，加强机动车污染防治，完善区域空气质量监管体系，加强空气质量保障能力建设，加强组织协调。三是关于酸雨和二氧化硫污染防治。内容涉及二氧化硫排放总量控制指标分配，重点任务，投资估算与总量控制效果分析，技术政策、保障措施等。四是民用航空气象探测和预防污染管理。

5. 强化土壤污染防治

《关于加强土壤污染防治工作的意见》（2008）强调：充分认识重要性和紧迫性，明确指导思想、基本原则和主要目标，突出重点领域，强化工作措施。《关于土壤污染修复适用标准的复函》（2009）对土壤污染修

---

① 废弃危险化学品污染环境防治办法．杨明森主编．中国环境年鉴［Z］．北京：中国环境年鉴社，2006：105 – 108.

复适用标准进行了答复。

(三) 本阶段农村环境污染防治的重点内容

1. 进行农村人居环境治理

《中共中央、国务院关于进一步加强农村卫生工作的决定》 (2002)
指出: "大力开展爱国卫生运动。以改水改厕为重点，加强农村卫生环境
整治，促进文明村镇建设"①。2006 年中央"一号文件"指出: "加强村
庄规划和人居环境治理"②。2008 年中央"一号文件"指出: "继续改善
农村人居环境"③。《中共中央关于推进农村改革发展若干重大问题的决
定》 (2008) 指出: "实施农村清洁工程，加快改水、改厨、改厕、改圈，
开展垃圾集中处理，不断改善农村卫生条件和人居环境"④。2010 年中央
"一号文件"指出: "改善农村人居环境"⑤。

2. 加强农业面源污染防治

2006 年中央"一号文件"指出: "加大力度防治农业面源污染"⑥。
2007 年中共中央"一号文件"指出: "加强农村环境保护，减少农业面源
污染，搞好江河湖海的水污染治理"⑦。2008 年中央"一号文件"指出:

① 中共中央文献研究室. 十五大以来重要文献选编（下）［M］. 北京：中央文献出版社，
2011：758.

② 中共中央文献研究室. 十六大以来重要文献选编（下）［M］. 北京：中央文献出版社，
2011：148.

③ 中共中央文献研究室. 十七大以来重要文献选编（上）［M］. 北京：中央文献出版社，
2013：141.

④ 中共中央文献研究室. 十七大以来重要文献选编（上）［M］. 北京：中央文献出版社，
2013：686.

⑤ 中共中央文献研究室. 十七大以来重要文献选编（中）［M］. 北京：中央文献出版社，
2013：347.

⑥ 中共中央文献研究室. 十六大以来重要文献选编（下）［M］. 北京：中央文献出版社，
2011：145.

⑦ 中共中央文献研究室. 十六大以来重要文献选编（下）［M］. 北京：中央文献出版社，
2011：840.

"加大农业面源污染防治力度……加快重点区域治理步伐"①。《中共中央关于推进农村改革发展若干重大问题的决定》（2008）指出：加强农村生活污染和农业面源污染防治②。2010年中央"一号文件"指出："加强农业面源污染治理"③。

"十一五"规划（2006）指出要"防治农药、化肥和农膜等面源污染，加强规模化养殖场污染治理"④。

3. 防止城市和工业污染转移

《中共中央关于推进农村改革发展若干重大问题的决定》（2008）指出加强农村工业污染防治⑤。2010年中央"一号文件"指出："采取有效措施防止城市、工业污染向农村扩散"⑥。

"十一五"规划（2006）指出："禁止工业固体废物、危险废物、城镇垃圾及其他污染物向农村转移"⑦。"十二五"规划（2011）指出："严格禁止城市和工业污染向农村扩散"⑧。

4. 加强技术支持

《畜禽养殖业污染防治技术政策》（2010）对清洁养殖与废弃物收集，废弃物无害化处理与综合利用，畜禽养殖废水处理，畜禽养殖空气污染防

---

① 中共中央文献研究室.十七大以来重要文献选编（上）[M].北京：中央文献出版社，2013：141.

② 中共中央文献研究室.十七大以来重要文献选编（上）[M].北京：中央文献出版社，2013：683.

③ 中共中央文献研究室.十七大以来重要文献选编（中）[M].北京：中央文献出版社，2013：345.

④ 国民经济和社会发展第十一个五年规划纲要.杜鹰主编.中国区域经济发展年鉴[Z].北京：中国财政经济出版社，2007：3-40.

⑤ 中共中央文献研究室.十七大以来重要文献选编（上）[M].北京：中央文献出版社，2013：683.

⑥ 中共中央文献研究室.十七大以来重要文献选编（中）[M].北京：中央文献出版社，2013：347.

⑦ 国民经济和社会发展第十一个五年规划纲要.杜鹰主编.中国区域经济发展年鉴[Z].北京：中国财政经济出版社，2007：3-40.

⑧ 国民经济和社会发展第十二个五年规划纲要.米春改主编.中华人民共和国年鉴[Z].北京：中华人民共和国年鉴社，2011：77-102.

治，畜禽养殖二次污染防治，鼓励开发应用的新技术，设施的建设、运行和监督管理等作出规定。

《农村生活污染防治技术政策》（2010）对农村生活污水污染防治，农村生活垃圾处理处置，农村生活空气污染防治，新技术开发与示范推广等作出规定。

三、自然资源保护政策更加丰富

党的十六大报告（2002）指出："合理开发和节约使用各种自然资源"[1]。党的十七大报告（2007）强调："开发和推广节约、替代、循环利用的先进适用技术，发展清洁能源和可再生能源，保护土地和水资源，建设科学合理的能源资源利用体系，提高能源资源利用效率……加强水利、林业、草原建设，促进生态修复"[2]。这些是本阶段自然资源保护政策的总体要求。

（一）保护土地资源

1. 保护土地资源的总体要求

党的十六大报告（2002）指出："搞好国土资源综合整治"[3]。

《中共中央国务院关于促进农民增加收入若干政策的意见》（2003）指出："要切实落实最严格的耕地保护制度"[4]。2005 年中央"一号文件"指出："坚决实行最严格的耕地保护制度，切实提高耕地质量"[5]。2006 年

---

[1][3]　中共中央文献研究室．十六大以来重要文献选编（上）[M]．北京：中央文献出版社，2011：17.

[2]　中共中央文献研究室．十七大以来重要文献选编（上）[M]．北京：中央文献出版社，2013：19.

[4]　中共中央文献研究室．十六大以来重要文献选编（上）[M]．北京：中央文献出版社，2011：679.

[5]　中共中央文献研究室．十六大以来重要文献选编（中）[M]．北京：中央文献出版社，2011：520.

中央"一号文件"指出，大力加强耕地质量和继续推进生态建设①。2007年中央"一号文件"指出："切实提高耕地质量"②。2008年中央"一号文件"指出："加强耕地保护和土壤改良"③。2009年中央"一号文件"指出："实行最严格的耕地保护制度和最严格的节约用地制度"④。2010年中央"一号文件"指出："有序推进农村土地管理制度改革"⑤。

"十一五"规划（2006）指出："加强土地资源管理"⑥。"十二五"规划（2011）指出："节约集约利用土地"⑦。

2. 保护土地资源的具体制度

①土地产权制度。包括土地所有权制度、土地承包制度、土地征收（用）制度。②土地用途管制制度。包括土地利用总体规划制度、土地资源标准化制度、土地调查制度、土地统计制度、土地登记发证制度、转用用途审批制度、土地违法行为的法律责任。③耕地资源总量动态平衡制度。一是耕地的数量、质量和区内、区际平衡。二是国有土地有偿使用制度。三是土地整治制度。包括土地开发整理、利用、开垦、复垦、土壤改良与提高耕地生产力等。四是基本农田保护制度。④土地监测与监督督察。包括土地监测、土地市场动态监测、土地督察、土地执法监管长效机制等。⑤土地管理的责任制度。一是对土地管理进行监督检查。二是法律

---

① 中共中央文献研究室．十六大以来重要文献选编（下）［M］．北京：中央文献出版社，2011：146－147．

② 中共中央文献研究室．十六大以来重要文献选编（下）［M］．北京：中央文献出版社，2011：839．

③ 中共中央文献研究室．十七大以来重要文献选编（上）［M］．北京：中央文献出版社，2013：140．

④ 中共中央文献研究室．十七大以来重要文献选编（上）［M］．北京：中央文献出版社，2013：831．

⑤ 中共中央文献研究室．十七大以来重要文献选编（中）［M］．北京：中央文献出版社，2013：348．

⑥ 国民经济和社会发展第十一个五年规划纲要．杜鹰主编．中国区域经济发展年鉴［Z］．北京：中国财政经济出版社，2007：3－40．

⑦ 国民经济和社会发展第十二个五年规划纲要．米春改主编．中华人民共和国年鉴［Z］．北京：中华人民共和国年鉴社，2011：77－102．

责任①。

（二）保护水资源，抓好农田水利

1. 保护水资源

总体要求为：党的十六大报告（2002）指出："抓紧解决部分地区水资源短缺问题，兴建南水北调工程"②。2008年中央"一号文件"指出："加强农村水能资源规划和管理"③。《中共中央关于推进农村改革发展若干重大问题的决定》（2008）指出："强化水资源保护"④。2011年中央"一号文件"指出："一是实行最严格的水资源管理制度；二是不断创新水利发展体制机制"⑤。"十一五规划"（2006）指出："加强水资源管理。从注重水资源开发利用向水资源节约、保护和优化配置转变"⑥。"十二五"规划（2011）指出："加强水资源节约"⑦。"加强水权制度建设，建

---

① 土地管理法．傅玉祥，梁书升主编．中国农业年鉴［Z］．北京：中国农业出版社，2005：404－409.

其他政策文本还包括《土地管理法实施条例》（2011）、《重大土地问题实地核查办法》（2009）、《国土资源标准化管理办法》（2009）、《查处土地违法行为立案标准》（2005）、《国有土地上房屋征收与补偿条例》（2011）、《土地增值税条例（已修订）》（2011）、《土地调查条例（已被修订）》（2008）、《土地调查条例实施办法（已被修订）》（2009）、《土地登记办法》（2006）、《土地开发整理若干意见》（2003）、《土地利用现状分类》（2007）、《土地储备管理办法》（2007）、《土地利用总体规划编制审查办法》（2009）、《2011年农业综合开发土地复垦项目申报指南》（2010）、《土地复垦条例》（2011）、《国务院办公厅关于建立国家土地督察制度有关问题的通知》（2006）、《关于建立健全土地执法监管长效机制的通知》（2008）等。

② 中共中央文献研究室．十六大以来重要文献选编（上）［M］．北京：中央文献出版社，2011：17.

③ 中共中央文献研究室．十七大以来重要文献选编（上）［M］．北京：中央文献出版社，2013：145.

④ 中共中央文献研究室．十七大以来重要文献选编（上）［M］．北京：中央文献出版社，2013：683.

⑤ 中共中央文献研究室．十七大以来重要文献选编（下）［M］．北京：中央文献出版社，2013：56－59.

⑥ 国民经济和社会发展第十一个五年规划纲要．杜鹰主编．中国区域经济发展年鉴［Z］．北京：中国财政经济出版社，2007：3－40.

⑦ 国民经济和社会发展第十二个五年规划纲要．米春改主编．中华人民共和国年鉴［Z］．北京：中华人民共和国年鉴社，2011：77－102.

设节水型社会"①。

具体制度包括：一是水资源所有权制度。二是取水许可制度。三是有偿使用制度。四是国家对水资源实行流域管理与行政区域管理相结合的管理体制。五是水资源规划制度。六是饮用水水源保护区制度。七是用水实行总量控制和定额管理相结合的制度。八是跨区域水事纠纷协商处理制度。九是法律责任②。

2. 抓好农田水利等基础设施建设

2004 年中央"一号文件"指出："搞好小型基础设施建设"③。2005年中央"一号文件"强调："加强农田水利和生态建设"④。2006 年中央"一号文件"强调："一是大力加强农田水利。二是加强饮水安全、农田水利、乡村道路、农村能源等基础设施建设"⑤。2007 年中央"一号文件"指出："大力抓好农田水利建设"⑥。2008 年中央"一号文件"指出："狠抓农田水利建设。大力发展节水灌溉"⑦。2009 年中央"一号文件"指出："加强水利基础设施建设"⑧。《中共中央关于推进农村改革发展若干重大问题的决定》（2008）强调："加强农业农村基础设施建设和环境

---

① 国民经济和社会发展第十二个五年规划纲要．米春改主编．中华人民共和国年鉴［Z］．北京：中华人民共和国年鉴社，2011：77 - 102.

② 水法．沈春耀主编．全国人民代表大会年鉴［Z］．北京：中国民主法制出版社，2009：496 - 504；取水许可和水资源费征收管理条例．杨明森主编．中国环境年鉴［Z］．北京：中国环境年鉴社，2007：38 - 43.

③ 中共中央国务院关于促进农民增加收入若干政策的意见．中共中央文献研究室．十六大以来重要文献选编（上）［M］．北京：中央文献出版社，2011：679.

④ 中共中央文献研究室．十六大以来重要文献选编（中）［M］．北京：中央文献出版社，2011：521.

⑤ 中共中央文献研究室．十六大以来重要文献选编（下）［M］．北京：中央文献出版社，2011：146 - 147.

⑥ 中共中央文献研究室．十六大以来重要文献选编（下）［M］．北京：中央文献出版社，2011：838.

⑦ 中共中央文献研究室．十七大以来重要文献选编（上）［M］．北京：中央文献出版社，2013：139.

⑧ 中共中央文献研究室．十七大以来重要文献选编（上）［M］．北京：中央文献出版社，2013：828.

建设"①。2010 年中央"一号文件"指出："突出抓好水利基础设施建设"②。2011 年中央"一号文件"指出：一是把农田水利作为农村基础设施建设的重点任务，把严格水资源管理作为加快转变经济发展方式的战略举措。二是突出加强农田水利等薄弱环节建设。三是全面加快水利基础设施建设③。

（三）做好生态屏障建设

1. 强化生态建设的地位

2004 年中央"一号文件"指出："继续搞好生态建设，对天然林保护、退耕还林还草和湿地保护等生态工程，要统筹安排，因地制宜，巩固成果，注重实效"④。2005 年中央"一号文件"强调：搞好生态工程建设⑤。2006 年中央"一号文件"指出，大力加强生态建设⑥。2007 年中央"一号文件"指出进行生态建设⑦。2008 年中央"一号文件"指出："继续加强生态建设"⑧。2009 年中央"一号文件"指出："推进生态重点工程建设"⑨。2010 年中央"一号文件"指出："构筑牢固的生态安全

---

① 中共中央文献研究室. 十七大以来重要文献选编（上）[M]. 北京：中央文献出版社，2013：686.
② 中共中央文献研究室. 十七大以来重要文献选编（中）[M]. 北京：中央文献出版社，2013：342.
③ 中共中央文献研究室. 十七大以来重要文献选编（下）[M]. 北京：中央文献出版社，2013：50 - 52.
④ 中共中央国务院关于促进农民增加收入若干政策的意见. 中共中央文献研究室. 十六大以来重要文献选编（上）[M]. 北京：中央文献出版社，2011：679.
⑤ 中共中央文献研究室. 十六大以来重要文献选编（中）[M]. 北京：中央文献出版社，2011：522.
⑥ 中共中央文献研究室. 十六大以来重要文献选编（下）[M]. 北京：中央文献出版社，2011：147.
⑦ 中共中央文献研究室. 十六大以来重要文献选编（下）[M]. 北京：中央文献出版社，2011：840.
⑧ 中共中央文献研究室. 十七大以来重要文献选编（上）[M]. 北京：中央文献出版社，2013：140.
⑨ 中共中央文献研究室. 十七大以来重要文献选编（上）[M]. 北京：中央文献出版社，2013：829.

屏障"①。

《中共中央、国务院关于做好 2002 年农业和农村工作的意见》
（2002）指出："加强草原保护和建设"② 和"扩大退耕还林规模"③。《中
共中央关于推进农村改革发展若干重大问题的决定》（2008）指出："继
续推进林业重点工程建设……实施草原建设和保护工程"④。

"十一五"规划（2006）指出："保护修复自然生态"⑤。"十二五"
规划（2011）指出："促进生态保护和修复"⑥。

2. 保护森林资源

一是森林所有权制度。二是森林、林木和林地登记发证制度。三是经
济支持政策。四是森林资源清查和建立资源档案制度。五是林业长远规
划。六是限额采伐制度。七是采伐许可证。八是提倡木材综合利用和节约
使用木材，鼓励开发、利用木材代用品。九是植树造林。十是保护名录。
十一是天然林资源保护工程档案管理制度。十二是林木种质资源管理制
度。十三是森林资源资产评估制度⑦。

---

① 中共中央文献研究室．十七大以来重要文献选编（中）［M］．北京：中央文献出版社，
2013：344.

② 中共中央文献研究室．十五大以来重要文献选编（下）［M］．北京：中央文献出版社，
2011：410.

③ 中共中央文献研究室．十五大以来重要文献选编（下）［M］．北京：中央文献出版社，
2011：413.

④ 中共中央文献研究室．十七大以来重要文献选编（上）［M］．北京：中央文献出版社，
2013：682 – 683.

⑤ 国民经济和社会发展第十一个五年规划纲要．杜鹰主编．中国区域经济发展年鉴［Z］.
北京：中国财政经济出版社，2007：3 – 40.

⑥ 国民经济和社会发展第十二个五年规划纲要．米春改主编．中华人民共和国年鉴［Z］.
北京：中华人民共和国年鉴社，2011：77 – 102.

⑦ 森林法．沈春耀主编，全国人民代表大会年鉴［Z］．北京：中国民主法制出版社，2009：
472 – 477.

保护名录包括《植物新品种保护名录（林业部分）（第三、四批）》（2002，2004）、《农业植
物新品种保护名录（第四、五、六、七、八批）》（2002，2003，2005，2008，2010）等。其他
政策文本还有《林木种质资源管理办法》（2007）、《森林资源监督工作管理办法》（2007）、《天
然林资源保护工程档案管理办法》（2006）、《森林资源资产评估管理暂行规定》（2006）等。

3. 保护草原资源

一是草原所有权制度。二是草原承包经营制度。三是全国草原保护、建设、利用规划制度。四是草原调查制度。五是草原统计制度。六是草原有偿使用制度。七是基本草原保护制度。八是草原自然保护区制度。九是以草定畜、草畜平衡制度。十是监督检查制度。十一是法律责任[①]。

（四）保护水产资源

2008年中央"一号文件"指出："强化水生生物资源养护"[②]。2009年中央"一号文件"指出："继续实行休渔、禁渔制度，强化增殖放流等水生生物资源养护措施"[③]。《中共中央关于推进农村改革发展若干重大问题的决定》（2008）指出："加强水生生物资源养护"[④]。

具体制度包括：一是许可证制度。二是捕捞限额制度。三是渔业资源增殖保护费制度。四是水产种质资源保护区制度。五是禁渔区和禁渔期制度。六是水产种质资源保护区制度。七是法律责任[⑤]。

（五）保护矿产资源

"十一五规划"（2006）指出："加强矿产资源管理"[⑥]。"十二五"规划（2011）指出："加强矿产资源勘查、保护和合理开发"[⑦]。

---

① 草原法. 沈春耀主编. 全国人民代表大会年鉴［Z］. 北京：中国民主法制出版社，2009：477 – 484.

② 中共中央文献研究室. 十七大以来重要文献选编（上）［M］. 北京：中央文献出版社，2013：137.

③ 中共中央文献研究室. 十七大以来重要文献选编（上）［M］. 北京：中央文献出版社，2013：827.

④ 中共中央文献研究室. 十七大以来重要文献选编（上）［M］. 北京：中央文献出版社，2013：683.

⑤ 渔业法. 沈春耀. 主编. 全国人民代表大会年鉴［Z］. 北京：中国民主法制出版社，2009.486 – 490.

⑥ 国民经济和社会发展第十一个五年规划纲要. 杜鹰主编. 中国区域经济发展年鉴［Z］. 北京：中国财政经济出版社，2007：3 – 40.

⑦ 国民经济和社会发展第十二个五年规划纲要. 米春改主编. 中华人民共和国年鉴［Z］. 北京：中华人民共和国年鉴社，2011：77 – 102.

具体制度包括：一是所有权制度，二是国家实行探矿权、采矿权有偿取得的制度，三是矿产资源登记管理制度，四是许可证制度，五是矿产资源规划制度，六是法律责任①。

（六）保护海洋资源

"十一五"规划（2006）指出："合理利用海洋和气候资源"②。

《渤海生物资源养护规定（已修订）》（2004）对渤海区重点保护对象及可捕标准，网具规格标准，禁用渔具、渔法，其他禁止情形，罚则等作出规定。《省级海洋功能区划审批办法》（2003）规定了审查依据、审查内容、审查报批程序、其他事项等。其他还涉及海砂开采管理。

（七）保护野生动植物资源

1. 野生动物资源保护

一是分级管理制度，分为两级。二是野生动物名录制度。三是野生动物资源调查制度。四是野生动物资源档案管理制度。五是许可证制度，包括驯养繁殖许可证、持枪证、狩猎证、特许猎捕证、特许捕捉证、允许进出口证明书。六是动物资源保护管理费制度。七是法律责任③。

---

① 矿产资源法. 沈春耀主编. 全国人民代表大会年鉴［Z］. 北京：中国民主法制出版社，2009：491 - 495.
煤炭法. 沈春耀主编，全国人民代表大会年鉴［Z］. 北京：中国民主法制出版社，2009：562 - 568；地质资料管理条例. 陈颂今主编，中国矿业年鉴［Z］. 北京：地震出版社，2003，396 - 398；矿产资源规划实施管理办法. 陈颂今主编，中国矿业年鉴［Z］. 北京：地震出版社，2003，410 - 411；矿产资源登记统计管理办法. 中国矿业年鉴［Z］. 北京：地震出版社，2005，267 - 269；等等.
② 国民经济和社会发展第十一个五年规划纲要. 杜鹰主编. 中国区域经济发展年鉴［Z］. 北京：中国财政经济出版社，2007：3 - 40.
③ 野生动物保护法（2004）. 傅玉祥，梁书升主编. 中国农业年鉴［Z］. 北京：中国农业出版社，2005：394 - 396；华人民共和国野生动物保护法（2009）. 沈春耀主编. 全国人民代表大会年鉴［Z］. 北京：中国民主法制出版社，2009：402 - 405；濒危野生动植物进出口管理条例. 中国林业年鉴［Z］. 北京：中国林业出版社，2007：69 - 71；其他政策文本还包括《陆生野生动物保护条例》（2011）、《水生野生动物保护实施条例》（2011）等.

2. 野生植物资源保护

一是分级管理制度，分为两级。二是野生植物名录制度。三是野生植物资源调查制度。四是野生植物资源档案管理制度。五是许可证制度，包括采集许可证、野生植物进出口许可、允许进出口证明书。六是重点保护野生植物监测制度。七是国家重点保护野生植物类型自然保护区制度。八是法律责任①。

（八）资源节约与综合利用

1. 资源节约与综合利用的总体要求

一是资源节约。包括：建立健全资源节约责任制；加强规划指导，完善法规标准；研究制定财政、税收、价格等激励政策；加快资源节约技术的开发和推广应用；推行适应市场经济要求的节约新机制；组织资源节约专项检查；加强组织领导，加大宣传教育力度②。

二是资源综合利用。《国家鼓励的资源综合利用认定管理办法》（2006）对申报条件和认定内容、申报及认定程序、监督管理、罚则等作出规定。《再生资源回收管理办法》（2007）对经营规则、监督管理、罚则等作出规定。

2. 加快农村能源建设

总体要求为：2005 年和 2006 年中央"一号文件"均强调："加快农村能源建设步伐"③。2007 年中央"一号文件"指出："加快发展农村清

---

① 农业野生植物保护办法 [J].农业环境与发展，2003（1）：1 – 3.
濒危野生动植物进出口管理条例.中国林业年鉴 [Z].北京：中国林业出版社，2007：69 – 71.
② 国务院办公厅关于开展资源节约活动的通知.张彦宁主编.中国企业管理年鉴 [Z].北京：企业管理出版社，2005：35 – 36.
③ 中共中央文献研究室.十六大以来重要文献选编（中）[M].北京：中央文献出版社，2011：524.
中共中央文献研究室.十六大以来重要文献选编（下）[M].北京：中央文献出版社，2011：147.

洁能源"①。《中共中央关于推进农村改革发展若干重大问题的决定》（2008）强调推进农村能源建设，形成清洁、经济的农村能源体系②。具体包括大力推进农村沼气建设、在适宜地区积极推广小水电等可再生能源技术、加快实施乡村清洁工程。

第四节　全面推进阶段政策内容解析

一、综合性环境政策均衡完善

（一）面向全国的综合性环境政策内容

1. 进一步优化全国环境保护目标与任务

党的十八大报告（2012）指出："坚持节约资源和保护环境的基本国策"③。党的十九大报告（2017）指出："提供更多优质生态产品以满足人民日益增长的优美生态环境需要"④。党的十九大报告继承了党的十八大报告坚持"节约优先、保护优先、自然恢复为主"的方针，继承了要形成"节约资源和保护环境的空间格局、产业结构、生产方式、生活方式"，而党的十八大报告强调最终目的是"从源头上扭转生态环境恶化趋

---

① 中共中央文献研究室. 十六大以来重要文献选编（下）[M]. 北京：中央文献出版社，2011：839.

② 中共中央文献研究室. 十七大以来重要文献选编（上）[M]. 北京：中央文献出版社，2013：686.

③ 中共中央文献研究室. 十八大以来重要文献选编（上）[M]. 北京：中央文献出版社，2018：31.

④ 彭森主编. 中国改革年鉴——深改五周年（2013 - 2017）专卷 [Z]. 中国经济体制改革杂志社，2018：53 - 71.

势，为人民创造良好生产生活环境，为全球生态安全作出贡献"①，党的十九大报告则强调"还自然以宁静、和谐、美丽"②。

《宪法》（2018）在序言的第 7 自然段增加了"社会文明"和"生态文明"，用"把我国建设成为富强民主文明和谐美丽的社会主义现代化强国，实现中华民族伟大复兴"替代了"把我国建设成为富强、民主、文明的社会主义国家"；将第八十九条"国务院行使下列职权"中的"（六）领导和管理经济工作和城乡建设"修改为"（六）领导和管理经济工作和城乡建设、生态文明建设"③。上述修改后的内容，与原有的第九条、第二十二条、第二十六条和第三十条等共同构成了"环境宪法"的核心内容，我国的环境法治迈向了新阶段。

从"十三五"规划（2016）涉及环境保护的章节中可以挖掘关于环境保护的目的。分析后可以发现，目的有三个层次，层层递进。第一层次是在今后五年经济社会发展的主要目标中提出"生态环境质量总体改善"④；第二层次是"为人民提供更多优质生态产品，协同推进人民富裕、国家富强、中国美丽"⑤；第三层次是形成人与自然和谐发展的现代化建设新格局，推进美丽中国建设，最终"为全球生态安全作出新贡献"⑥。《中华人民共和国国民经济和社会发展第十四个五年规划和 2035 年远景目标纲要》（2021）的第三章中明确指出环境保护的长远目标："生态文明建设实现新进步"⑦。并对国土空间开发保护格局、生产生活方式、能源资源配置、单位国内生产总值能源消耗和二氧化碳排放、主要污染物排放

---

① 中共中央文献研究室. 十八大以来重要文献选编（上）[M]. 北京：中央文献出版社，2018：31.

② 彭森主编. 中国改革年鉴——深改五周年（2013－2017）专卷 [Z]. 中国经济体制改革杂志社，2018：53－71.

③ 中华人民共和国宪法 [N]. 人民日报，2018－03－22（1）.

④ 国民经济和社会发展第十三个五年规划纲要 [M]. 北京：人民出版社，2016：11.

⑤ 国民经济和社会发展第十三个五年规划纲要 [M]. 北京：人民出版社，2016：103.

⑥ 国民经济和社会发展第十三个五年规划纲要 [M]. 北京：人民出版社，2016：14.

⑦ 中华人民共和国国民经济和社会发展第十四个五年规划和 2035 年远景目标纲要 [N]. 人民日报，2021－03－13（1）.

总量、森林覆盖率、生态安全屏障、城乡人居环境等方面提出具体要求。

《环境保护法》（2014）在第一条规定立法目的，包括"保障公众健康"、"推进生态文明"和"促进经济社会可持续发展"。"公众健康"是最关键急迫的短期目标，用"保障"；后两个目的需要渐进持续的过程，用了"推进"和"促进"两词，是长期目标。与之前的环境保护法相比，最大的不同也在于后两个目的。

2. 进一步加强制度建设

党的十八大报告强调："加强生态文明制度建设。保护生态环境必须依靠制度"①。党的十九大报告指出："改革生态环境监管体制"②。"十三五"规划指出："加强生态文明制度建设"③。《环境保护法》（2014）第四条明确规定应采取相关经济、技术政策和措施来保护环境，也可从相关条款总结出具体制度措施。需要加强建设的制度具体如下：一是建立体现生态文明要求的目标体系、考核办法、奖惩机制。二是建立国土空间开发保护制度，完善最严格的耕地保护制度、水资源管理制度、环境保护制度。三是深化资源性产品价格和税费改革。四是改革生态环境监管体制。

2020年，中共中央办公厅、国务院办公厅印发《关于构建现代环境治理体系的指导意见》，将构建党委领导、政府主导、企业主体、社会组织和公众共同参与的现代环境治理体系正式提上政策议程④。2021年，"十四五"规划指出健全现代环境治理体系⑤。

（1）进一步完善环境影响评价制度

一是总体变化。《环境影响评价法》（2018）在原有基础上，取消环

---

① 中共中央文献研究室. 十八大以来重要文献选编（上）[M]. 北京：中央文献出版社，2018：32.

② 彭森主编，中国改革年鉴——深改五周年（2013－2017）专卷 [Z]. 中国经济体制改革杂志社，2018：53－71.

③ 国民经济和社会发展第十三个五年规划纲要 [M]. 北京：人民出版社，2016：119.

④ 中共中央办公厅　国务院办公厅印发《关于构建现代环境治理体系的指导意见》[J]. 中华人民共和国国务院公报，2020（8）：11－14.

⑤ 中华人民共和国国民经济和社会发展第十四个五年规划和2035年远景目标纲要 [N]. 人民日报，2021－03－13（1）.

评公司（技术单位）的资质审批监管，有能力的建设单位可自行编制环评报告书；明确违法行为的表现形式，建设单位最高处以 220 万元罚款。2019 年，生态环境部建设完成全国统一的环境影响评价信用平台，并于 11 月 1 日启动。同年，生态环境部调整了审批环境影响评价文件的建设项目目录。

二是建设项目环境影响评价得以加强。具体包括建设项目环境影响评价资质管理、建设项目环境影响后评价管理、建设项目环境影响评价分类管理名录、建设项目环境影响登记备案管理、建设项目环境影响报告书（表）编制监督管理办法等。

（2）进一步完善环境信息公开制度

2013 年，环境保护部就污染源环境监管信息公开工作进行部署，要求省市县三级推进，做到明确信息公开主体、细化信息公开内容、严格信息公开时限、规范信息公开方式、统一信息公开平台。《企事业单位环境信息公开办法》（2014）对重点排污单位名录，重点排污单位应当公开的信息、方式、时间，罚则等作出规定。2018 年，为进一步提升政府信息主动公开标准化规范化水平，环境保护部发布了政府信息主动公开基本目录。接着，2019 年，生态环境部又相继颁布《生态环境部政府信息主动公开基本目录》《生态环境部政府信息公开实施办法》《生态环境领域基层政务公开标准指引》等文件，就政府信息公开作出规定，内容涉及公开的主体和范围，主动公开，依申请公开，监督和保障等，强调要加强组织领导、强化工作评估、强化政策解读和回应关切、完善公开平台和制度。2021 年，生态环境部发布《企业环境信息依法披露管理办法》，对适用范围、管理部门及职责，披露主体、内容和时限，监督管理，罚则等作出规定。

（3）进一步完善突发事件处置制度

《国家突发环境事件应急预案》（2014）规定了国家突发环境事件的分级、工作原则，组织指挥与职责，预防和预警，应急响应，应急保障，后期处置等。

在此基础上，环境保护部于 2014 年发布了《突发环境事件调查处理办法》，对突发环境事件应遵循的原则、主管部门及职责，调查方式、程序、内容、期限等作出规定。2015 年，发布了《突发环境事件应急管理办法》，对突发环境事件的定义与分级、坚持原则、主管部门及职责，风险控制，应急准备，应急处置，事后恢复，信息公开，罚则等作出规定。

环境突发事件通常可能是跨区域的。为了指导地方政府组织开展区域突发环境事件风险评估，环境保护部于 2018 年发布了《行政区域突发环境事件风险评估推荐方法》，对环境风险评估程序、资料准备、环境风险识别、环境风险评估子区域划分、区域环境风险分析、典型突发环境事件情景分析、环境风险防控与应急措施差距分析等作出规定。

2019 年，生态环境部办公厅印发《环境应急资源调查指南（试行）的通知》，对环境应急资源调查目的、调查原则、调查主体、调查内容、调查程序等作出规定。

（4）进一步完善公众参与制度

《环境保护法》（2014）第五条环境保护的原则中明确"公众参与"的原则。第五章"信息公开和公众参与"对公众参与作出相关规定。2015 年，《环境保护公众参与办法》出台，对公众参与应遵循的原则、参与方式与程序、主管部门及职责等作出规定；2018 年，《环境影响评价公众参与办法》出台，对环境影响评价中公众参与应遵循的原则、公开内容、参与方式与程序、主管部门及职责等作出规定。

具体而言：一是环境保护公众参与的原则为依法、有序、自愿和便利。二是环境保护公众参与的方式为双向互动的。环境保护主管部门可以通过征求意见、问卷调查，组织召开座谈会、专家论证会、听证会，奖励鼓励，项目资助，购买服务等方式引导和加强公众的参与；公众可以通过电话、信函、传真、网络等多种方式主动进行参与。

3. 进一步加强技术开发与推广

（1）加强总体防治技术或涉及多类污染防治技术

包括国家先进污染防治技术示范名录，国家鼓励发展的环境保护技术目录，固体废物处置领域、环境噪声与振动控制领域国家先进污染防治技术，规划环境影响跟踪评价技术指南，生态保护红线勘界定标技术，污染源自动监控设施现场监督检查技术、经济和技术政策生态环境影响分析技术指南等。

（2）提升单一领域污染防治技术

一是水污染防治技术。包括国家先进污染防治技术示范名录（水污染治理领域）、国家鼓励发展的环境保护技术目录（水污染防治领域）、挥发性有机物污染防治先进技术。二是化学物质环境风险评估技术方法。三是固体废物污染防治技术。包括水泥窑协同处置固体废物、蓄电池再生及生产、废电池污染防治技术政策等。四是大气污染物沉降入海通量评估技术。

（3）完善行业技术指南或技术政策

具体包括水泥工业、再生铅冶、重点行业二噁英、铜冶炼、煤炭采选业等 5 个行业污染防治技术，民用煤燃烧、铅锌冶炼工业、石油天然气开采业、制药工业、制糖工业、造纸行业木材制浆工艺、电解锰行业、石化行业、煤炭绿色开采与安全环保等行业污染防治技术。

4. 拓宽环境保护的资金来源

全国环保资金的主要来源仍为各级政府的财政投入。《环境保护法》（2014）第八条规定各级人民政府应当加大相关财政投入。在此基础上，还要不断创新财政资金投入体制，并加快建立多元化投入机制；同时，提高环保资金的效益，进行预算绩效管理①。

这一阶段最重要的环保方面经济政策为《中华人民共和国环境保护税法》（以下简称《环境保护税法》）（2016，2018）。该法对立法目的、适用范围、应税污染物的定义、不缴纳相应污染物的环境保护税的情形、计税依据和应纳税额、税收减免、征收管理等作出规定。该法的第五条第一

---

① 国务院关于财政生态环保资金分配和使用情况的报告——2019 年 12 月 25 日在第十三届全国人民代表大会常务委员会第十五次会议上［J］. 全国人民代表大会常务委员会公报，2020（1）：139－143.

款规定应当缴纳环境保护税的情形，明确表明范围为"城乡"。第十二条暂予免征环境保护税第一款的"农业生产"情形，表明免征环境税的范围包括了农村。

5. 进一步完善环境监管体系

《生态环境部关于加强生态保护监管工作的意见》（2020）强调构建完善生态监测网络和加快完善生态保护修复评估体系，切实加强生态保护重点领域监管，加强生态破坏问题监督和查处力度。

（1）优化环境监测体系

一是完善生态环境监测网络。既要建立统一的全国环境质量监测网络，也要健全重点污染源监测，同时加强天地一体化的生态遥感监测系统。二是实现生态环境监测信息集成共享。建立生态环境监测数据集成共享机制，构建生态环境监测大数据平台，统一发布监测信息。三是加强环境质量监测预报预警与风险防范。四是建立生态环境监测与监管联动机制。五是健全生态环境监测制度与保障体系。健全监测标准，明确监测事权，培育监测市场，提升综合监测能力[1]。

（2）加强主体责任监管

主要指生态环境部进行约谈工作。生态环境部约见未依法依规履行生态环境保护职责或履行职责不到位的地方人民政府及其相关部门负责人，或未落实生态环境保护主体责任的相关企业负责人，指出相关问题、听取情况说明、开展提醒谈话、提出整改建议。

（3）加强自然保护地监管

《自然保护地生态环境监管工作暂行办法》（2020）规定加强自然保护地生态环境监管工作。

6. 进一步完善环境标准体系

此阶段发布的环境标准具体包括：①涉及技术方面的基础环境标准。

---

① 法律出版社法规中心. 生态环境保护法规汇编 [M]. 北京：法律出版社，2019：4.
国务院办公厅关于印发生态环境监测网络建设方案的通知 [Z]. 中华人民共和国国务院公报，2015（24）：7 – 10.

包括污染防治可行技术指南编制，环境统计技术规范，废气氟化氢的测定、笨可溶物的测定、挥发性有机物的采样、硫酸雾的测定、氯化氢的测定、土壤石油类的测定，建设项目竣工环境保护验收技术规范之煤炭采选，生活垃圾焚烧飞灰污染控制技术规范等。②行政许可环境标准。具体涉及生态环境部行政许可，工业固体废物和危险废物治理、废弃资源加工工业、食品制造工业、畜禽养殖行业排污许可证申请与核发技术规范等。③某类环境标准。一是土壤环境标准。包括土壤环境质量农用地土壤污染风险管控标准、污染地块风险管控与土壤修复效果评估技术、土地整治重大项目实施方案编制规程、建设用地土壤污染状况调查技术导则、第三次全国国土调查技术规程、县级国土调查生产成本定额等。二是水环境标准。包括污染地块地下水修复和风险管控、水资源规划规范、城镇给水微污染水预处理技术等。三是废物环境标准。包括危险废物鉴别标准，危险废物填埋污染控制标准，一般工业固体废物贮存、处置场污染控制标准等。四是大气污染环境标准。涉及挥发性有机物无组织排放控制标准、非道路移动机械用柴油机排气污染排放限值及测量方法等。④行业标准。主要涉及大气和水污染。如氨工业和合成氨工业水污染物排放，陶瓷工业、纺织染整工业、炼焦化学工业和矿物棉工业污染物排放，水泥工业、砖瓦工业、铝工业和锅炉大气污染排放，火电厂污染防治等具体行业。《公告第50号——〈肥料登记田间试验通则〉等89项农业行业标准目录》（2018）公布了89项农业行业标准，与农村环境保护密切相关。⑤其他。包括享受利用增值税优惠政策的纳税人执行污染物排放标准、污染物在线自动监控（监测）系统数据传输标准、环境监测分析方法标准制订技术导则等。

《生态环境标准管理办法》（2020）适用于生态环境标准的制定、实施、备案和评估。对各类环境标准的法律效力予以规定。具体包括国家和地方生态环境质量标准、生态环境风险管控标准、污染物排放标准、生态环境监测标准、生态环境基础标准、生态环境管理技术规范等。

《自然资源标准化管理办法》（2020）依据自然资源部职责，加强自然资源调查、监测、评价评估、确权登记、保护、资产管理和合理开发利用，国土空间规划、用途管制、生态修复，海洋和地质防灾减灾等业务，以及土地、地质矿产、海洋、测绘地理信息等领域的标准化工作。

7. 加强环境行政执法

一是总体要求。《国务院办公厅关于加强环境监管执法的通知》(2014) 指出："一是严格依法保护环境，推动监管执法全覆盖。二是对各类环境违法行为'零容忍'，加大惩治力度。三是积极推行'阳光执法'，严格规范和约束执法行为。四是明确各方职责任务，营造良好执法环境。五是增强基层监管力量，提升环境监管执法能力"①。《关于深化生态环境保护综合行政执法改革的指导意见》(2019) 指出要充分认识改革的重大意义，贯彻落实有关要求，并加强情况信息报送②。《生态环境部关于进一步规范适用环境行政处罚自由裁量权的指导意见》(2019) 规定了自由裁量权的原则和制度，制定了裁量规则和基准的总体要求、程序和适用，并坚持对裁量权运行的监督和考评③。

二是加强具体某个环节或某方面的环境执法。2013～2015 年，连续三年解除了对污染减排存在问题企业的挂牌督办。2015 年，环境保护部颁布了一系列文件，就环境保护主管部门实施查封、扣押，实施限制生产、停产整顿，实施按日连续处罚等作出规定。2016 年，通报表扬浙江省杭州市环境监察支队等 7 家严厉打击污染源自动监控弄虚作假行为的单位；加强新建改建扩建建设工程避免危害气象探测环境行政许可管理。2018 年，开展非正规垃圾堆放点排查和整治工作。2019 年，司法部、生态环境部明确了环境损害司法鉴定执业分类规定，生态环境部就提升危险废物环境监管能力、利用处置能力和环境风险防范能力给出指导意见。

---

① 杨明森主编. 中国环境年鉴 [Z]. 北京：中国环境年鉴社，2015：130 - 132.

② 生态环境部 [EB/OL]. http://www.mee.gov.cn/xxgk2018/xxgk/xxgk06/201902/t20190219_692776.html，2020 - 08 - 04.

③ 生态环境部关于进一步规范适用环境行政处罚自由裁量权的指导意见 [Z]. 中华人民共和国国务院公报，2019 (28)：46 - 49.

8. 加强环境宣传教育

从参与环境宣传教育主体而言，不仅包括各级人民政府，还包括基层群众性自治组织、社会组织、环境保护志愿者、教育行政部门和学校，新闻媒体则既要参与宣传还要对环境违法行为进行舆论监督①。

从宣传的内容来看，包括党的十九大和第八次全国环保大会精神、环境法治宣传教育等。生态环境部发布的《中国公民生态环境与健康素养》（2020）引导公民正确认识人与自然的关系，普及现阶段公民应具备的生态环境与健康基本理念、知识、行为和技能，动员公众力量保护生态环境、维护身体健康，共建健康中国和美丽中国②。深入学习宣传与农业高质量发展密切相关的法律法规是《农业农村系统法治宣传教育第八个五年规划（2021～2025 年)》的重点内容之一。具体包括土地管理法、土壤污染防治法、基本农田保护条例、农业法、种子法、畜牧法、渔业法、长江保护法、野生动物保护法和野生植物保护条例等法律法规③。

从宣传的方式看，包括把普法融入立法执法全过程、日常服务管理，加大以案普法力度等④。此外，还要注意宣传活动的质量、注意资源整合与队伍建设、注意环境新闻的主旋律。

（二）综合性农村环境政策内容

1. 进一步优化农村环境保护目标与任务

（1）通用性环境政策文本中的农村环境保护目标或任务

2013 年中央"一号文件"指出："推进农村生态文明建设。加强农村生态建设、环境保护和综合整治，努力建设美丽乡村"⑤。2015 年中央

---

① 法律出版社法规中心. 生态环境保护法规汇编［M］. 北京：法律出版社，2019：2.

② 萧野. 引导公众正确认知环境风险、守护健康　生态环境部发布《中国公民生态环境与健康素养》［J］. 环境与生活，2020（8）：106－107.

③④ 农业农村部关于印发《农业农村系统法治宣传教育第八个五年规划（2021－2025 年)》的通知（农法发［2021］11 号）［J］. 中华人民共和国农业农村部公报，2021（9）：6.

⑤ 中共中央文献研究室. 十八大以来重要文献选编（上）［M］. 北京：中央文献出版社，2018：105.

"一号文件"指出："加强农业生态治理"①。2018 年中央"一号文件"《关于实施乡村振兴战略的意见》（2018）指出：一是总体要求中包括生态宜居、治理有效。二是目标任务中涉及农村环境保护目标。到 2020 年，农村人居环境明显改善，美丽宜居乡村建设扎实推进；农村生态环境明显好转。到 2035 年，农村生态环境根本好转，美丽宜居乡村基本实现。到 2050 年，全面实现②。2021 年"一号文件"《中共中央、国务院关于全面推进乡村振兴加快农业农村现代化的意见》（2021）指出：到 2025 年，农村生产生活方式绿色转型取得积极进展，化肥农药使用量持续减少，农村生态环境得到明显改善③。

1979 年和 1989 年《环境保护法》中与农业环境保护有关的直接规定仅有两条，《环境保护法》（2014）则有五条直接规定，分别是第三十二条、第三十三条、第四十九条、第五十条和第五十一条。与之前的环境保护法相比，对农村环境的保护及创新在于：强调各级政府对农业环境保护的责任，强调对污染源的调查、监测、评估与修复，强调县级与乡级都应当提高农村环境保护公共服务水平，强调对农业面源污染的治理，强调各级政府要安排资金支持农村环境保护，强调城乡统筹环境保护公共设施等。

《中华人民共和国乡村振兴促进法》（以下简称《乡村振兴促进法》）（2021）虽然并不是以农村生态环境保护为调整对象或以农民环境权益保障为中心的专门性法律，但是此法的出台是我国现有农村生态环境治理法治的立法进步。目的中包含"生态宜居"、农村"生态文明建设"、"保护生态环境"等环境保护要求。具体原则中对环境保护也提出了生态环境保护的原则"坚持人与自然和谐共生，统筹山水林田湖草沙系统治理，推动绿色发展，推进生态文明建设"。第三十四条中也明确提出："加强乡村

---

① 中共中央文献研究室. 十八大以来重要文献选编（中）［M］. 北京：中央文献出版社，2018：277.

② 农业法律法规全书［M］. 北京：中国法制出版社，2019：1 - 2.

③ 中共中央国务院关于全面推进乡村振兴加快农业农村现代化的意见［N］. 人民日报，2021 - 02 - 22（1）.

生态保护和环境治理，绿化美化乡村环境，建设美丽乡村"①。

（2）专门性环境政策文本中的农村环境保护任务

《农业农村部关于深入推进生态环境保护工作的意见》（2018）指出："切实增强做好农业农村生态环境保护工作的责任感使命感，加快构建农业农村生态环境保护制度体系，扎实推进农业绿色发展重大行动，着力改善农村人居环境，切实加强农产品产地环境保护，大力推动农业资源养护，显著提升科技支撑能力，建立健全考核评价机制"②。

《关于以生态振兴巩固脱贫攻坚成果　进一步推进乡村振兴的指导意见》（2020）指出："以美丽乡村建设为导向提升生态宜居水平，以产业生态化和生态产业化为重点促进产业兴旺，以生态文化培育为基础增进乡风文明，以生态环境共建共治共享为目标推动取得治理实效，更好满足人民群众日益增长的美好生活需要"③。2021年，乡村生态环境质量持续改善；2022年，支撑生态振兴的生态环境保护制度和政策体系更加完善，为乡村振兴奠定坚实基础。

《"十四五"土壤、地下水和农村生态环境保护规划》（2021）指出，到2025年，"农村生态环境持续改善"。到2035年，"农村生态环境根本好转"④。

2. 加强农村环境保护制度建设

2014年中央"一号文件"指出，"加快建立利益补偿机制"⑤，"落实最严格的耕地保护制度、节约集约用地制度、水资源管理制度、环境保护

① 中华人民共和国乡村振兴促进法［N］. 农民日报，2021－04－30（2）.
② 农业农村部关于深入推进生态环境保护工作的意见［J］. 中华人民共和国农业农村部公报，2018（8）：4－7.
③ 生态环境部. 关于以生态振兴巩固脱贫攻坚成果　进一步推进乡村振兴的指导意见（2020－2022年）［EB/OL］. http：//www. mee. gov. cn/xxgk2018/xxgk/xxgk05/202006/t20200624_785875. html2021/3/11.
④ 中国政府网. 关于印发"十四五"土壤、地下水和农村生态环境保护规划的通知［EB/OL］. http：//www. gov. cn/zhengce/zhengceku/2022－01/04/content_5666421. htm.
⑤ 中共中央文献研究室. 十八大以来重要文献选编（上）［M］. 北京：中央文献出版社，2018：706.

制度，强化监督考核和激励约束"①。2015 年中央"一号文件"指出：一是实施农业环境突出问题治理总体规划和农业可持续发展规划。二是健全农业资源环境方面的法律法规……三是建立健全农业生态环境保护责任制②。《关于创新体制机制推进农业绿色发展的意见》（2017）强调加强一系列制度建设。

具体制度包括：一是优化农业主体功能与空间布局。二是强化资源开发、保护与节约利用。三是加强产地环境保护与治理。四是养护修复农业生态系统。五是建立市场化多元化生态补偿机制。六是健全创新驱动与约束激励机制。七是加强保障措施。八是修订农业化学物质产品行政保护条例。

3. 确保农村环境保护资金

在上一阶段，已明确农村环保资金的来源是多渠道的。本阶段，对农村环保资金来源的规定更加规范。如 2018 年中央"一号文件"指出：对于农村环境整治资金，强调城乡并重，此项支出以地方财政预算为主，中央财政给予差异化奖补，政策性金融机构提供长期低息贷款，同时探索政府购买服务、专业公司一体化建设运营机制③。如 2019 年中央"一号文件"指出：农村人居环境整治"建立地方为主、中央补助的政府投入机制"，中央预算内投资安排专门资金支持农村人居环境整治；县级按规定统筹整合相关资金，集中使用；也允许鼓励社会力量积极参与。中央财政对农村厕所革命整村推进等给予补助，对农村人居环境整治先进县给予奖励④。

当然，农村环保资金的主要来源仍为政府财政投入，方式包括直接安

---

① 中共中央文献研究室. 十八大以来重要文献选编（上）[M]. 北京：中央文献出版社，2018：708.

② 中共中央文献研究室. 十八大以来重要文献选编（中）[M]. 北京：中央文献出版社，2018：277.

③ 中共中央文献研究室. 十八大以来重要文献选编（下）[M]. 北京：中央文献出版社，2018：116.

④ 赵国彦，和大水，姚绍学主编. 河北农村统计年鉴 [Z]. 北京：中国统计出版社，2019：1 - 6.

排资金、给予补助、奖励等。《环境保护法》（2014）第五十条规定各级政府应在财政预算中安排资金支持农村环境保护工作。《农业生态环境保护项目资金管理办法》（2018）规定农业生态环境保护项目资金主要用于全国农业面源污染监测、农业面源污染综合防治技术集成、农业清洁生产技术遴选、现代生态农业创新示范基地建设、农业生态环境保护国际履约、渔业节能减排调查评估及试验示范等工作。并对主管部门及职责，资金开支范围，项目组织实施和资金使用管理，监督检查和绩效评价等作出规定。此办法的颁布，使农业生态环境保护项目资金的管理有了政策依据。

鼓励和引导社会资本参与农村环境治理是全面推进乡村振兴、加快农业农村现代化的重要支撑力量。为此，2020年和2021年，农业农村部办公厅、国家乡村振兴局综合司印发《社会资本投资农业农村指引》（2020，2021）。社会资本投资重点领域包括了生态循环农业和农村人居环境治理。生态循环农业具体涵盖农业农村减排固碳、绿色种养循环农业试点、畜禽粪污资源化利用、秸秆综合利用、农膜农药包装物回收行动、可再生能源开发利用、长江黄河等流域生态保护、农业面源污染治理等。农村人居环境整治涵盖农村厕所革命、农村生活垃圾和生活污水治理等项目建设运营，农村生活垃圾收运处置体系，村庄清洁和绿化行动等①。

4. 推广农业科技

2016年中央"一号文件"指出："强化现代农业科技创新推广体系建设"②。重点突破生物育种、生态环保等领域关键技术。《乡村振兴促进法》（2021）第三十五条规定："国家鼓励和支持农业生产者采用节水、节肥、节药、节能等先进的种植养殖技术……③"

---

① 农业农村部办公厅关于印发《社会资本投资农业农村指引》的通知［J］. 中华人民共和国农业农村部公报，2020（5）：76-81.
② 中共中央文献研究室. 十八大以来重要文献选编（下）［M］. 北京：中央文献出版社，2018：105.
③ 中华人民共和国乡村振兴促进法［N］. 农民日报，2021-04-30（2）.

5. 明确本阶段综合性农村环境政策的重点内容

（1）推进农业绿色发展

《关于创新体制机制推进农业绿色发展的意见》（2017）指出："把农业绿色发展摆在生态文明建设全局的突出位置，全面建立以绿色生态为导向的制度体系，基本形成与资源环境承载力相匹配、与生产生活生态相协调的农业发展格局……实现农业可持续发展、农民生活更加富裕、乡村更加美丽宜居"[①]。2019年中央"一号文件"指出："创建农业绿色发展先行区"[②]。2021年中央"一号文件"指出："推进农业绿色发展"[③]。

《"十四五"全国农业绿色发展规划》（2021）的内容可概括为"一条主线、两个时点、四个要素、五类工程、六个支撑"。绿色发展理念是贯穿《规划》通篇的主线。《规划》对标国家《"十四五"规划和2035年远景目标纲要》，提出了2025年近期目标和2035年远景目标。绿色发展要保护资源、环境、生态和产业四个要素。五类工程包括农业资源保护利用工程、农业产地环境保护治理工程、农业生态系统保护修复工程、绿色优质农产品供给提升工程和农业绿色发展科技支撑工程。六个支撑包括推进农业绿色科技创新、加快绿色适用技术推广应用、加强绿色人才队伍建设、完善法律法规约束机制、健全政府投入激励机制、建立市场价格调节机制[④]。

为了推进农业绿色发展，2018年、2019年、2021年相继有一系列政策出台，内容涉及长江经济带农业农村绿色发展、农业绿色发展技术、农

---

① 农业法律法规全书［M］. 北京：中国法制出版社，2019：122.

② 赵国彦，和大水，姚绍学主编. 河北农村统计年鉴［Z］. 北京：中国统计出版社，2019：1-6.

③ 中共中央国务院关于全面推进乡村振兴加快农业农村现代化的意见［N］. 人民日报，2021-02-22（1）.

④ 农业农村部　国家发展改革委　科技部　自然资源部　生态环境部　国家林草局关于印发《"十四五"全国农业绿色发展规划》的通知（农规发［2021］8号）［J］. 中华人民共和国农业农村部公报，2021（9）：6-20.

金书秦，林煜，栾健. 农业绿色发展有规可循——《"十四五"全国农业绿色发展规划》解读［J］. 中国发展观察，2021（21）：47-49.

业绿色发展先行先试支撑体系建设、水产养殖业绿色发展等①。

可以通过发展绿色生态农业促动共同富裕。一是发展绿色低碳循环产业，发挥木本植物固碳作用，推进秸秆等农业废弃物资源化产业化利用。二是推广绿色低碳生产方式。全域推行"肥药两制"改革，推进畜禽养殖圈舍低碳化建设和改造，减少重点种养环节碳排放。三是深入推进国家农业绿色发展先行区建设，制定实施农业领域碳达峰专项行动计划。

（2）加快农业环境突出问题治理

2016 年中央"一号文件"指出："加快农业环境突出问题治理"②。2017 年中央"一号文件"指出："集中治理农业环境突出问题"③。2018 年中央"一号文件"指出："加强农村突出环境问题综合治理"④。2020 年中央"一号文件"《关于抓好"三农"领域重点工作确保如期实现全面小康的意见》（2020）指出："治理农村生态环境突出问题"⑤。

具体包括：一是制定并实施农业环境突出问题治理总体规划。二是加大农业面源污染防治力度，实施化肥农药减量行动，加强农膜污染治理。三是加强农村水环境治理，加大农村饮用水水源保护，进行农村生态清洁小流域建设，启动农村水系综合整治试点。四是进行土壤污染状况详查，全面实施土壤污染防治行动计划，通过轮作、替代种植、休耕、退耕等多种方式进行土壤污染治理与修复；启动实施东北黑土地保护性耕作行动计划。五是大力推进畜禽粪污资源化利用。六是在长江流域重点水域实行常

---

① 相关政策文本包括《关于支持长江经济带农业农村绿色发展的实施意见》（2018）、《关于印发《农业绿色发展技术导则（2018—2030 年）的通知》（2018）、《农业农村部办公厅关于印发《农业绿色发展先行先试支撑体系建设管理办法（试行）的通知》（2019）、《农业农村部、生态环境部、自然资源部等关于加快推进水产养殖业绿色发展的若干意见》（2019）、《农业农村部关于落实党委中央、国务院 2021 年农业农村重点工作部署的实施意见》（2021）等。

② 中共中央文献研究室. 十八大以来重要文献选编（下）［M］. 北京：中央文献出版社，2018：110.

③ 中共中央文献研究室. 十八大以来重要文献选编（下）［M］. 北京：中央文献出版社，2018：534.

④ 农业法律法规全书［M］. 北京：中国法制出版社，2019：3.

⑤ 中共中央 国务院关于抓好"三农"领域重点工作确保如期实现全面小康的意见［Z］. 中华人民共和国国务院公报，2020（5）：6 – 12.

年禁捕。七是严厉禁止工业污染和城镇污染向农业农村转移。八是加强农村环境监管能力建设。九是落实县乡两级政府在农村环境保护中的主体责任。

（3）开展农村人居环境整治

2013 年中央"一号文件"指出："搞好农村垃圾、污水处理和土壤环境治理，实施乡村清洁工程，加快农村河道、水环境综合整治"①。2014 年中央"一号文件"指出："开展村庄人居环境整治"②。2015 年中央"一号文件"指出："全面推进农村人居环境整治"③。2016 年中央"一号文件"指出："开展农村人居环境整治行动和美丽宜居乡村建设"④。2017 年中央"一号文件"指出："深入开展农村人居环境治理和美丽宜居乡村建设"⑤。2018 年中央"一号文件"指出："持续改善农村人居环境"⑥。2019 年中央"一号文件"指出："抓好农村人居环境整治三年行动"⑦。2020 年中央"一号文件"指出："扎实搞好农村人居环境整治"⑧。2021 年中央"一号文件"指出："实施农村人居环境整治提升五年行动"⑨。

2014 年 5 月，国务院办公厅发布了《关于改善农村人居环境的指导意见》，这是中国首个专门针对农村人居环境建设的文件，为进一步改善

---

① 中共中央文献研究室．十八大以来重要文献选编（上）［M］．北京：中央文献出版社，2018：106．

② 中共中央文献研究室．十八大以来重要文献选编（上）［M］．北京：中央文献出版社，2018：713．

③ 中共中央文献研究室．十八大以来重要文献选编（中）［M］．北京：中央文献出版社，2018：283．

④ 中共中央文献研究室．十八大以来重要文献选编（下）［M］．北京：中央文献出版社，2018：115．

⑤ 中共中央文献研究室．十八大以来重要文献选编（下）［M］．北京：中央文献出版社，2018：539．

⑥ 农业法律法规全书［M］．北京：中国法制出版社，2019：5．

⑦ 赵国彦，和大水，姚绍学主编．河北农村统计年鉴［Z］．北京：中国统计出版社，2019：1－6．

⑧ 中共中央 国务院关于抓好"三农"领域重点工作确保如期实现全面小康的意见［Z］．中华人民共和国国务院公报，2020（5）：6－12．

⑨ 中共中央国务院关于全面推进乡村振兴加快农业农村现代化的意见［N］．人民日报，2021－02－22（1）．

农村人居环境，提出总体要求、基本原则和具体任务。农村人居环境整治包括农村环境集中连片整治、农村河塘综合整治、农村垃圾专项整治、农村污水处理和改厕、农村周边工业"三废"排放和城市生活垃圾堆放监管治理、实施农村新能源行动等。其中全面推进农村生活垃圾治理、梯次推进农村生活污水治理和村容村貌提升为主攻方向。具体而言：首先，要编制和完善县域村镇体系规划，明确建设标准明确改善的重点和时序；其次，突出重点，循序渐进地进行改善；最后，完善投入、管护和实施机制，保障农村人居环境的改善。

为了更好地推进农村人居环境整治，国家发展和改革委员会、住房和城乡建设部、水利部、中华全国供销合作总社纷纷颁布政策支持农村人居环境整治工作。2020 年，农业农村部、国家发展改革委、财政部、生态环境部、住房和城乡建设部、国家卫生健康委等部门共同展开大检查，发现问题并整改。"十四五"规划指出，要开展农村人居环境整治提升行动，解决农村生活垃圾和农村水环境等突出环境问题，农村生活垃圾做好分类管理和资源化利用，农村生活污水治理要梯次推进，农村厕所革命要因地制宜推进，村庄清洁和绿化行动要深入开展。《乡村振兴促进法》（2021）规定各级人民政府应"持续改善农村人居环境"。具体包括多元共治主体参与、综合整治农村水系、垃圾分类、污水，鼓励清洁能源，建设生态住房等。

2021 年，中共中央办公厅、国务院办公厅印发《农村人居环境整治提升五年行动方案（2021～2025 年）》（2021），对未来五年农村人居环境整治提出目标与任务。到 2025 年，"农村人居环境显著改善，生态宜居美丽乡村建设取得新进步。"具体而言：扎实推进农村厕所革命、加快推进农村生活污水治理、全面提升农村生活垃圾治理水平、推动村容村貌整体提升、建立健全长效管护机制、充分发挥农民主体作用、加大政策支持力度、强化组织保障①。

二、污染防治政策全面覆盖

（一）面向全国的综合性污染防治政策

1. 优化对全国污染防治的总体要求

党的十九大报告指出："坚持预防为主、综合治理，以解决损害群众健康突出环境问题为重点，强化水、大气、土壤等污染防治"②。这是对全国环境污染防治提出的总体要求。

《中共中央、国务院关于深入打好污染防治攻坚战的意见》（2021）明确2025年和2035年污染防治目标。2025年目标对主要污染物排放总量、单位国内生产总值二氧化碳排放等作出具体目标规定。

2. 完善污染防治的综合性规定

（1）做好污染普查

一是开展全国污染源普查。《全国污染源普查条例》（2019）规定了污染源普查的对象、范围、内容和方法，污染源普查的组织实施，数据处理和质量控制，数据发布、资料管理和开发应用，表彰和处罚等。为了开展第二次全国污染源普查，还印发了普查方案的通知，并进行了部门分工。

二是进行农业污染源普查。《全国农业污染源普查方案》（2018）对农业污染源普查目标、普查时点、对象和内容，普查技术和路线等作出规定。

（2）确保污染防治资金

一是中央财政安排主要污染物减排专项资金。中央财政安排主要污染物减排专项资金，地方安排配套资金，认真组织实施完成建设任务。

---

① 中共中央办公厅国务院办公厅印发《农村人居环境整治提升五年行动方案（2021－2025年）》[J]. 环境科学与管理，2021，46（12）：1－6.

② 彭森主编，中国改革年鉴——深改五周年（2013－2017）专卷 [Z]. 中国经济体制改革杂志社，2018：53－71.

二是开展环境污染强制责任保险试点。在《关于环境污染责任保险工作的指导意见》（2007）实施六年中，环境污染责任保险取得了积极进展。2013年，环境保护部和中国保监会联合发布《关于开展环境污染强制责任保险试点工作的指导意见》，明确试点企业范围，合理设计保险条款和保险费率，健全环境风险评估和投保程序，建立健全环境风险防范和污染事故理赔机制①。

（3）主要污染物总量减排

一是主要污染物总量减排要做好统计与监测。统计包括年报和季报，统计调查按照属地原则进行。监测包括核定污染源监测和验证成效的环境质量监测，采用自动监测与手工监测相结合的方式。二是要对主要污染物总量减排进行考核。各地区负责建立本地区统计体系、监测体系和考核体系，及时调度和动态管理主要数据、主要减排措施进展情况以及环境质量变化情况，建立主要污染物排放总量台账。

（4）排污许可制

近年来，排污许可制实施后取得初步成效。但总体看，排污许可制还存在一些缺点，表现为定位不明确、企事业单位治污责任不落实、环境保护部门依证监管不到位。为解决上述问题，2016年，国务院办公厅发布了《控制污染物排放许可制实施方案》，规定要衔接整合相关环境管理制度、规范有序发放排污许可证、严格落实企事业单位环境保护责任、加强监督管理、强化信息公开和社会监督、做好排污许可制实施保障②。2017年，环境保护部（已撤销）发布了《固定污染源排污许可分类管理名录》，两年后生态环境部发布了2019版，2017年版废止。为着力解决环评与排污许可工作中存在的突出问题，充分发挥环评制度源头预防和排污许可固定污染源核心管理制度优势，出台《环评与排污许可监管行动计划（2021~2023年）》（2020）。生态环境部还颁布了2021年度环评与排污

---

①　杨明森主编. 中国环境年鉴［Z］. 北京：中国环境年鉴社，2014：312.
②　李瑞农主编. 中国环境年鉴［Z］. 北京：中国环境年鉴社，2017：162-165.

许可监管工作方案。2021 年，《排污许可管理条例》开始实施，该条例对管理部门、申请与审批、排污管理、监督检查、法律责任等作出规定。

（5）环境污染第三方治理

《国务院办公厅关于推行环境污染第三方治理的意见》（2014）是推行第三方治理的总的政策文件。它强调环境污染第三方治理坚持排污者付费、市场化运作和政府引导推动的原则。在推进过程中，环境公用设施投资和运营应市场化，应进行企业第三方治理机制创新，应健全第三方治理市场，政府应强化政策引导和支持并加强组织实施①。

为进一步推进环境污染第三方治理，发布了环境污染第三方治理合同，规定从事污染防治的第三方企业减按 15% 的税率征收企业所得税。并就在燃煤电厂推行环境污染第三方治理工作提出指导意见。

（6）深入开展污染防治行动，依法打好污染防治攻坚战

坚持源头防治、综合施策，强化多污染物协同控制和区域协同治理。加强城市大气污染协同治理、完善水污染防治流域协同机制、实施水土环境风险协同防控、加强塑料污染全链条防治和环境噪声污染治理、重视新污染物治理②。

2020 年，国务院对 2020 年度环境状况和环境保护目标完成情况、依法打好污染防治攻坚战工作情况进行总结，指出该年加强了生态环境立法和督察执法，统筹做好疫情防控和经济社会发展生态环保工作，坚决打赢蓝天、碧水、净土保卫战，大力推进生态保护修复等工作。

（7）清洁生产

《"十四五"全国清洁生产推行方案》（2021）通过推动农业生产投入品减量、提升农业生产过程清洁化水平、加强农业废弃物资源化利用，到

---

① 国务院办公厅关于推行环境污染第三方治理的意见．魏晋渝总编．中国水泥年鉴［Z］．北京：中国水泥协会出版社，2015：131 - 132.

② 中华人民共和国国民经济和社会发展第十四个五年规划和2035 年远景目标纲要［N］．人民日报，2021 - 03 - 13（1）.

2025 年，达到农业清洁生产目标①。

3. 优化污染防治的具体政策

（1）大气污染防治

《大气污染防治行动计划》（2013）指出，加大综合治理力度，减少多污染物排放；调整优化产业结构，推动产业转型升级等十项任务。

具体制度包括：一是对大气污染防治行动计划实施情况考核。包括对空气质量改善目标和防治重点任务完成情况的考核。

二是大气污染防治资金。大气污染专项资金管理遵循突出重点、精准施策、结果导向的原则。生态环境部会同相关业务主管部门负责提出专项资金的年度安排建议；财政部根据年度预算规模和年度安排建议，统筹确定专项资金安排方案；省级财政部门负责本省大气污染防治资金的筹集、分配、拨付及项目的绩效评价，并与环境保护部门建立健全监管制度。对于截留、挪用、骗取专项资金以及其他违法使用专项资金行为，依照国家有关规定进行处理②。

三是大气污染防治技术。具体包括环境空气细颗粒物污染综合防治技术政策、大气污染防治先进技术汇编、大气污染防治工业行业清洁生产技术等。

四是重污染天气应急管理。《关于加强重污染天气应急管理工作的指导意见》（2013）和《关于加强重污染天气应急预案编修工作的函》（2014）对重污染天气应急管理工作作出规定。具体包括加强组织领导、高度重视、明确定位、快速反应、积极行动、因地制宜、严格考核、依法公开等。

五是名录目录。包括高污染燃料目录和有毒有害大气污染物名录。

六是加强区域大气污染治理。《国务院关于重点区域大气污染防治

---

① 十部门联合印发《"十四五"全国清洁生产推行方案》[J]. 中国有色金属，2021（23）：24.

② 财政部　生态环境部关于印发《大气污染防治资金管理办法》的通知. 刘兴焉总编. 中国财政年鉴 [Z]. 北京：中国财政杂志社，2019：609 - 610.

"十二五"规划的批复》（2012）原则同意《重点区域大气污染防治"十二五"规划》，要求重点区域的大气污染防治工作要以解决二氧化硫、氮氧化物、细颗粒物（PM2.5）等污染问题为重点，严格控制主要污染物排放总量，实施多污染物协同控制，强化多污染源综合管理，着力推进区域大气污染联防联控，切实改善大气环境质量；明确2015年重点区域大气污染防治具体目标；明确作为重点区域实施责任主体的各省（区、市）人民政府的任务与做法。具体重点区域治理行动包括京津冀及周边地区落实大气污染防治行动计划，京津冀及周边地区、长三角地区、珠三角地区重点行业大气污染限期治理，汾渭平原、长三角地区、京津冀及周边地区秋冬季大气污染综合治理攻坚行动。

七是执法情况。执法需要落实政府责任，全社会参与；出台配套政策，加大资金支持；健全协作机制；严格监督管理；加强科技研发支撑。

（2）水污染防治

2015年中央"一号文件"指出："加大水污染防治"①。2019年中央"一号文件"指出："推进农村水环境治理"②。《水污染防治行动计划》（2015）指出，全面控制污染物排放、推动经济结构转型升级、着力节约保护水资源等十项任务。

具体防治工作包括：

①资金管理。一是主要靠中央财政安排资金。水污染防治专项资金由中央财政安排，由财政部会同环境保护部负责管理；主要用于水污染防治和水生态保护；主要采取因素法、竞争性等方式分配，采用奖励等方式予以支持③。水体污染控制与治理科技重大专项资金也由中央财政安排，主

---

① 中共中央文献研究室. 十八大以来重要文献选编（中）［M］. 北京：中央文献出版社，2018：277.

② 赵国彦，和大水，姚绍学主编. 河北农村统计年鉴［Z］. 北京：中国统计出版社，2019：1－6.

③ 水污染防治专项资金管理办法. 张勇主编. 中国循环经济年鉴［Z］. 北京：冶金工业出版社，2016：167－168.

要采取前补助、后补助等方式①。二是大力推广运用政府和社会资本合作（PPP）模式。为此，要完善制度规范，优化机制设计；转变供给方式，改进管理模式；推进水污染防治，提高水环境质量。要坚持存量为主、因地制宜和突出重点的原则。要明晰项目边界、健全回报机制、规范操作流程。给予市场环境建设、资金支持、融资支持、配套措施等保障支持②。三是建立重点流域污水处理长效机制。如按照"污染付费、公平负担、补偿成本、合理盈利"的原则，完善长江经济带污水处理成本分担机制、激励约束机制和收费标准动态调整机制③。

②流域水污染防治。

一是做好重点流域水污染防治规划。《全国重点流域水污染防治规划（2011～2015年)》（2012）提出加强饮用水水源保护、提高工业污染防治水平、系统提升城镇污水处理水平、积极推进环境综合整治与生态建设、加强近岸海域污染防治、提升流域风险防范水平等六项主要任务。《重点流域水污染防治规划（2016～2020年)》（2017）明确工业污染防治、城镇生活污染防治、农业农村污染防治，流域水生态保护，饮用水水源环境安全保障等规划重点任务。《重点流域水污染防治专项规划实施情况考核指标解释》（2012）规定考核断面水质达标率、项目完成率、扣分项等。具体流域规划包括丹江口库区及上游水污染防治和水土保持"十二五"规划实施考核、丹江口库区及上游水污染防治和水土保持"十三五"规划、丹江口库区及上游水污染防治和水土保持"十三五"规划、洞庭湖水环境综合治理规划等。

二是做好项目管理。《重点流域水污染防治项目管理暂行办法》（2014）对资金来源直接下达投资项目的审核和申报，切块下达投资项目的审核和

---

① 住房和城乡建设部．水体污染控制与治理科技重大专项资金管理实施细则 ［EB/OL］. http：//www. mohurd. gov. cn/wjfb/201305/t20130523_213807. html，2020 – 08 – 04.

② 关于推进水污染防治领域社会资本合作的实施意见张勇主编．中国循环经济年鉴 ［Z］. 北京：冶金工业出版社，2016：226 – 228.

③ 五部委完善污水处理收费机制　推动长江经济带水污染防治和绿色发展 ［J］. 资源节约与环保，2020（4）：1.

申报，投资计划下达和调整，项目实施和管理，项目监督检查，项目违规处罚等作出规定。

三是做好流域污染防控。生态环境部和水利部通过建立协作制度、加强研判预警、科学拦污控污、强化信息通报、实施联合监测、协同污染处置、做好纠纷调处、落实基础保障，建立起跨省流域上下游突发水污染事件联防联控机制①。具体行动包括加强长江黄金水道环境污染防控治理和加强丹江口水库及上游尾矿库安全监管及水污染防治工作。

③地下水污染防治。一是明确主要任务。保障地下水型饮用水源环境安全，建立健全法规和标准规范体系，建立地下水环境监测体系，加强地下水污染协同防治，以落实《水十条》任务及试点示范为抓手推进重点污染源风险防控。二是提出保障措施。加强组织领导，加大资金投入，强化科技支撑，加大科普宣传，落实地下水生态环境保护和监督管理责任②。

④其他污染防治规定。一是船舶移动污染。建立完善船舶水污染物转移处置联合监管制度：因地制宜，分类施策；问题导向，链条管理；创新推进，信息共享；做好渤海渔港环境综合整治和渔船污染防治。二是水污染防治技术。包括先进水污染治理技术、江河入海污染物总量监测与评估技术等。三是突发水污染事件应对。四是有毒有害水污染物名录。

（3）固体废物污染防治

此阶段的《固体废物污染环境防治法》经过四次修正。

《固体废物污染环境防治法》（2016）规定：一是环境标准。包括国家固体废物污染环境防治技术标准，建设工业固体废物贮存、处置的设施、场所的环境保护标准。二是固体废物污染环境监测制度。三是环境影

---

① 生态环境部. 生态环境部 水利部关于建立跨省流域上下游突发水污染事件联防联控机制的指导意见［EB/OL］. http：//www. mee. gov. cn/xxgk2018/xxgk/xxgk03/202001/t20200121_760665. html，2021/3/11.

② 生态环境部. 关于印发地下水污染防治实施方案的通知［EB/OL］. http：//www. mee. gov. cn/xxgk2018/xxgk/xxgk03/201904/t20190401_698148. html，2020/8/4.

响评价制度。四是目录名录制度，如禁止进口、限制进口和非限制进口的固体废物目录、国家危险废物名录。五是工业固体废物申报登记制度。六是危险废物排污费制度。七是许可证制度，如从事收集、贮存、处置危险废物经营活动的单位和从事利用危险废物经营活动的单位需申请领取经营许可证。八是危险废物转移联单制度。九是法律责任①。

《固体废物污染环境防治法》（2020）进行了较大的修订：一是第三条明确提出："国家推行绿色发展方式，促进清洁生产和循环经济发展。国家倡导简约适度、绿色低碳的生活方式，引导公众积极参与固体废物污染环境防治。"将固体废物减量化主要思路由末端治理转向生产和消费端的低碳环保绿色行为。二是落实政府的固体废物治理和监管责任。实行目标责任制和考核评价制、推行跨行政区域的联防联控机制、建立信息化监管体系、健全固体废物污染防治领域的信用记录制度、明确固体废物零进口的原则。三是强化产生者的固体废物处理处置责任。产生工业固体废物的单位需执行排污许可管理制度；电器电子、铅蓄电池、车用动力电池等产品的生产者应落实责任延伸制度。四是突出违法者需要承担的法律责任，加大了惩戒力度。补充完善查封扣押措施；新增按日连续处罚；对企业和负责人实行双处罚；严厉打击环境犯罪。五是统筹推进各类固体废物综合治理。推行生活垃圾分类制度；建立建筑垃圾分类处理、全过程管理制度；针对农业固体废物，分类建设回收利用体系，加强监督管理，防止污染环境。六是工业危险废物全过程管理要求②。

其他具体政策涉及危险废物污染防治、遏制固体废物非法转移和倾倒进一步加强危险废物全过程监管、废弃电器电子产品拆解处理情况审核、核安全与放射性污染防治等。

---

① 固体废物污染环境防治法（2016）. 时光慧（中文版）主编. 中华人民共和国年鉴［Z］. 北京：中华人民共和国年鉴社，2017：855 - 859.

② 中华人民共和国固体废物污染环境防治法［J］. 中华人民共和国全国人民代表大会常务委员会公报，2020（2）：414 - 430.

（4）海洋污染防治

一是重点海域排污总量控制制度。二是监督管理制度。三是全国海洋功能区划制度。四是全国海洋环境保护规划和重点海域区域性海洋环境保护规划。五是环境标准。六是环境影响评价制度。七是环境税费制度。八是环境监测、监视信息管理制度。九是污染事故应急计划制度。十是海上联合执法制度。十一是海洋自然保护区制度。十二是海洋生态保护补偿制度。十三是许可证制度。十四是废弃物分级管理制度。十五是船舶油污保险、油污损害赔偿基金制度。十六是法律责任①。

在农村环境污染防治方面，《海洋环境保护法》（2016）第三十七条规定，沿海农田、林场施用化学农药，必须执行国家相关规定和标准。

（5）噪声污染防治

《中华人民共和国噪声污染防治法》（以下简称《噪声污染防治法》）（2021）对目的、适用范围、管理部门及职责，噪声污染防治标准和规划，噪声污染防治的监督管理，工业、建筑施工、交通运输和社会生活噪声污染防治，法律责任等作出规定。

（二）农村污染防治政策内容

1. 优化农村环境污染防治的总体要求

党的十九大报告也对农村污染防治提出要求，指出要"加强农业面源污染防治，开展农村人居环境整治行动"②。

2012 年中央"一号文件"指出："推进农业清洁生产，引导农民合理使用化肥农药，加强农村沼气工程和小水电代燃料生态保护工程建设，加快农业面源污染治理和农村污水、垃圾处理，改善农村人居环境"③。

---

① 海洋环境保护法（2016）．石青峰主编．中国海洋年鉴［Z］．北京：海洋出版社，2017：30 - 39.

② 彭森主编，中国改革年鉴——深改五周年（2013 - 2017）专卷［Z］．中国经济体制改革杂志社，2018：53 - 71.

③ 农业法律法规全书［M］．北京：中国法制出版社，2019：38.

2019 年中央"一号文件"指出："加强农村污染治理。……加大农业面源污染治理力度，开展农业节肥节药行动，实现化肥农药使用量负增长"①。

《环境保护法》（2014）第四十九条规定各级人民政府及其农业等有关部门和机构的职责；明确了农村环境保护的重点，包括农业生产环境污染防治和生活环境污染防治。《"十三五"生态环境保护规划》（2016）指出："大力推进畜禽养殖污染防治；打好农业面源污染治理攻坚战；强化秸秆综合利用与禁烧"②。

《关于印发农业农村污染治理攻坚战行动计划的通知》（2018）是农业农村污染治理的专门性文件。它提出了农业农村污染治理攻坚战行动的总体要求。明确了其主要任务：加强农村饮用水水源保护，加快推进农村生活垃圾污水治理，着力解决养殖业污染，有效防控种植业污染，提升农业农村环境监管能力。制定了保障措施：加强组织领导，完善经济政策，加强村民自治，培育市场主体，加大投入力度，强化监督工作③。

2. 本阶段农村污染防治的重点内容

本阶段农村污染防治的重点内容是土壤污染防治、农业面源污染防治和农村人居环境污染防治。

（1）土壤污染防治

《"十三五"生态环境保护规划》（2016）指出："分类防治土壤环境污染"④。

《土壤污染防治法》（2018）规定：一是土壤污染防治目标责任制和考核评价制度；二是监督管理制度；三是土壤环境信息共享机制；四是土壤污染防治规划制度；五是土壤污染风险管控标准；六是土壤污染状况普查制度；七是土壤环境监测制度；八是环境影响评价制度；九是目录名录制度；十是土壤污染风险管控和修复制度；十一是农用地分类管理制度；

---

① 赵国彦，和大水，姚绍学主编. 河北农村统计年鉴［Z］. 北京：中国统计出版社，2019：1－6.

②④　刘燕华，孟赤兵主编. 中国低碳年鉴［Z］. 北京：冶金工业出版社，2017：201－224.

③　李瑞农主编. 中国环境年鉴［Z］. 北京：中国环境年鉴社，2019：219－221.

十二是土壤污染防治的财政、税收、价格、金融等经济政策和措施；十三是法律责任①。在该法中，大量篇幅体现出对农村土壤污染防治的重视。从词频看，"农业""农村"或"农业农村部"出现过四十多次；从词条内容看，在主管部门、第三章的二十六条到三十条、第四章第三节对农药、化肥、农膜、农田灌溉用水、农用田等的监督管理作出了具体规定。

《土壤污染防治行动计划》（2016）首先明确了总体要求、工作目标、主要指标，接着指出了十项具体行动计划。《土壤污染防治专项资金管理办法》（2016，2020）、《土壤污染防治基金管理办法》（2021）为土壤污染防治提供了资金保障。《污染地块土壤环境管理办法》（2016）和《土壤污染防治行动计划实施情况评估考核规定（试行）》（2018）进一步保证了土壤污染防治顺利实施。《农用地土壤污染责任人认定暂行办法》（2021）则对农用地土壤污染责任人不明确或者存在争议时的土壤污染责任人的认定作出规定。《乡村振兴促进法》（2021）规定禁止向农用地排放重金属等含量超标的污水、污泥，以及可能造成土壤污染的清淤底泥等；禁止将有毒有害废物用作肥料或者用于造田和土地复垦②。

（2）农业面源污染防治

①农业面源污染防治的总体要求。2013 年中央一号文件指出："强化农业生产过程环境监测，严格农业投入品生产经营使用管理，积极开展农业面源污染和畜禽养殖污染防治"③。2014 年中央一号文件指出："加大农业面源污染防治力度"④。2015 年中央"一号文件"指出："加强农业面源污染治理"⑤。2018 年中央"一号文件"指出："加强农业面源污染防治，开展

① 王妍妍，时光慧主编. 中华人民共和国年鉴［Z］. 北京：新华出版社，2019：810－815.
② 中华人民共和国乡村振兴促进法［N］. 农民日报，2021－04－30（2）.
③ 中共中央文献研究室. 十八大以来重要文献选编（上）［M］. 北京：中央文献出版社，2018：97.
④ 中共中央文献研究室. 十八大以来重要文献选编（上）［M］. 北京：中央文献出版社，2018：708.
⑤ 中共中央文献研究室. 十八大以来重要文献选编（中）［M］. 北京：中央文献出版社，2018：277.

农业绿色发展行动"[1]。

《重点流域水污染防治规划(2016~2020年)》(2017)指出农业农村污染防治包括:一是加强养殖污染防治。优化畜禽养殖空间布局,推进畜禽养殖粪便资源化利用和污染治理,控制水产养殖污染。二是推进农业面源污染治理。大力发展现代生态循环农业,合理施用化肥、农药。三是开展农村环境综合整治。推进农村污水垃圾处理设施建设,加强垃圾分类资源化利用[2]。

《乡村振兴促进法》(2021)规定"各级人民政府应当采取措施加强农业面源污染防治……"[3] 还对农药等农业投入品实行严格管理作出规定。

②综合性农业面源污染防治政策。

一是成立"农业部农业面源污染防治推进工作组"。

二是做好专项投资预算(拨款)。如财政部下达2021年长江经济带和黄河流域农业面源污染治理项目中央基建投资预算(拨款)。

三是做好防治攻坚战重点工作。具体实施"七个行动":推进化肥农药使用量零增长行动、养殖粪污综合治理行动、果菜茶有机肥替代化肥行动、秸秆综合利用行动、地膜综合利用行动、农业面源污染防治技术推广行动、农业绿色发展宣传行动[4]。

四是做好流域农业面源污染治理。《关于加快推进长江经济带农业面源污染治理的指导意见》(2018)指出,要明确重点任务、加强政策支持、强化保障措施。《重点流域农业面源污染综合治理示范工程建设规划(2016~2020)》(2017)提出"十三五"期间以"一控两减三基本"为

---

① 中共中央 国务院关于实施乡村振兴战略的意见. 宁启文,胡乐鸣主编,中国农业年鉴[Z]. 北京:中国农业出版社,2018,3-10.

② 刘燕华,孟赤兵主编. 中国低碳循环年鉴[M]. 北京:冶金工业出版社,2018:398-404.

③ 中华人民共和国乡村振兴促进法[N]. 农民日报,2021-04-30(2).

④ 农业部部署2017年农业面源污染防治攻坚重点工作[J]. 中国农技推广,2017,33(3):28.

目标，在洞庭湖、鄱阳湖、太湖等重点流域，选择农业环境问题突出、代表性强的小流域，加大源头控制，实施农业面源污染综合治理工程建设，到 2020 年，建成一批综合示范区。在"十四五"规划中也专门提到推动长江全流域按单元精细化分区管控，实施农业面源污染治理等工程。

五是规定了农药等行业标准。如 2020 年发布《绿色食品农药使用准则》等 75 项农业行业标准。

六是加强农业面源污染治理与监督指导。主要任务包括：深入推进农业面源污染防治，抓好重点区域农业面源污染治理，建立农业面源污染防治技术库；完善农业面源污染防治政策机制，健全法律法规制度，完善农业面源污染防治与监督监测相关标准体系，优化经济政策，建立多元共治模式；开展农业污染源调查监测，评估其环境影响，加强长期观测，建设监管平台①。

③做好养殖污染防治。《畜禽规模养殖污染防治条例》（2013）为农村的畜禽养殖与环境保护提供了相互促进和相互制约的法律依据，也标志着畜禽养殖污染控制的政策目标从单纯的污染控制目标向促进畜禽养殖业健康发展、推动化肥减量使用，实现种植与养殖业可持续发展等综合目标方向转变，具有十分深远的意义②。

《全国畜禽养殖防治"十二五"规划（2011～2015）》（2012）指出畜禽养殖污染防治重点区域和重点单元，主要任务为完善政策和标准、推进污染减排工作、强化分区分类管理和源头控制、开展防治技术示范和推广、加强环境监管基础能力建设③。2016 年，环境保护部和农业部指出首先要充分认识加强畜禽养殖污染防治的重要性，然后做到全面摸清综合利用和污染防治状况、着力加强规划引导、严格落实环境影响评价制度、大

① 农业面源污染治理与监督指导实施方案（试行）[J]. 资源节约与环保，2021（4）：8 - 9.

② 金书秦，韩冬梅，吴娜伟. 中国畜禽养殖污染防治政策评估 [J]. 农业经济问题，2018（3）：119 - 126.

③ 农业农村部. 全国畜禽养殖防治"十二五"规划（2011 - 2015）[EB/OL]. http://www. caiwu. moa. gov. cn/trzgl/201906/t20190625_6319187. htm，2020/8/4.

力推进废弃物综合利用、全面加强环保执法监管、努力做好病死畜禽无害化处理、积极完善扶持政策、大力强化科技支撑、切实加强组织领导。

2020 年，农业农村部实施包括生态健康养殖模式推广行动、养殖尾水治理模式推广行动、水产养殖用药减量行动、配合饲料替代幼杂鱼行动和水产种业质量提升行动等的水产绿色健康养殖"五大行动"。要求提高思想认识，明确行动工作目标；加强统筹协调，细化行动职责分工；完善保障措施，督促行动落实落地。

④做好种植污染防治。

其一农药污染防治。《农药管理条例》（2017）规定：一是提高了农药的登记门槛，实行农药登记制度，取消了农药临时登记；二是实行农药生产和经营许可制度，让农药生产经营者承担农药安全性、有效性的责任；三是实行农药减量计划，鼓励农户在种植过程中尽量减少使用农药剂量；四是建立农药使用记录制度，严格管控农药的整个流程；五是建立农药召回制度及对农药废弃物的处理制度；六是对农药的使用采取了分级负责制，严格监督管理农药使用情况；七是加大了对农药违法生产经营的处罚力度①。《国务院办公厅关于进一步加强农药兽药管理保障食品安全的通知》（2017）、《农药登记试验质量管理规范》（2017）、《关于加强农药监督管理的通知》（2018）、《2019 年动物及动物产品兽药残留监控计划》（2019）、《农药包装废弃物回收处理管理办法》（2020）、《农业农村部农药管理司关于推进实施农药登记审批绿色通道管理措施的通知》（2020）等政策的出台保障了相关部门对农药登记审批、登记试验备案管理、生产、经营、使用、回收和监督管理政策的顺利实施。

其二化肥污染防治。《开展果菜茶有机肥替代化肥行动方案》（2017）规定重点任务为：提升种植与养殖结合水平；提升有机肥施用技术与配套设施水平；提升标准化生产与品牌创建水平；提升主体培育与绿色产品供给水平。保障措施为：加强组织领导；强化政策扶持；加强技术指导；创

---

① 伍晓梅主编. 中国法律年鉴［Z］. 北京：中国法律年鉴社，2018：456－463.

新服务机制；强化监督监测；搞好宣传引导①。《关于加强固定污染源氮磷污染防治的通知》（2018）规定：一是高度重视固定污染源氮磷污染防治，二是全面推进固定污染源氮磷达标排放，三是实施重点流域重点行业氮磷排放总量控制，四是加强固定污染源氮磷排放执法监管②。为加快推广有机肥替代化肥技术模式，普及科学施肥技术，提高肥料使用效率，促进有机肥施用到田，农业农村部出台《2020年果菜茶有机肥替代化肥技术指导意见》（2020）。为加强春耕选肥、施肥等环节全程技术指导，普及科学施肥技术，降低用肥成本，实现合理用肥、高效施肥，农业农村部制定了《2021年春季主要农作物科学施肥指导意见》。

其三农膜污染防治。《关于加快推进农用地膜污染防治的意见》（2019）指出：完善农田地膜污染防治制度建设，做好农田地膜污染防治工作落实，加强农田地膜污染防治政策保障③。《国家发展改革委、生态环境部关于进一步加强塑料污染治理的意见》（2020）指出：要建立健全废旧农膜回收体系；要推进农田残留地膜、农药化肥塑料包装等清理整治工作，逐步降低农田残留地膜量④。《农业农村部办公厅关于肥料包装废弃物回收处理的指导意见》（2020）指出：坚持统筹推进，与农药包装废弃物回收处理等工作统筹考虑、协同推进；坚持分类处置。根据肥料包装物的功能、材质和再利用价值，采取适宜回收方式；坚持分级负责。落实中央部署，省负总责，市县、乡镇抓落实，肥料生产者、销售者、使用者履行主体责任和回收义务的分级负责制；坚持多方参与，完善农业补贴制度，发

---

① 农业部关于印发《开展果菜茶有机肥替代化肥行动方案》的通知 [Z]. 中华人民共和国农业部公报，2017（2）：36-40.

② 李瑞农主编. 中国环境年鉴 [Z]. 北京：中国环境年鉴社，2019：204-205.

③ 农业农村部 国家发展改革委 工业和信息化部 财政部 生态环境部 国家市场监督管理总局关于加快推进农用地膜污染防治的意见 [Z]. 中华人民共和国农业农村部公报，2019（7）：10-12.

④ 国家发展改革委 生态环境部关于进一步加强塑料污染治理的意见 [J]. 再生资源与循环经济，2020，13（2）：1-2.

挥市场作用①。通过政策引导、示范引领、分类推进，使供销合作社要在推进标准化农膜使用、废旧农膜治理和促进农业绿色发展等方面发挥积极作用。

其四秸秆焚烧污染防治。2015 年，连续多个文件通报了该年某些时间段秸秆焚烧火点卫星巡查监测情况，并提出下一步工作建议。《东北地区秸秆处理行动方案》（2017）指出开展东北地区秸秆处理行动的重点任务。

（3）农村人居环境污染防治

其一农村生活污水防治。《中央农村工作领导小组办公室、农业农村部、生态环境部等关于推进农村生活污水治理的指导意见》（2019）提出总体要求："以习近平新时代中国特色社会主义思想为指导，按照'因地制宜、尊重习惯，应治尽治、利用为先，就地就近、生态循环，梯次推进、建管并重，发动农户、效果长远'的基本思路，'善作善成、久久为功，走出一条具有中国特色的农村生活污水治理之路。'②"《关于印发〈农村生活污水处理项目建设与投资指南〉等 4 项文件的公告》（2013）、《关于加快制定地方农村生活污水处理排放标准的通知》（2018）就农村生活污水处理项目建设与投资、排放标准作出规定。

其二农村生活垃圾污染防治。2019 年，住房和城乡建设部对建立健全农村生活垃圾收集、转运和处置体系提出总体要求："以补足设施短板、构建长效机制为重点，落实地方政府主体责任，强化日常管理，广泛动员群众，统筹县（市、区、旗）、乡镇、村三级设施和服务，建立健全收运处置体系，推动农村地区环境卫生水平提升，为农村地区全面建成小康社会、实现乡村全面振兴提供良好的环境支撑"③。

---

① 农业农村部办公厅关于肥料包装废弃物回收处理的指导意见 [J]. 再生资源与循环经济，2020，13（2）：3 - 4.

② 中央农村工作领导小组办公室 农业农村部 生态环境部 住房城乡建设部 水利部 科技部 国家发展改革委 财政部 银保监会关于推进农村生活污水治理的指导意见 [Z]. 中华人民共和国农业农村部公报，2019（7）：6 - 9.

③ 住房和城乡建设部. 住房和城乡建设部关于建立健全农村生活垃圾收集、转运和处置体系的指导意见 [EB/OL]. http：//www. mohurd. gov. cn/wjfb/201910/t20191024 _ 242376. html，2020/8/4.

其三厕所革命。《财政部、农业农村部关于开展农村"厕所革命"整村推进财政奖补工作的通知》（2019）指出："一是奖补原则。整村推进、逐步覆盖，农民主体、政府引导，地方为主、中央支持，区域统筹、差别补助。二是奖补程序。数据报送与审核，资金分配与下达，资金使用范围，奖补方案报送。三是有关要求。落实投入责任，加强政策衔接，重视数据管理，建立公示制度，加强绩效管理，强化资金监管"①。《农业农村部、国家卫生健康委、市场监管总局关于进一步提高农村改厕工作实效的通知》（2020）指出，在坚持严把改厕"十关"的基础上，进一步抓好以下几方面工作：充分尊重农民意愿，找准适用技术模式，严格执行标准规范，公开透明实施奖补工作，建立健全运行维护机制②。同年，三部门还发布关于推进农村户用厕所标准体系建设的指导意见。为进一步做好农村改厕工作，农业农村部、国家卫生健康委、生态环境部组织制定了《农村厕所粪污无害化处理与资源化利用指南》（2020）并遴选了9种农村厕所粪污处理及资源化利用典型模式。同年，农业农村部成立了农业农村部农村厕所建设与管护标准化技术委员会。

（4）其他污染防治规定

其一农村大气污染防治技术政策。《环境空气细颗粒物污染综合防治技术政策》（2013）中防治农业污染的技术政策包括：一是采用"留茬免耕、秸秆覆盖"等保护性耕作措施，尽可能地减少翻耕对土壤的扰动，防治土壤侵蚀和起尘；二是在处理农作物秸秆等农业废弃物时，减少露天焚烧，采取碎后还田等资源化利用措施进行处理；三是加强对施用肥料的技术指导，科学合理地施肥，鼓励采用有机肥；四是加强对规模化畜禽养殖

---

① 财政部　农业农村部关于开展农村"厕所革命"整村推进财政奖补工作的通知［Z］. 中华人民共和国财政部文告，2019（4）：23 - 25.

② 农业农村部　国家卫生健康委　市场监管总局关于进一步提高农村改厕工作实效的通知［Z］. 中华人民共和国农业农村部公报，2020（7）：15 - 16.

污染防治的监管，推广先进养殖技术和污染治理技术①。

其二农村固体废物污染防治。《固体废物污染环境防治法》（2016）第十九条第二款和第二十条对农膜、畜禽规模养殖、秸秆焚烧等引起的污染作出规定。第三十八条明确了县级以上人民政府应该统筹安排建设城乡生活垃圾收集、运输、处置设施，建立和完善相关社会服务体系。但是，上述规定均比较宏观。而第四十九条规定则规定农村生活垃圾污染环境防治的具体办法由地方性法规规定。《固体废物污染环境防治法》（2020）对政府在农村固体废物污染防治方面的责任有了比较明确的规定。第四十六条规定"地方各级人民政府应当加强农村生活垃圾污染环境的防治，保护和改善农村人居环境。国家鼓励农村生活垃圾源头减量。城乡接合部、人口密集的农村地区和其他有条件的地方，应当建立城乡一体的生活垃圾管理系统；其他农村地区应当积极探索生活垃圾管理模式，因地制宜，就近就地利用或者妥善处理生活垃圾。"第六十四条规定"县级以上人民政府农业农村主管部门负责指导农业固体废物回收利用体系建设，鼓励和引导有关单位和其他生产经营者依法收集、贮存、运输、利用、处置农业固体废物，加强监督管理，防止污染环境"②。《农业农村部关于贯彻实施〈中华人民共和国固体废物污染环境防治法〉的意见》（2021）认为一些地区农业面源污染严重，农业固体废物防治短板依然突出，给乡村生态环境治理和农业高质量发展造成较大压力。需要加快推进畜禽粪污资源化利用、秸秆综合利用、地膜回收利用、农药包装废弃物无害化处置等任务③。

---

① 郭薇. 改善环境质量　保障人体健康［N］. 中国环境报，2013 – 09 – 30（2）.

② 中华人民共和国固体废物污染环境防治法［J］. 中华人民共和国全国人民代表大会常务委员会公报，2020（2）：414 – 430.

③ 农业农村部关于贯彻实施《中华人民共和国固体废物污染环境防治法》的意见［J］. 中华人民共和国农业农村部公报，2021（9）：51 – 53.

三、自然资源保护政策基本稳定

（一）本阶段自然资源保护政策的总体要求

1. 优化自然资源保护的总体目标

党的十八大报告（2012）强调"全面促进资源节约""加大自然生态系统和环境保护力度"①。党的十九大报告（2017）指出："加大生态系统保护力度"②。

2018年中央"一号文件"指出："统筹山水林田湖草系统治理"③。"把山水林田湖草作为一个生命共同体，进行统一保护、统一修复。实施重要生态系统保护和修复工程"④。《中共中央、国务院关于深入推进农业供给侧结构性改革加快培育农业农村发展新动能的若干意见》（2016）指出："加强重大生态工程建设。推进山水林田湖整体保护、系统修复、综合治理，加快构建国家生态安全屏障"⑤。

"十三五"规划指出"加快建设主体功能区""推进资源节约集约利用"和"加强生态保护修复"⑥。"十四五"规划指出"提升生态系统质量和稳定性"⑦。具体要求包括：完善生态安全屏障体系、构建自然保护地体系、健全生态保护补偿机制。

---

① 中共中央文献研究室．十八大以来重要文献选编（上）［M］．北京：中央文献出版社，2018：31.

② 彭森主编．中国改革年鉴——深改五周年（2013－2017）专卷［Z］．中国经济体制改革杂志社，2018：53－71.

③④ 农业法律法规全书［M］．北京：中国法制出版社，2019：3.

⑤ 宁启文，胡乐鸣主编．中国农业年鉴［Z］．北京：中国农业出版社，2017：2－7.

⑥ 国民经济和社会发展第十三个五年规划纲要［M］．北京：人民出版社，2016：103，106，114.

⑦ 中华人民共和国国民经济和社会发展第十四个五年规划和2035年远景目标纲要［N］．人民日报，2021－03－13（1）.

2. 提出农业资源保护的基本要求

2014 年中央"一号文件"指出："开展农业资源休养生息试点"①。2016 年中央"一号文件"指出："加强农业资源保护和高效利用"②。"加强农业生态保护和修复。实施山水林田湖生态保护和修复工程，进行整体保护、系统修复、综合治理"③。

（二）自然资源保护政策的综合规定

1. 进一步加强资金保障

一是开征环境资源税。2019 年《中华人民共和国资源税法》（以下简称《资源税法》）颁布，它对应税资源的具体范围，资源税的税目、税率、方式，免征资源税情形等作出规定。实现了形式上和内容上的资源税税收法定；相较于《资源税暂行条例》（2011），资源税调节范围扩大，具体税率确定权得以下放，调整了中央与地方税收优惠对象范围，简化合并征收期限，水资源税改革法制化④。这既有助于解决因资源定价偏低而滋生资源浪费和破坏的现实问题，也有助于解决平衡自然资源的稀缺与人类社会发展对自然资源需求量与日俱增的矛盾。

二是在自然资源领域进行中央与地方财政事权和支出责任划分，建立权责清晰、财力协调、区域均衡的中央和地方财政关系，形成稳定的各级政府事权、支出责任和财力相适应的制度。

三是保障农业资源及生态保护资金。2012 年中央"一号文件"要求"扩大森林保险保费补贴试点范围，扶持发展渔业互助保险"⑤。《农业资

---

① 中共中央文献研究室. 十八大以来重要文献选编（上）[M]. 北京：中央文献出版社，2018：708.

② 中共中央文献研究室. 十八大以来重要文献选编（下）[M]. 北京：中央文献出版社，2018：109.

③ 中共中央文献研究室. 十八大以来重要文献选编（下）[M]. 北京：中央文献出版社，2018：110.

④ 资源税法 [J]. 中华海洋法学评论，2019（3）：186 – 191.

⑤ 农业法律法规全书 [M]. 北京：中国法制出版社，2019：36.

源及生态保护补助资金管理办法》（2017）规定：农业资源及生态保护补助资金主要用于耕地质量提升，草原禁牧补助与草畜平衡奖励（直接发放给农牧民，下同），草原生态修复治理，渔业资源保护等支出方向；农业资源及生态保护补助资金主要按照因素法进行分配，实行"大专项＋任务清单"管理方式；各级财政、农业主管部门进行监督检查，资金使用管理实行绩效评价制度①。

四是确保生态保护修复治理资金。一方面，为用于开展山水林田湖草沙冰一体化保护和修复、历史遗留废弃工矿土地整治等生态保护修复工作，中央预算安排资金。另一方面，鼓励和支持社会资本参与生态保护修复。参与方式包括自主投资、与政府合作和公益参与模式②。

2. 进一步加强制度建设

（1）进行自然资源产权制度改革

《关于统筹推进自然资源资产产权制度改革的指导意见》（2019）指出，健全自然资源资产产权体系，明确自然资源资产产权主体，开展自然资源统一调查监测评价等九项任务。并要求实施保障：加强党对自然资源资产产权制度改革的统一领导，深入开展重大问题研究，统筹推进试点，加强宣传引导③。

为了配合自然资源产权制度的改革，《自然资源统计调查制度》（2019）和《自然资源统一确权登记暂行办法》（2019）对自然资源统计调查制度和统一确权登记进行了规定。

（2）自然资源信息制度

一是自然资源调查监测质量管理制度。具体包括管用的质量管理系列制度和标准、明确的质量管理工作机制、完善的调查监测质量控制格局、

---

① 关于修订《农业资源及生态保护补助资金管理办法》的通知. 魏强总编. 中国审计年鉴[Z]. 北京：中国时代经济出版社，2018：808－810.

② 国务院办公厅关于鼓励和支持社会资本参与生态保护修复的意见［J］. 中华人民共和国国务院公报，2021（33）：17－21.

③ 中共中央办公厅 国务院办公厅印发《关于统筹推进自然资源资产产权制度改革的指导意见》［Z］. 中华人民共和国中华人民共和国国务院公报，2019（12）：6－10.

严肃的质量问题处理机制。

二是自然资源听证制度。包括拟定或者修改基准地价、组织编制或者修改国土空间规划和矿产资源规划、拟定或者修改区片综合地价、拟定拟征地项目的补偿标准和安置方案、拟定非农业建设占用永久基本农田方案等，需要进行听证。

三是自然资源信访制度。2020 年，自然资源部办公厅印发《自然资源领域依法分类处理信访诉求清单及主要依据》，可分为申诉求决类和揭发控告类。申诉求决类共七种项，揭发控告类共十八种。

（3）自然资源执法监督制度

《自然资源执法监督规定》（2020）规定，县级以上自然资源主管部门依照法定职权和程序，对公民、法人和其他组织违反自然资源法律法规的行为进行检查、制止和查处的行政执法活动。

（4）建立健全生态保护补偿机制

为推动长江全流域横向生态保护补偿机制建设，中央财政安排引导和奖励资金，以地方为主体建立横向生态保护补偿机制。明确财政部、生态环境部、水利部、国家林业和草原局部门职责分工，落实长江 19 省主体责任，强化绩效管理，建立协商机制推进协同治理。

2021 年，中共中央办公厅、国务院办公厅印发《关于深化生态保护补偿制度改革的意见》提出，到 2025 年 "与经济社会发展状况相适应的生态保护补偿制度基本完备"，到 2035 年，"适应新时代生态文明建设要求的生态保护补偿制度基本定型"[①]。

3. 加强生态保护和修复

《乡村振兴促进法》（2021）规定："各级人民政府应当实施国土综合整治和生态修复，加强森林、草原、湿地等保护修复，开展荒漠化、石漠化、水土流失综合治理。""国家实行耕地养护、修复、休耕和草原森林

---

① 中共中央办公厅　国务院办公厅印发《关于深化生态保护补偿制度改革的意见》[J]. 中华人民共和国国务院公报，2021（27）：8 – 12.

河流湖泊休养生息制度"①。

具体而言：一是对生态保护修复工程作出规定。2020年，自然资源部办公厅、财政部办公厅、生态环境部办公厅印发《山水林田湖草生态保护修复工程指南（试行）》，用于指导和规范各地山水林田湖草生态保护修复工程实施。2021年，国家林业和草原局、国家发展改革委、自然资源部、水利部印发南方丘陵山地带、北方防沙带、东北森林带、青藏高原生态屏障区等多个生态保护和修复重大工程建设规划（2021～2035年）。

二是注重水域生态修复。《长江水生生物保护管理规定》（2021）为维护生物多样性，保障流域生态安全，专门对长江流域水生生物及其栖息地的监测调查、保护修复、捕捞利用等活动及其监督管理作出规定。《长江流域水生生物完整性指数评价办法（试行）》（2021）为长江流域水生生物资源及其栖息生境状况，科学评估长江禁渔成效，有针对性地开展水域生态修复工作提出评价方法。

三是生态质量评价制度。为推进山水林田湖草沙冰一体化保护和系统修复，加强生态建设和生物多样性保护，《区域生态质量评价办法（试行）》（2021）对指标体系、计算方法、综合评价方法、质量保证与监控等作出规定。

四是对具体生物修复作出规定。如自然资源部办公厅、国家林业和草原局办公室印发的《红树林生态修复手册》。

4. 推进资源化利用

"十四五"规划强调："全面提高资源利用效率""全面推行循环经济理念，构建多层次资源高效循环利用体系"②。

《乡村振兴促进法》（2021）规定，地方政府应当推进"废旧农膜和农药等农业投入品包装废弃物回收处理，农作物秸秆、畜禽粪污的资源化

① 中华人民共和国乡村振兴促进法 ［N］. 农民日报，2021 - 04 - 30（2）.

② 中华人民共和国国民经济和社会发展第十四个五年规划和2035年远景目标纲要 ［N］. 人民日报，2021 - 03 - 13（1）.

利用"①。

《关于加快推进再生资源产业发展的指导意见》（2016）强调再生资源产业的发展应是绿色化、循环化、协同化、高值化、专业化、集群化的发展。为了保障再生资源产业发展的顺利进行，保障措施包括完善法规制度、强化技术支撑、创新管理模式、加大政策支持力度、加强基础能力建设等②。

畜禽粪污资源化利用是本阶段资源利用的重点工作。自 2017 年开始，农业农村部和财政部连续三年发布《关于做好畜禽粪污资源化利用项目实施工作的通知》强调：理清思路，明确任务，准确把握工作方向；提高认识，明确政策实施要求，创新落实机制；优化投向、创新机制，提高资金使用效益；强化监管，确保政策取得实效③。2018 年和 2019 年，进行了畜禽粪污资源化利用项目备案工作。2020 年，进一步明确了畜禽粪污还田利用有关标准和要求，发布生猪规模养殖粪污资源化利用设备配置技术规范，全面推进畜禽养殖废弃物资源化利用。2021 年，财政部关于下达畜禽粪污资源化利用整县推进项目中央基建投资预算（拨款）。

秸秆综合利用的目标为：坚持因地制宜、农用优先、就地就近、政府引导、市场运作、科技支撑，以完善利用制度、出台扶持政策、强化保障措施为推进手段，激发秸秆还田、离田、加工利用等环节市场主体活力，建立健全政府、企业与农民三方共赢的利益链接机制，推动形成布局合理、多元利用的产业化发展格局，不断提高秸秆综合利用水平。重点内容为：编制年度实施方案，建立资源台账，强化整县推进，培育市场主体，

---

① 中华人民共和国乡村振兴促进法［N］.农民日报，2021 - 04 - 30（2）.

② 孟赤兵主编.中国循环经济年鉴［Z］.北京：冶金工业出版社，2017：185 - 190.

③ 农业部 财政部关于做好畜禽粪污资源化利用项目实施工作的通知［Z］.中华人民共和国农业部公报，2017（8）：18 - 20.

农业农村部 财政部关于做好 2018 年畜禽粪污资源化利用项目实施工作的通知［Z］.中华人民共和国农业农村部公报，2018（6）：9 - 11.

农业农村部 财政部关于做好 2019 年畜禽粪污资源化利用项目实施工作的通知［Z］.中华人民共和国农业农村部公报，2019（5）：15 - 17.

加强科技支撑①。

农村厕所粪污处理及资源化利用则拟遴选推介一批典型范例，树立一批可学习、可借鉴的参考样板，发挥典型引路作用。

5. 保护生物多样性

2021 年，中共中央办公厅、国务院办公厅印发《关于进一步加强生物多样性保护的意见》，加快完善生物多样性保护政策法规，持续优化生物多样性保护空间格局，构建完备的生物多样性保护监测体系，着力提升生物安全管理水平，创新生物多样性可持续利用机制，加大执法和监督检查力度，深化国际合作与交流、完善生物多样性保护保障措施②。

6. 加强技术支持

2012 年中央"一号文件"指出：大力加强农业基础研究，在农田资源高效利用、农林生态修复等方面突破一批重大基础理论和方法③。2016 年中央"一号文件"指出："基本建立农业资源有效保护、高效利用的政策和技术支撑体系，从根本上改变开发强度过大、利用方式粗放的状况"④。2021 年，水利部批准发布《水土保持信息管理技术规程》等 11 项水利行业标准。

（三）自然资源保护的具体政策

1. 保护水资源

（1）保护水资源的总体要求

2015 年中央"一号文件"指出：加大水生态保护力度⑤。2016 年中

---

① 农业农村部. 农业农村部办公厅关于全面做好秸秆综合利用工作的通知 [EB/OL]. ht-tp：//www. moa. gov. cn/gk/tzgg_1/tfw/201904/t20190419_6210588. htm，2020/8/4.

② 中共中央办公厅 国务院办公厅印发《关于进一步加强生物多样性保护的意见》[J]. 中华人民共和国国务院公报，2021（31）：39 – 43.

③ 农业法律法规全书 [M]. 北京：中国法制出版社，2019：36 – 37.

④ 中共中央文献研究室. 十八大以来重要文献选编（下）[M]. 北京：中央文献出版社，2018：109.

⑤ 中共中央文献研究室. 十八大以来重要文献选编（中）[M]. 北京：中央文献出版社，2018：277.

央"一号文件"指出：落实最严格的水资源管理制度；加快推进水生态修复工程建设①。《中共中央、国务院关于深入推进农业供给侧结构性改革加快培育农业农村发展新动能的若干意见》（2016）指出："加强重点区域水土流失综合治理和水生态修复治理，继续开展江河湖库水系连通工程建设"②。2018 年中央"一号文件"指出："实行水资源消耗总量和强度双控行动"③。2019 年中央"一号文件"指出："落实河长制、湖长制，严格乡村河湖水域岸线等水生态空间管理"④。

（2）保护水资源的具体制度

一是产权制度。二是实行有偿使用制度。三是实行流域管理与行政区域管理相结合的管理体制。四是水资源战略规划。五是饮用水水源保护区制度。六是许可制度，如取水许可、采砂许可。七是对用水实行总量控制和定额管理相结合的制度。八是跨区域水事纠纷协商处理制度，协商不成的，由上一级人民政府裁决。九是法律责任⑤。

（3）本阶段较新或重点政策

一是实行有偿使用制度。水资源费征收标准区分地表水和地下水分类制定，严格控制地下水过量开采，支持农业生产和农民生活合理取用水，鼓励水资源回收利用，对超计划或者超定额取水制定惩罚性征收标准⑥。《水资源税改革试点暂行办法》（2016）对水资源税的征税对象、计征方法、

---

① 中共中央文献研究室．十八大以来重要文献选编（下）［M］．北京：中央文献出版社，2018：109.

② 中共中央文献研究室．十八大以来重要文献选编（下）［M］．北京：中央文献出版社，2018：535.

③ 农业法律法规全书［M］．北京：中国法制出版社，2019：3.

④ 赵国彦，和大水，姚绍学主编．河北农村统计年鉴［Z］．北京：中国统计出版社，2019：1-6.

⑤ 水法．时光慧（中文版）主编．中华人民共和国年鉴［Z］．北京：中华人民共和国年鉴社，2017：797-801.

⑥ 国家发展和改革委员会　财政部　水利部关于水资源费征收标准有关问题的通知［Z］．水利部公报，2013（1）：5-7.

适用税额标准、减免征收水资源税情形、主管部门及职责等作出规定①。为确保如期打赢农村饮水安全脱贫攻坚战，支持农村饮水安全工程巩固提升，2019 年，财政部、税务总局继续实行农村饮水安全工程税收优惠政策。

二是实行最严格水资源管理制度。要加强水资源开发利用控制红线管理、用水效率控制红线管理和水功能区限制纳污红线管理，严格实行用水总量控制，全面推进节水型社会建设，严格控制入河湖排污总量。要建立水资源管理责任和考核制度，健全水资源监控体系、水资源管理体制、政策法规和社会监督机制②。为了进一步保证最严格水资源管理的运行，出台了《实行最严水资源管理制度考核办法》，并相继出台了一系列的考核工作方案、实施方案。

三是水资源战略规划。2013 年，《水资源保护规划编制规程》（SL613—2013）标准被批准为水利行业标准并予以公布。具体制定的区域水资源保护规划包括千岛湖及新安江上游流域水资源与生态环境保护综合规划、张家口首都水源涵养功能区和生态环境支撑区建设规划（2019～2035年）等。

四是加强流域生态环境治理。首先，在长江流域坚持"生态优先、绿色发展，共抓大保护，协同推动生态环境保护和经济发展，打造人与自然和谐共生的美丽中国样板"。持续推进生态环境突出问题整改，推动长江全流域按单元精细化分区管控，深入开展绿色发展示范，实施长江十年禁渔等。其次，扎实推进黄河流域生态保护和高质量发展。在上游重点做好生态系统保护和修复力，在中游创新黄土高原水土流失治理，在下游加强二级悬河治理和滩区综合治理，在汾渭平原、河套灌区等区域加强农业面源污染治理，实施深度节水控水和合理控制煤炭开发强度等③。再次，通

① 财政部 国家税务总局水利部关于印发《水资源税改革试点暂行办法》的通知［Z］. 财政部文告，2016（7）：19－22.
② 国务院关于实行最严格水资源管理制度的意见. 李训喜主编. 中国水利年鉴［Z］. 北京：中国水利水电出版社，2013：6－8.
③ 中华人民共和国国民经济和社会发展第十四个五年规划和2035年远景目标纲要［N］. 人民日报，2021－03－13（1）.

过落实河长制湖长制，抓好河湖治理。进一步强化河长湖长履职尽责，首先要充分认识到其对推进河长制湖长制工作的重要性；其次，要理清各级河长湖长职责、属地责任和部门责任、履职方式和工作方法、考核和责任追究，从而解决"干什么""谁来干""怎么干""干不好怎么办"的问题①。在此指导意见印发之前，《关于印发全面推行河长制湖长制总结评估工作方案的通知》（2018）就评估背景、依据、要求、主要内容、方法和工作组织实施等方面作出规定。《2020 年河湖管理工作要点》再次强调，以推动河湖长制"有名""有实"为主线，强化河长湖长履职尽责，全力打好河湖管理攻坚战②。《河长湖长履职规范（试行）》（2021）规定了各级河长湖长的责任、主要任务、履职方式等③。最后，加快推进中小河流治理。具体通过加快已安排资金项目实施进度、编制 2022 年年度项目建议计划、以河流为单元积极推进中小河流治理完成。

五是加强地下水管理。要包括地下水调查与规划、节约与保护、超采治理、污染防治、监督管理等④。

六是开展取用水管理专项整治行动。需要全面摸清全国取水口及取水监测计量现状，核查登记、监督检查、建章立制。水利部要求把以水而定、量水而行的要求落实到黄河流域水资源监管过程中，要求健全水资源监测体系⑤。

七是推进农业水价综合改革工作。国家发展改革委、财政部、水利部、农业农村部共同推进农业水价综合改革工作，指出该工作要因地制宜推进改革、有序做好改革验收工作、积极谋划"十四五"期间改革工作、

---

① 水利部办公厅印发关于进一步强化河长湖长履职尽责指导意见的通知 [J]. 中华人民共和国水利部公报，2019（4）：34 - 38.

② 2020 年河湖管理工作要点 [J]. 水资源开发与管理，2020（4）：4 - 6，9.

③ 水利部关于印发河长湖长履职规范（试行）的通知 [J]. 中华人民共和国水利部公报，2021（2）：26 - 29.

④ 地下水管理条例 [J]. 中华人民共和国国务院公报，2021（33）：9 - 17.

⑤ 水利部办公厅关于印发黄河流域重要断面、重点取退水口、地下水监测站网评价与调整工作方案的通知 [Z]. 中华人民共和国水利部公报，2020（2）：38 - 42.

切实加强部门协同配合、完善绩效评价机制。

2. 保护土地资源

（1）保护土地资源的总体要求

党的十九大报告（2017）指出："完成生态保护红线、永久基本农田、城镇开发边界三条控制线划定工作"①。

2013 年中央"一号文件"指出："落实和完善最严格的耕地保护制度"②。2016 年中央"一号文件"指出："坚持最严格的耕地保护制度，坚守耕地红线，全面划定永久基本农田，大力实施农村土地整治，推进耕地数量、质量、生态'三位一体'保护"③。2021 年中央"一号文件"指出："坚决守住 18 亿亩耕地红线"④。2019 年，中共中央办公厅、国务院办公厅印发《关于在国土空间规划中统筹划定落实三条控制线的指导意见》，指出：一是科学有序划定。二是协调解决冲突。三是强化保障措施。加强组织保障，严格实施管理，严格监督考核⑤。

《土地管理法》（2019）既强调在规划、保护等方面的城乡区别，也追求城乡融合发展。该法内容包括土地用途管制制度、主管部门及职责，土地的所有权和使用权，土地利用总体规划，耕地保护，建设用地，监督检查，法律责任等。与农村环境保护相关的规定较多，比较有代表性的有，第三条规定"十分珍惜、合理利用土地和切实保护耕地是我国的基本国策"⑥。《土地管理法实施条例》（2021）《条例》在《土地管理法》制

---

① 彭森主编. 中国改革年鉴——深改五周年（2013－2017）专卷［Z］. 中国经济体制改革杂志社，2018：53－71.

② 中共中央文献研究室. 十八大以来重要文献选编（上）［M］. 北京：中央文献出版社，2018：95.

③ 中共中央文献研究室. 十八大以来重要文献选编（下）［M］. 北京：中央文献出版社，2018：109.

④ 中共中央国务院关于全面推进乡村振兴加快农业农村现代化的意见［N］. 人民日报，2021－02－22（1）.

⑤ 中共中央办公厅　国务院办公厅印发《关于在国土空间规划中统筹划定落实三条控制线的指导意见》［Z］. 中华人民共和国中华人民共和国国务院公报，2019（32）：23－25.

⑥ 农业法律法规全书［M］. 北京：中国法制出版社，2019：522.

度框架下，聚焦重点问题，强化对耕地的保护，进一步明确制度边界，强化法律责任。一是落实最严格的耕地保护制度。二是完善土地征收程序。三是加强农民宅基地合法权益保障。四是规范集体经营性建设用地入市。五是优化用地审批程序①。

为保护耕地红线，2020 年，自然资源部、农业农村部就农村建房行为进一步明确"八不准"。

（2）保护土地资源的具体制度

①土地产权制度。一是土地所有权制度。二是土地承包制度。《中华人民共和国农村土地承包法》（以下简称《农村土地承包法》）（2018）规定了农村土地承包经营制度、农村土地权属、主管部门及职责，家庭承包，其他方式的承包，争议的解决和法律责任等②。三是土地征收（用）制度。

②土地用途管制制度。一是土地利用总体规划制度。土地利用总体规划分为国家、省、市、县和乡（镇）五级，由各级人民政府组织编制，国土资源主管部门具体承办；编制后还需要审查和报批③。二是土地资源标准化制度。三是土地调查制度。《土地调查条例》（2016）规定了土地调查的内容和方法，土地调查的组织实施，调查成果处理和质量控制，调查成果公布和应用，表彰和处罚等。《土地调查条例实施办法》（2016，2019）规定了土地调查的内容、主管各部门及职责，土地调查机构及人员，土地调查的组织实施，调查成果的公布和应用，法律责任等。四是土地统计制度。五是土地登记发证制度。六是转用用途管理制度。

③耕地资源总量动态平衡制度。一是耕地的数量、质量和区内、区际平衡。二是国有土地有偿使用制度。三是土地整治制度。包括土地开发整理、利用、开垦、复垦、土壤改良与提高耕地生产力等。四是基本农田保

①　中华人民共和国土地管理法实施条例 ［J］. 中华人民共和国国务院公报，2021（23）：5 – 13.
②　农业法律法规全书 ［M］. 北京：中国法制出版社，2019：549.
③　土地利用总体规划管理办法 . 陈光荣总编 ［Z］. 广东国土资源年鉴，2018：252 –257.

护制度。要巩固永久基本农田划定成果，严控建设占用永久基本农田，统筹生态建设和永久基本农田保护，加强永久基本农田建设，健全永久基本农田保护监管机制，落实工作责任、严肃工作纪律、营造良好氛围①。

④土地监测与监督督察。2015 年，为规范国家土地督察限期整改工作，有效监督地方人民政府整改土地违法违规问题，国家土地总督察办公室出台《国家土地督察限期整改工作规定》。2016 年，为加强国土资源应急遥感监测制度建设，提高应急遥感监测快速响应和支撑服务能力，国土资源部办公厅出台《国土资源应急遥感监测工作预案》。《关于促进国土资源大数据应用发展的实施意见》（2016）指出，要持续完善国土资源数据资源体系，全面推进国土资源信息的内部互联互通、政府部门之间的共享和向社会的开放。《水利部关于进一步深化"放管服"改革全面加强水土保持监管的意见》（2019）指出：一是深化简政放权，精简优化审批。二是加强事中事后监管，严格责任追究。三是优化政务服务，提升服务效能。四是保障措施，加强组织领导，加强协作配合，严格督查督办，加强宣传引导。

⑤土地管理的责任制度。包括行政违法责任、民事违法责任和刑事违法责任。《国土资源行政处罚办法》（2014）规定了适用范围、主管部门及职责，处罚种类与运用，处罚程序，行政复议、行政诉讼及行政处罚的执行等。

⑥土地利用奖励制度。国务院加大对土地利用的督查，对取得显著成果的给予奖励。

（3）制订专项行动计划

2020 年农业农村部、财政部印发《东北黑土地保护性耕作行动计划（2020~2025 年）》，该项行动计划主要在内蒙古自治区、辽宁省、吉林省、黑龙江省进行，坚持生态优先、用养结合，逐步在东北地区适宜区域

---

① 自然资源部 农业农村部关于加强和改进永久基本农田保护工作的通知［Z］. 中华人民共和国国务院公报，2019（14）：64 - 69.

全面推广应用保护性耕作，促进东北黑土地保护和农业可持续发展①。为了进一步推动此项行动，两部办公厅还印发《东北黑土地保护性耕作行动计划实施指导意见》，对实施区域、目标、技术要求、政策支持和组织实施规定②。2021 年，农业农村部、国家发展和改革委员会、财政部印发《国家黑土地保护工程实施方案（2021～2025 年)》。

3. 保护森林资源和草原资源

（1）保护森林资源和草原资源的总体要求

党的十九大报告（2017）指出："开展国土绿化行动"③。2012 年中央"一号文件"提出："搞好生态建设"④。2014 年中央"一号文件"指出："加大生态保护建设力度"⑤。2016 年中央"一号文件"指出："开展大规模国土绿化行动"⑥。2018 年中央"一号文件"指出："开展国土绿化行动，推进荒漠化、石漠化、水土流失综合治理"⑦。2019 年中央"一号文件"指出："实施乡村绿化美化行动"⑧。《中共中央、国务院关于深入推进农业供给侧结构性改革加快培育农业农村发展新动能的若干意见》（2016）指出："全面推进大规模国土绿化行动"⑨。《全国重要生态系统保护和修复重大工程总体规划（2021～2035 年)》（2020）指出总体要

---

① 农业农村部 财政部关于印发《东北黑土地保护性耕作行动计划（2020—2025 年)》的通知［Z］. 中华人民共和国农业农村部公报，2020（4）：9－11.

② 农业农村部办公厅 财政部办公厅关于印发《东北黑土地保护性耕作行动计划实施指导意见》的通知［Z］. 中华人民共和国农业农村部公报，2020（4）：41－44.

③ 彭森主编，中国改革年鉴——深改五周年（2013—2017）专卷［Z］. 中国经济体制改革杂志社，2018：53－71.

④ 农业法律法规全书［M］. 北京：中国法制出版社，2019：38.

⑤ 中共中央文献研究室. 十八大以来重要文献选编（上）［M］. 北京：中央文献出版社，2018：709.

⑥ 中共中央文献研究室. 十八大以来重要文献选编（下）［M］. 北京：中央文献出版社，2018：110.

⑦ 农业法律法规全书［M］. 北京：中国法制出版社，2019：3.

⑧ 赵国彦，和大水，姚绍学主编. 河北农村统计年鉴［Z］. 北京：中国统计出版社，2019：1－6.

⑨ 中共中央文献研究室. 十八大以来重要文献选编（下）［M］. 北京：中央文献出版社，2018：535.

求："到 2035 年，全国森林、草原、荒漠、河湖、湿地、海洋等自然生态系统状况实现根本好转，生态系统质量明显改善，生态服务功能显著提高，生态稳定性明显增强，自然生态系统基本实现良性循环，国家生态安全屏障体系基本建成，优质生态产品供给能力基本满足人民群众需求，人与自然和谐共生的美丽画卷基本绘就"①。

比较突出的制度或行动包括：一是乡村绿化美化行动。《乡村绿化美化行动方案》（2019）明确行动内容、推进实施和保障措施。行动内容包括保护乡村自然生态、增加乡村生态绿量、提升乡村绿化质量、发展绿色生态产业；推进实施包括制订工作方案、加强宣传发动、开展典型示范、持续稳步推进；保障措施包括加强组织领导、强化责任落实、完善政策机制、确保建设成效。二是林业草原保护资金管理制度。《林业草原生态保护恢复资金管理办法》（2020）、《林业改革发展资金管理办法》（2020、2021）均规定了资金使用范围、资金分配、预算下达、预算绩效管理、预算执行与监督。三是保障林草产业高质量发展。为了促进林草产业的高质量发展，国家林业和草原局提出了坚持生态优先、绿色发展等基本原则，还提出了壮大经营主体、完善投入机制、拓展金融服务、加强市场建设等保障措施②。四是做好林草行政执法与生态环境保护综合行政执法衔接。五是加强乡村护林（草）员管理，充分发挥他们在保护森林、草原等生态系统和生物多样性方面的作用，实现林草资源管护网格化、全覆盖③。六是全面推行林长制，明确地方党政领导干部保护发展森林草原资源目标责任，构建党政同责、属地负责、部门协同、源头治理、全域覆盖的长效

---

① 中央人民政府网站 [EB/OL]. http：//www. gov. cn/zhengce/zhengceku/2020 – 06/12/content_5518982. htm，2020/8/4.

② 国家林业和草原局政府网. 国家林业和草原局关于促进林草产业高质量发展的指导意见 [EB/OL]. http：//www. forestry. gov. cn/main/4812/20190226/090437156182171. html，2020/8/4.

③ 林草局关于印发《乡村护林（草）员管理办法》的通知 [J]. 中华人民共和国国务院公报，2021（32）：97 – 100.

机制①。

（2）保护林业资源

具体制度包括：一是森林权属制度。二是承包经营制度。三是有偿使用制度。四是规划制度，包括林业发展规划，林地保护利用、造林绿化、森林经营、天然林保护等相关专项规划。五是森林资源保护发展目标责任制和考核评价制度。六是林长制。七是分类经营管理制度。八是森林保护的经济政策。九是森林资源调查监测制度。十是自然保护地体系制度。十一是天然林全面保护制度。十二是占用林地总量控制制度。十三是造林绿化、生态修复制度。十四是许可证制度。十五是监督检查制度。十六是实行林木采伐告知承诺制。十七是林木采伐公示公开制度。十八是林木采伐信用监管机制。十九是名单名录制度。二十是法律责任。

本阶段比较突出的制度为：一是森林保护的经济政策，包括林木良种、造林、森林抚育等林业补贴政策，公益林补偿，天然林资源保护工程补助和森林生态效益补偿等。2012 年、2013 年、2014 年、2016 年中央"一号文件"对此均有论述。二是天然林全面保护制度。相关制度包括天然林管护制度、天然林用途管制制度、天然林修复制度、天然林保护修复监管制度；完善支持政策和强化实施保障②。2016 年、2018 年、2019 年中央"一号文件"对此均有论述。2019 年，国家林业和草原局办公室关于成立国家林业和草原局天然林保护工作领导小组。三是监督检查制度。《国家林业局关于进一步加强森林资源监督工作的意见》（2016）指出，要进一步强化监督机构职能、着力完善和创新监督工作机制、切实强化监督能力和队伍建设。四是名单名录制度。《植物新品种保护名录（林业部分）（第五批，第六批）》（2013，2016）公布植物新品种保护名录。2019 年，国家林业和草原局关于公布第一批国家森林乡村名单、全国林

---

① 中共中央办公厅　国务院办公厅印发　关于全面推行林长制的意见［J］.山西林业，2021（1）：4-5.

② 中共中央办公厅　国务院办公厅印发《天然林保护修复制度方案》［Z］.中华人民共和国国务院公报，2019（22）：14-17.

业有害生物普查情况、《长柄扁桃》等98项林业行业标准；2020年，发布林业行业标准、植物新品种保护名录。五是开展红树林保护修复专项行动。六是规范集体林权流转市场运行。

（3）保护草业资源

具体制度包括：一是权属制度。二是草原保护、建设、利用规划制度。三是草原调查制度。四是草原统计制度。五是草原生产、生态监测预警制度。六是草原建设制度。七是草原载畜量标准制度。八是草畜平衡管理制度。九是有偿使用制度。十是基本草原保护制度。十一是草原自然保护区制度。十二是监督检查制度。十三是草原生态保护补助奖励政策。十四是法律责任。

本阶段突出的制度：一是草原生态保护补助奖励政策。2013年、2015年、2016年、2018年和2019年中央"一号文件"均提出实施草原生态保护补助奖励政策。二是加强草原禁牧休牧工作。《国家林业和草原局关于进一步加强草原禁牧休牧工作的通知》（2020）指出，要高度重视、建章立制、因地制宜、强化保障和落实责任。三是规范草原征占用的审核审批。四是加强草原修复制度。具体包括建立草原调查体系、健全草原监测评价体系、编制草原保护修复利用规划、加大草原保护力度、完善草原自然保护地体系、加快推进草原生态修复、统筹推进林草生态治理、大力发展草种业、合理利用草原资源、完善草原承包经营制度、稳妥推进国有草原资源有偿使用制度改革、推动草原地区绿色发展等。

4. 保护水产资源

（1）保护水产资源的总体要求

2018年中央"一号文件"指出："科学划定江河湖海限捕、禁捕区域，健全水生生态保护修复制度"①。《全国渔业发展第十三个五年规划》（2016）明确重大成就与面临形势、重点任务、能力建设、区域布局、重点工程、保障措施等。其中，保障措施包括：加大支持保障力度，创新金

---

① 农业法律法规全书［M］. 北京：中国法制出版社，2019：3.

融投入方式，加强人才队伍建设，强化法制保障，加强规划组织实施①。

保护水产资源具体制度包括：一是统一领导、分级管理。二是渔业发展规划制度。三是许可证制度，包括养殖证、捕捞许可证、船网工具控制指标、签发人制度等。四是捕捞限额制度。五是捕捞标准。六是禁渔期和禁渔区制度。七是法律责任。

（2）保护水产资源的重点工作

这一阶段的重点工作主要是长江流域禁捕工作。一是为切实做好黄河流域以南内陆水域渔政管理及水生生物养护工作，农业农村部制定了《农业农村部长江流域渔政监督管理办公室 2020 年工作要点》。二是为提升长江流域渔政执法监管能力，维护长江流域重点水域禁捕管理秩序，加强水生生物保护和水域生态修复，农业农村部出台《关于加强长江流域禁捕执法管理工作的意见》。三是扩延长江口禁捕范围，设立长江口禁捕管理区。四是未来提升长江流域渔政执法监管能力，确保"禁渔令"落实落地，推动建立长江流域渔政协助巡护队伍。五是最高人民法院、最高人民检察院、公安部、农业农村部印发《依法惩治长江流域非法捕捞等违法犯罪的意见》，保障长江流域禁捕工作顺利实施。六是做好长江流域重点水域退捕渔民安置保障工作。七是发布长江流域重点水域禁用渔具名录。

此阶段的第二个重点工作是实行生态健康养殖模式示范推广、养殖尾水治理模式推广、水产养殖用药减量、配合饲料替代幼杂鱼和水产种业质量提升等水产绿色健康养殖技术推广"五大行动"。

此阶段第三个重点工作是加强渔政执法。《渔政执法工作规范（暂行）》（2020）规定了检查规范、办案规范、执行规范、取证规范、结案规范和工作条件等。同年，农业农村部在全国范围内开展为期三年的渔业安全生产专项整治行动。《农业农村部关于加强渔政执法能力建设的指导意见》（2021）指出通过健全执法机构，完善执法机制；规范执法行为，加大执法力度；改善执法条件，提升执法手段；提升执法能力，加强执法

---

① 孙林，韩旭主编. 中国渔业年鉴［Z］. 北京：中国农业出版社，2017：177-186.

监督；加强组织保障，抓好贯彻落实等方式加强渔政执法[①]。同年，农业农村部实行了"中国渔政亮剑2021"系列专项执法行动，把长江"十年禁渔"和海洋伏季休渔制度作为重点，全面落实休禁渔制度等渔业资源养护措施。为规范海洋渔业行政处罚自由裁量标准，农业农村部会同中国海警局制定了《海洋渔业行政处罚自由裁量基准（试行）》（2021）。

5. 保护矿产资源

一是登记管理。包括矿产资源开采登记管理、矿产资源勘查区块登记管理等。2020年，修正了《矿产资源统计管理办法》。二是矿产资源规划。包括全国矿产资源规划、矿产资源规划编制实施办法等。三是矿产资源节约与综合利用先进适用技术。四是具体矿产的开采、利用与保护。包括煤炭生产开发规划与煤矿建设、煤炭生产与煤矿安全、煤炭经营、煤矿矿区保护、监督检查，矿山地质环境保护、矿山生态修复、露天矿山综合整治，金属非金属矿产资源地质勘探安全生产监督管理，清理规范稀土资源回收利用项目，省级矿产资源总体规划环境影响评价技术等。

6. 保护野生生物资源

（1）野生动物资源保护

《野生动物保护法》（2016）规定了野生动物资源权属制度、野生动物栖息地制度、分级管理制度、野生动物名录制度、许可证制度、法律责任等。

野生动物保护的具体内容包括陆生野生动物保护、水生野生动物保护、重点流域水生生物多样性保护、海洋野生动物保护等。

在执法方面展开野生动物保护执法、野生动物保护专项整治行动、加强野生动物保护管理及打击非法猎杀和经营利用野生动物违法犯罪活动、加强秋冬季候鸟保护、国家重点保护野生动物驯养繁殖许可证管理、野生

---

① 农业农村部印发关于加强渔政执法能力建设的指导意见 [J]. 中国水产，2021（12）：20 – 22.

动物经营利用管理、蛙类保护管理等。

（2）农业野生植物资源保护

包括野生植物名录制度、国家重点保护野生植物类型自然保护区制度、国家重点保护野生植物保护点和保护标志制度、野生植物资源调查制度、国家重点保护野生植物监测制度、许可证制度、法律责任等。

（3）为应对新冠肺炎疫情，特别加强野生动物资源保护

具体包括全面禁止非法野生动物交易、革除滥食野生动物陋习，禁食野生动物分类管理范围，妥善处置在养野生动物技术，依法严厉惩治非法野生动物交易犯罪，市场监管总局、公安部、农业农村部等关于联合开展打击野生动物违规交易专项执法行动，国家林业和草原局、农业农村部、中共中央政法委等开展"清风行动"等。

7. 保护遗传资源

2016年中央"一号文件"指出："加强自然保护区建设与管理，对重要生态系统和物种资源实行强制性保护"[1]。

对农业种质资源保护是遗传资源管理的重中之重。《农业农村部办公厅关于印发农业种质遗传资源保护与利用三年行动方案的通知》（2019）指出："关于农作物种质资源保护与利用：加快推进第三次全国农作物种质资源普查与收集行动，加强农作物种质资源保护体系建设，强化农作物种质资源精准鉴定与深度发掘，深化农作物种质资源创制，加强农作物种质资源信息化管理体系建设，加强农作物种质资源国际合作与交流。关于畜禽遗传资源保护与利用：加强畜禽遗传资源保护体系建设，加强畜禽遗传材料保存，健全畜禽遗传资源监测预警体系，加快畜禽遗传资源开发利用，开展藏区畜禽遗传资源调查"[2]。

---

① 中共中央文献研究室. 十八大以来重要文献选编（下）[M]. 北京：中央文献出版社，2018：109.

② 农业农村部办公厅关于印发农业种质遗传资源保护与利用三年行动方案的通知 [Z]. 中华人民共和国农业农村部公报，2019（5）：58.

自 2021 年起，农业农村部计划利用 3 年时间，在全国范围内组织开展农业种质资源普查，摸清我国农作物、畜禽和水产种质资源家底。2021年，为全面加强新时代热带作物种质资源保护与利用工作，农业农村部制定了《热带作物种质资源保护与利用工作方案（2021～2025 年）》。

其他还有一系列关于畜禽配套系目录、畜禽遗传资源目录、国家级畜禽遗传资源保护种场名单等的公告。

8. 保护湿地资源

《中华人民共和国湿地保护法》（以下简称《湿地保护法》）（2021）是为了加强湿地保护，维护湿地生态功能及生物多样性，保障生态安全，促进生态文明建设，实现人与自然和谐共生。具体对湿地资源管理、湿地保护与利用、湿地修复、监督检查、法律责任等作出规定。具体制度包括分类分级管理制度、湿地名录制度、湿地资源调查评价制度、湿地面积总量管控制度、湿地保护规划制度、湿地生态保护补偿制度等。其中第三条规定："乡镇人民政府组织群众做好湿地保护相关工作，村民委员会予以协助"①。

本 章 小 结

经过 40 多年的发展，我国农村环境政策体系已基本形成。

从横向看，包括：综合性环境政策体系、污染防治政策体系和自然资源保护政策体系。综合性环境政策体系是我国农村环境政策体系的主体，污染防治政策体系和自然资源保护政策体系是双翼。

从纵向看，包括：党的政策中涉及农村环境保护问题的报告、决定和意见，是农村环境政策体系的指导，宪法中关于环境保护的规定是农村环

---

① 中华人民共和国湿地保护法 [N]. 人民日报，2021 - 12 - 29（13）.

境政策体系的统领，全国人大及其常委会制定的环境保护法律是农村环境政策体系的基础，国务院制定的涉及环境保护的行政法规和规范性文件是农村环境政策体系的主体，环境保护部门制定或者与其他部门联合制定的涉及环境保护的规章是农村环境政策体系的支撑。

第三章
CHAPTER 3

改革开放以来我国农村环境
政策的演进特征

"文献文字的自然分布状态，携有语言的大量信息"①。不同的政策文本往往显性或隐性地蕴含了相关治理所表达的实质内容，能够作为政策研究的重要依据，也为观察政策过程提供了一扇窗口。

首先，进行农村环境政策文本初次检索。主要在政府官网、北大法宝等网站进行文献资料检索。所分析的文本必须符合如下要求：一是所选文本必须与农村环境治理存在相关关系；二是为了保证样本来源的权威性、代表性及全面性，主要选择中共中央委员会、全国人大及其常委会、国务院及其直属机构而非地方性机构制定颁布的政策；三是所有文本均可公开查询，具有较强的公信力和关注度。

其次，进行政策文本的筛选与整理。此处需要特别说明的是，尽管在搜集样本时为保证政策文本的相关性、层次性、权威性、唯一性等要求，笔者经历了一年多时间进行文本收集与数据处理，但是，由于研究时间跨度超过 40 年，所搜集到的政策样本仍不能避免出现遗漏。但是，现有

---

① 范逢春. 建国以来基本公共服务均等化政策的回顾与反思：基于文本分析的视角 [J]. 上海行政学院学报，2016（1）：46 – 57.

1 485 份样本，数量比较丰富，质量有保证，能满足本研究的实际需求。

再次，进行政策文本的编码与检验。针对所选择的 1 485 份文本，由两组成员共同设计分析单元编码表，然后分别对现有政策文本进行信息抽取，并进行独立编码（示例见附录）。进一步，进行信效度检验，一方面通过回溯检索，保证效度；另一方面进行双组对照，检验信度①。经过对比检验，通过计算，本研究的编码结果信度值为 0.84，编码结果可信。

最后，构建分析框架。考察指导思想的演进特征可探寻我国农村环境政策的指向与遵循。通过政策发文时间可探寻我国农村环境政策的发展阶段；通过政策主题分析厘清我国农村环境政策的着重点和着力点；将二者结合起来进行分析，可以窥见随着时间轴的推移，政策重心的转变。通过发文主体分析明晰我国农村环境政策主体的合作情况。通过政策形式分析探寻我国农村环境政策的强制性程度和执行效力。通过政策工具探寻我国农村环境政策的政策手段或方式。

第一节　改革开放以来我国农村环境政策指导思想的演进特征

在 1 485 份政策文本中，"指导"一词出现为 2 487 次，"指导思想"一词出现为 240 次。经过二次筛选，政策文本中明确含有指导思想的为 135 份。具体而言，探索起步阶段政策文本中标明指导思想的为 2 份，平缓发展阶段政策文本中标明指导思想的为 6 份，快速发展阶段政策文本中标明指导思想的为 28 份，全面推进阶段政策文本中标明指导思想的为 99 份。上述数据表明，农村环境政策的指导思想在政策文本中的位置逐渐规

---

① 根据 Sadiq S，Indulska M 要求，将本书编码一致性系数 a 设置为 $a = 2 \times Q/(n1 + n2)$；其中，Q 表示 2 组编码者完全一致的编码数量，n1、n2 分别表示 2 组编码者各自的编码数量；当 $a > 0.8$ 表示研究结果具有较高的信度。

范、逐渐明晰，其内容也是在不断发展和创新的。

一、继承性与创新性的统一

（一）继承性

中国特色社会主义生态文明思想源自马克思主义创始人的生态环境思想。

一是继承和发展了马克思、恩格斯的生态自然观。与传统的"人是万物的尺度""人为自然立法"等看法不同。马克思、恩格斯创造性地发展了人与自然关系的论断。虽然两位导师也赞同"主体是人，客体是自然"，但是他们基于此观点并进行了超越，提出人除了可以按照人类意愿改造自然外，还强调人是自然界的组成部分。中国特色社会主义生态文明思想承继了上述观点，并据此认为人类需要正确处理其与自然界的关系，必须摒弃认为人与自然界割裂的观点，坚持人与自然并非仅仅是主客体的关系，人注定无法脱离自然界而独立生存和发展。人首先是自然界的一员。中国特色社会主义生态文明思想在此基础上，提出了实现人与自然和谐共生的价值追求，发展并超越了马克思、恩格斯关于人与自然关系的论断。

二是继承和发展了马克思、恩格斯的生态危机论。理论来源于实际，马克思主义创始人的生态环境思想正是基于现实的生态环境问题而衍生出来的，并在此基础上正确认识经济发展与生态环境之间的关系。在资本主义体现出强大的发展前景的 19 世纪早期，马克思、恩格斯见微知著，认识到资本主义社会的生态环境问题。随着资本主义的继续发展，强大生产力伴随着生态环境污染破坏的加剧，马克思指出，人类如果不再遵循自然规律，不考虑生态环境的承受力，后果必定是灾难性的。然而，智者的警告未被重视或者被选择性忽视，由此也导致了西方社会率先呈现出生态环境污染破坏极为严重的状态。对于中国特色社会主义生态文明思想来说，其要求必须从现实存在的生态环境问题出发，故其所体现出来的生态公

平、协调发展、人与自然共生共荣等观点均要求兼顾经济发展与生态环境
保护。

（二）创新性

中国特色社会主义生态文明思想是基于马克思主义中国化而形成的新
理论，是中国共产党人自觉地将马克思、恩格斯的生态环境思想与我国环
境问题相结合，在实践中继承和创新了马克思、恩格斯的生态环境思想，
并逐步形成的系统的科学的新理论。

改革开放以前，中国共产党对我国的生态环境问题有了初步的认识，
但这种认识还不够透彻，其最好的证明就在于当时制定的环境政策更多的
是对自然资源的保护政策。改革开放以后，随着经济的快速发展，不仅资
源损耗急剧增长，而且环境污染破坏也越来越严重。为此，在邓小平同志
主张下，我国确定"保护环境是我国必须长期坚持的一项基本国策"，并
强化了相关立法，通过法律来保护生态环境。

面对既要发展经济又要改善生态环境的两难局面，江泽民同志在继承
与繁荣毛泽东同志关于环境保护的重要论述、邓小平同志关于环境保护的
重要论述基础上，于世纪之交提出了解决问题的新办法——可持续发展，
并将不断增强可持续发展能力作为达到小康社会的指标之一。可持续发展
不同于以往涸泽而渔式地发展，其要求经济建设与资源、环境相适应、相
协调，经济发展要保障当代人与未来世代人的生态环境利益。

随着环境污染的日益严重，自然资源的开采力度加大，生态环境问题
十分严重，已经直接威胁到我国经济社会的健康发展，威胁到公民的身体
健康。胡锦涛同志在总结国内外发展经验和生态实践的基础上，开创性地
提出了科学发展观，要求"树立全面、协调、可持续的发展观"。而且，
他还提出了"生态文明"的理念，并明晰了其内涵。

党的十八大以来，为缓解我国发展进程中来自生态环境的压力，习近
平总书记在多个场合就生态文明发表了重要讲话，论述了树立生态文明理
念、坚持绿色发展、加强生态文明制度建设等方面的具体观点。建设生态

文明是新的历史时期和我国生态环境实际情况对中国共产党人提出的新要求和新方向。习近平生态文明思想，是对马克思主义生态环境思想的继承、丰富和发展，是中国特色社会主义生态文明思想形成过程中一次里程碑式的理论创新。

中国特色社会主义生态文明思想在发展、丰富和创新过程中，在指导我国社会主义生态文明建设过程中，实现了继承性和创新性的统一。

二、理论性与实践性的统一

（一）理论性

任何思想的内在逻辑体系，均以其内部深刻的理论观点作为支撑和基点，中国特色社会主义生态文明思想也不例外。它在植根马克思主义生态环境思想的基础上吸取了中国优秀传统文化中闪光的生态智慧，借鉴了西方环境伦理变迁中的合理成分，并通过不断的实践探索、归纳总结和凝练升华，逐渐形成了一个包含了丰富的哲学、自然科学、社会科学等多门学科科学思想的完整理论体系。

改革开放以来，中国共产党几代领导人深刻认识到了我国所面临的生态环境问题，并作出重要论述。邓小平同志关于环境保护的重要论述包括：坚持人口、经济与环境协调发展理念，强调制度保障与科技支撑对保护环境的重要作用，保护好环境和优化资源利用。江泽民同志关于环境保护的重要论述包括：环境生产力思想，人与自然和谐论，可持续发展观，保护环境观，资源生态观。胡锦涛同志关于环境保护的重要论述包括：生态自然观，生态发展观，生态民生观，生态实践观。习近平生态文明思想包括：生态自然观，生态生产力观，生态民生观，生态发展观，生态法治观，生态建设观等。

（二）实践性

中国特色社会主义生态文明思想之所以成为推进生态文明建设的指导思想，就是因为其不仅没有停留在理论层面，而且将理论指导生态实践，聚焦环境保护与生态治理的实际行动。通过此种理论与实践的良性互动而不断创新发展，所以，该理论来源于生态实践又指导生态实践，并在不断的实践中深化，是理论和实践的有机结合。

一是以考察实地作为"理论形成之基"。邓小平同志在实践中到大庆、唐山、桂林、黄山、峨眉山等多地进行考察，并就各地突出的环境问题作出指示。习近平总书记在海南、内蒙古、北京、贵州、江苏、浙江、福建等多地考察并作出生态文明建设方面的指示。

二是以环境保护实践作为"理论发展之动力"。从邓小平同志重视农田水利建设、积极推动绿化祖国、提高资源利用，到江泽民同志加强环保宣传教育、完善环保制度、保护自然资源、做好资源开发，到胡锦涛同志强化生态意识、加强制度建设、依靠生态科技，再到习近平总书记的绿色发展、最严格的制度和最严密的法治等，上述论断是几代领导人关于环境保护的重要观点，这些理论也在实践中得到具体应用，并取得一定成效。

总之，中国特色社会主义生态文明思想形成的过程，就是一个从实践到理论，再从理论到实践的不断反复和飞跃的过程。它不仅实现了理论体系的不断成熟完善，也完成了对生态实践的理论指导和方法指引，实现了理论性和实践性的有机统一。

三、连续性和上升性的结合

（一）连续性

1. 中国特色社会主义生态文明思想的发展是一个连续的过程

思想的发展是一个连续的过程，中国特色社会主义生态文明思想经过历史过程的持续性沉淀形成，是一个不可分的有机整体。中国特色社会主义生态文明思想在我国的形成、确立和发展，实际上是一个连续的过程。

一代接着一代干、一届接着一届办，一张蓝图接着一张蓝图绘，一绘绘到底，这是中国共产党人的办事风格和杰出品质。经过几代领导人的连续思想积淀，邓小平同志关于环境保护的重要论述、江泽民同志关于环境保护的重要论述、胡锦涛同志关于环境保护的重要论述和习近平生态文明思想，一脉相承，共同构成中国特色社会主义生态文明思想。

2. 几代领导人关于环境保护的重要论述中的许多观点具有继承性和连续性

一是强调制度构建。邓小平同志强调要制定包括森林法、环境保护法在内的"各种必要的法律"[1]。江泽民同志强调"人口、资源、环境工作要切实纳入依法治理的轨道"[2]。胡锦涛同志强调要健全生态文明建设相关制度。习近平总书记多次强调："保护生态环境必须依靠制度、依靠法治"[3]。

二是利用科学技术手段。邓小平同志强调科学能解决农村的能源问题，保护好生态环境[4]。江泽民同志也认为资源、环境、生态等问题的应对解决"离不开科学技术的进步"[5]。胡锦涛同志同样指出，必须依靠技术进步和创新……改善生态环境[6]。

三是加强宣传教育。江泽民同志提出"要加强环境保护的宣传教育"[7]。习近平总书记也强调："要倡导尊重自然、爱护自然的绿色价值观念"[8]。

四是要优化资源利用。邓小平同志提出要提高资源的利用效率。江泽民同志认为应合理开发利用资源和节约资源并重。

---

① 邓小平. 邓小平文选（第二卷）[M]. 北京：人民出版社，1994：146.
② 江泽民. 江泽民文选（第三卷）[M]. 北京：人民出版社，2006：468.
③ 习近平谈治国理政（第三卷）[M]. 北京：外文出版社，2020：363.
④ 邓小平年谱（下册）[M]. 北京：中央文献出版社，2004：882.
⑤ 江泽民. 论科学技术 [M]. 北京：中央文献出版社，2001：2.
⑥ 中共中央文献研究室. 十六大以来重要文献选编（中）[M]. 北京：中央文献出版社，2011：826.
⑦ 江泽民. 江泽民文选（第一卷）[M]. 北京：人民出版社，2006：533.
⑧ 习近平谈治国理政（第三卷）[M]. 北京：外文出版社，2020：375.

（二）上升性

1. 理论上升性

随着经济发展、生态环境问题的变化和人们认识的深入，中国共产党几代领导人对关于人与自然的关系的认识与判断不断深化和升华，呈上升性特征。最初，邓小平同志提出要正确认识和处理经济发展与环境保护的关系。江泽民同志认为自然是人生存的基础，人必须尊重自然，并掌握其自然规律，"要促进人和自然的协调与和谐"[1]。胡锦涛同志也多次强调要"统筹人与自然和谐发展"[2]，更要"建立和维护人与自然相对平衡的关系"[3]。习近平总书记则提出"人因自然而生"[4]，"人与自然是一种共生关系"[5]，"人与自然是生命共同体"的论断。

2. 地位上升性

中国特色社会主义生态文明思想在中国特色社会主义理论体系中的地位也呈现不断上升的趋势。

改革开放后至党的十四大期前（1979～1991年），针对社会主义建设所导致的生态环境问题，邓小平同志做了相关论述。但此时生态文明的地位不高，如党的十二大的要求物质文明和精神文明并立，党的十三届四中全会则提倡物质文明、精神文明、政治文明"三位一体"。可见，此阶段的生态文明基本是附属在经济发展中，即放在物质文明部分来论述，至于生态文明建设则尚未正式起步。由此可见，这一阶段的生态文明思想在党的执政理念中难有独立之地。

党的十四大到党的十六大之前（1993～2001年），江泽民同志提出了

---

① 江泽民．江泽民文选（第三卷）［M］．北京：人民出版社，2006：295．

② 中共中央文献研究室．十六大以来重要文献选编（上）［M］．北京：中央文献出版社，2011：850．

③ 中共中央文献研究室．十六大以来重要文献选编（上）［M］．北京：中央文献出版社，2011：853．

④⑤ 中共中央文献研究室．十八大以来主要文献选编（下）［M］．北京：中央文献出版社，2018：759．

可持续发展观，使生态文明建设首次明确成为党和政府治理公共事务的一部分，地位比上一阶段有了明显上升，但是地位仍不显著。

党的十六大至党的十八大之前（2002~2011 年），胡锦涛同志提出了科学发展观，这标志着生态文明正式以独立身份进入了党的执政视域中。尽管生态文明未能取得与物质文明、精神文明、政治文明同等的地位，但是生态文明建设已经成为党和政府治理国家事务的重要领域。与之相对应，主管环境保护的部门升格为中央部级单位。

党的十八以来，随着生态文明建设的重要性日益显现，生态文明的地位再次升格。习近平生态文明思想在全面总结的基础上，将生态文明升格为"五位一体"的独立一极。由此，生态文明取得了与物质文明、精神文明、政治文明、社会文明同等地位。生态文明成为国家治理的主要内容之一。

四、民族性和世界性的融合

（一）民族性

民族性是中国特色社会主义生态文明思想的又一鲜明特性。

一是中国特色生态文明思想的理论来源之一，是中国优秀传统文化。如儒家生态智慧中的"天人合一"的生态整体观、"以仁为本"的生态和谐观、"执两用中"、"以时禁发"的生态实践观，道家生态智慧中的"天人合一，道法自然"的生态自然观、万物平等的生态伦理观、"知足知止"和"少私寡欲"的生态实践观，佛教生态智慧中统一的生态自然观、"无情有性"和"众生平等"的生态伦理观，"慈悲为怀、节欲惜福"的生态实践观，对中国特色生态文明思想的形成产生了一定影响。

二是中国特色社会主义生态文明思想的实践基础是我国的生态文明建设。中国共产党立足于中国的生态环境实际，基于生态文明目标而展开了生态文明建设。在解决国内生态环境问题中逐步形成具有中国特色的生态文明思想体系，具有深刻的民族特性。

三是中国特色社会主义生态文明思想是为了维护中华民族的长远利益。中国共产党作为人民的政党，着力解决损害人民健康的突出环境问题，改善环境质量，为人民群众提供良好的生态产品。进而言之，积极倡导中国特色社会主义生态文明思想最根本的目的在于维护中华民族的长远利益，实现永续发展。

（二）世界性

在解决本国生态环境问题的同时，中国共产党人还怀着对世界环境问题的强烈责任担当，以开阔的全球胸怀积极面对和解决世界环境问题。中国特色社会主义生态文明思想也逐渐体现出世界性。

自 1972 年中国参加联合国第一次人类环境会议，江泽民同志提出生态环境问题需要"国际上的相互配合和密切合作"①，到胡锦涛同志提出"共同应对气候变化带来的挑战"②，再到我国缔结或者加入了包括《联合国海洋法公约》《巴塞尔公约》《联合国气候变化框架公约》等国际环境条约（公约）。我们积极参与全球环境治理。随着我国进入了新时代，习近平总书记提出了打造"人类命运共同体"。为此，习近平主席积极参与国际环境会议，致力于解决相关环境问题。2015 年底，习近平主席出席气候变化巴黎大会签署《巴黎协定》；2020 年，习近平主席在联合国生物多样性峰会发表重要讲话；2021 年，习近平主席在《生物多样性公约》第十五次缔约大会发表重要讲话。随着"人类命运共同体"联系的日益密切，中国正以实际行动不断参与和积极推动世界环境保护工作，并为全球生态文明建设提供中国样本，也让中国特色社会主义生态文明思想实现了民族性与世界性的有机融合。

总之，中国特色社会主义生态文明思想的演进具有清晰的逻辑和显著

---

① 江泽民. 江泽民文选（第一卷）[M]. 北京：人民出版社，2006：480－481.

② 胡锦涛. 开创未来，推动合作共赢 [N]. 人民日报，2005－7－8 (1).

的特征，是指导中国生态文明实践的本土创新理论，是我国农村环境政策的指导思想。

第二节　改革开放以来我国农村环境政策文本的演进特征

一、文本数量的持续增长性

从 1978～2021 年政策文本的数量变化，可窥探我国农村环境政策文本的变化过程。图 3-1 显示了 1978～2021 年相关政策文本的年度分布状况。从整体而言，政策文本数量呈曲折上升的趋势。

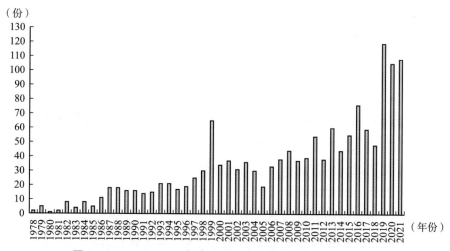

图 3-1　1978～2021 年我国农村环境政策文本的年度分布

（一）探索起步阶段：文本数量少但呈增长趋势

从总体文本数量上来看，1978～1991 年，14 年间共发布农村环境政策文本 128 份，文本总体数量较少。从年均文本数量来看，平均每年颁布 9.14 份，平均文本数量也相对较少。从文本增长趋势来看，1978～1986 年文本增长缓慢，1986～1991 年增长较快。虽偶有波动，本阶段政策文本整体呈增长趋势。

（二）平缓发展阶段：文本数量增加且增速较快

从总体文本数量上来看，1992～2001 年，10 年间共发布农村环境政策文本 284 份，文本总体数量比上一阶段增加较多。从年均文本数量来看，平均每年颁布 28.4 份，平均文本数量也增长较快。从文本增长趋势来看，1992～1998 年政策文本平稳增长，1999 年出现猛增态势，然后在 2000 年和 2001 年略有回落。主要原因在于 1999 年国家环境保护总局出台的《关于加强农村生态环境保护工作的若干意见》促进该年一系列政策文本的新增。从整体而言，本阶段政策文本虽偶有波动，仍呈增长趋势。

（三）快速发展阶段：文本数量较多且增速一般

从总体文本数量上来看，2002～2011 年 10 年间共发布农村环境政策文本 360 份，文本总体数量比上一阶段增加。从年均文本数量来看，平均每年颁布 36 份，平均文本数量也有增长。从文本增长趋势来看，虽然 2002～2011 年的政策文本增长速度一般，但整体仍呈增长趋势。

（四）全面推进阶段：文本数量很多且增速很快

从总体文本数量上来看，2012～2020 年 10 年间共发布农村环境政策文本 713 份，文本总体数量比上一阶段增加较多。从年均文本数量来看，平均每年颁布 71.3 份，平均文本数量增长也非常迅速。从文本增长趋势来看，2012～2021 年政策文本增长速度较快，整体呈波动式增加趋势。

二、发文主体的多元联合性

（一）政策发文主体构成多元化，但不同主体对政策的关注度存在差异

一般而言，"政策决策主体的构成情况很大程度上决定了公共政策的决策模式"①。由于不同政策制定主体本身价值理念和对某项公共政策关注程度以及关注重点的差异，他们参与制定公共政策的积极性与程度也不尽相同。

一方面，我国农村环境政策发文主体构成多元化。具体包括：中国共产党中央委员会、全国人民代表大会、全国人大常委会、国务院、生态环境部（含原国务院环境保护领导小组、城乡建设环境保护部、国家环境保护局、国家环境保护总局、环境保护部等）、农业农村部（含原农林部、农牧渔业部、农业部等）、自然资源部（含原矿产资源部、国土资源部等）、财政部、国家林业和草原局（含原林业部、国家林业局）、水利部、国家发改委（含原国家发展计划委员会、原国家计划委员会）、国家税务总局、国家海洋局、交通运输部（含原铁道部）、住房和城乡建设部②等。

另一方面，不同政策主体对政策的关注度存在差异：在多元化政策主体决策模式下，其中主要的发文主体是中国共产党中央委员会、全国人民代表大会、全国人大常委会、国务院、生态环境部、农业农村部、自然资源部、国家发改委、财政部、国家林业和草原局、水利部（见表3-1）。上述部门对农村环境政策议题给予了高度关注并积极参与制定政策，制定政策文本数量占据政策文本的大多数。而其他部门对政策议题的关注度较低，政策关注内容相对单一，参与制定的政策数量极少，占政策总数的比

---

① 胡春艳，周付军. 农村环境政策演进与结构特征——基于政策文本的实证分析 [J]. 湖北行政学院学报，2019（3）：41-48.

② 下文将省略含的内容.

重极低，对农村环境政策制定的参与有限。

表 3 – 1 我国农村环境政策的主要发文主体

部门名称	参与发文次数
中国共产党中央委员会	54
全国人民代表大会	11
全国人大常委会	64
国务院	275
生态环境部（含原环境保护部、城乡建设环境保护部、环保总局、国务院环保委员会、国务院环境保护领导小组等）	513
农业农村部（含原农牧渔业部、农业部）	285
自然资源部（含原矿产资源部、国土资源部）	239
国家林业和草原局（含原林业部、国家林业局）*	112
财政部	105
国家发改委（含原国家发展计划委员会、原国家计划委员会）	90
水利部	86
住房和城乡建设部	37
交通运输部（含原铁道部）	19
国家税务总局	17
国家海洋局	8

注：因林业资源是资源保护的重要内容，此处未合并入自然资源部。

（二）政策发文主体呈联合化趋势，但协作关系有待加强

单个政策主体发文 1 233 份，占整个政策文本数量的 83.03%；而联合发文政策文本共 252 个，仅占 16.97%。可见，我国农村环境政策制定仍旧是以部门单独决策为主，多部门联合决策情况相对较少。

在联合发文中，从联合部门数目来看，以两个部门和三个部门联合发文居多，两个部门联合发文占整个政策文本数量的 9.70%，三个部门联合发文占整个政策文本数量的 2.83%。两个部门和三个部门联合发文共占联合发文数量的 73.81%。从时间分布上看，部门联合发布政策文件呈上升趋势，体现出越来越联合的特征。且部门间的联合在第四阶段最多。

在通常情况下，几个部门联合发文，不仅表示几个部门参与了政策制定，也表明在政策执行中，需要几个部门联合行动。但是，从联合发文数量占比仅为整个政策文本数量的 16.97%，表明部门间的协作关系还有待进一步加强。

（三）从发文主体透视环境管理机构的变迁

1. 国家环境保护机构地位逐步升格

我国国家环境保护机构经历了如下变化（见图 3 - 2）：成立国务院环境保护领导小组⇨成立城乡建设环境保护部，内设环境保护局，成立国务

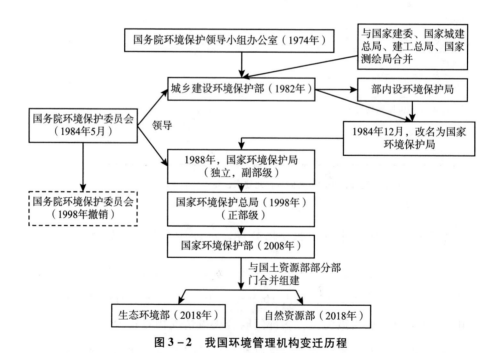

图 3 - 2　我国环境管理机构变迁历程

院环境保护委员会➪成立国家环境保护局➪成为独立的国家环境保护局（副部级）➪升格为国家环境保护总局（正部级），撤销国务院环境保护委员会➪升格为环境保护部，成为国务院组成部门➪组建生态环境部和自然资源部。

2. 农村环境管理机构归属多头

除了由国家环境保护机构统一进行农村环境管理外，农业部等部门也曾专门负责管理过农村环境。其变化过程见图 3 - 3。

（1）由农业部下属机构专门管理

1976 年，原农林部科教局内设处级环保组负责农业环境保护工作➪1985 年，农牧渔业部成立了环境保护委员会，委员会办事机构设在能源环保办公室➪1987 年，农牧渔业部能源环境保护局➪1989 年，改名为环保能源司。整个变化过程体现出农村环保职能的增强。

（2）主要由环境保护局管理，农林部管理为辅

1994 年，农林部负责管辖，明确提出"农业环境保护"➪1996 年，有关农村生态环境保护的职能划归原国家环境保护局行使➪1998 年，农业环保职能划归国家环境保护总局环保部门统一管理，成立农村处作为农村环保专门部门。农业部只保留了国家法律、行政法规规定以及国务院机构改革方案中赋予的"农业环境保护"职能；环保能源司被撤销，相应职能划归科技教育司的资源环境处和农村能源处。从整体而言，体现出农村环保职能在历次国务院机构调整中被削弱。

（3）主要由环境保护部管理，农业部、国土资源部、林业部等管理为辅

2008 年，农村环境管理的具体工作由环境保护部自然生态保护司农村环境保护处和农业部科技教育司资源环境处主要负责。而资源管理部分在国土资源部体现更多，其职责包括承担保护与合理利用土地资源、矿产资源、海洋资源等自然资源的责任，规范国土资源管理秩序的责任，承担全国耕地保护，及时准确提供全国土地利用各种数据的责任等 11 项职责。

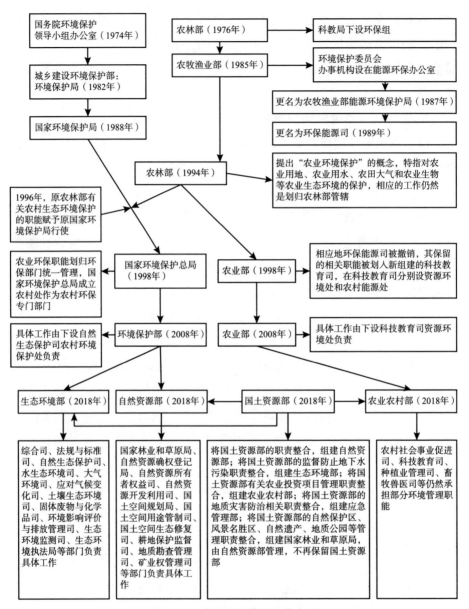

图 3-3 农村环境管理机构变迁

（4）主要由生态环境部和自然资源部管理，农业农村部管理为辅

2018 年，组建生态环境部和自然资源部。除了生态环境部下属的综

合司、法规与标准司等部门有农村环境管理职能，自然资源部下属的国家林业和草原局、自然资源确权登记局等部门也有农村环境管理职能。

农业农村部仍然有部分农村环境管理职能。主要职责中涉及农村环境保护的是：牵头组织改善农村人居环境，组织农业资源区划工作，负责有关农业生产资料和农业投入品的监督管理。具体负责部门有农村社会事业促进司、科技教育司、种植业管理司、畜牧兽医局。

三、文本形式的复合多样性

（一）横向层面文本形式多样，既务虚又务实

从图3-4可窥探1978～2021年农村环境政策的文本类型特征，具体如下。

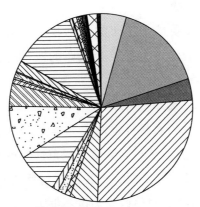

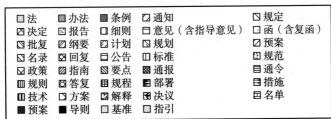

图3-4　政策文本类型占比

一是我国环境政策以法、条例、办法、决定、通知、规定、报告、细则、方法、意见、函（包括复函）、批复、纲要、计划、预案、方案、规划、回复、公告、标准、规范、政策、指南、要点、通报、通令、指令、规则、答复、名录等30多种文本形式出现。其中，法、办法、条例、通知、公告、名录、规定、决定、报告、细则、意见、函（含复函）、批复、方案为主要的政策文本类型，占总类型的94.99%以上。二是注重战略和原则的政策文本类型包括法、规定、条例、决定和意见等，注重具体管理和实施的政策文本类型包括办法、实施细则、通知等，二者基本平衡。

（二）纵向层次文本形式多样，分阶段各有侧重

从政策力度与政策数量上来看，农村环境政策样本的政策力度与政策数量成反向关系，即政策力度越大的，政策数量越少，政策力度越小的，政策数量越多。

1. 总体形成六个层级

由中国共产党中央委员会发布的党的政策法规，占总数的3.85%；全国人民代表大会及全国人大常委会发布的法律等，占总数的4.65%；由国务院发布的法规、规范性文件，占总数的14.89%；由生态环境部和其他政府部门发布的规章、规范性文件、工作性文件，占总数的76.61%；共同构成了我国农村环境政策文本形式体系。纵向而言，形成党的政策法规、法律、行政法规、规章、规范性文件、工作文件6个层级的政策文本，见图3-5。综上而言，我国农村环境政策以各个部委部门规章以及规范性文件为主，总体政策力度不够大。

2. 分阶段各有侧重

一是探索起步阶段宏观政策偏多。由中国共产党中央委员会发布的党的政策，占总数的7.03%；全国人民代表大会及全国人大常委会发布的法律等，占总数的12.5%；由国务院发布的法规、规范性文件，占总数的28.13%；由生态环境部和其他政府部门发布的规章、规范性文件、工作性文件，占总数的52.34%。这一阶段政策力度较大的党的政策、法

律、行政法规以及国务院规范性文件数量占比较大，体现了国家顶层设计对环境保护的高度重视；同时意味着农村环境政策偏宏观的较多。

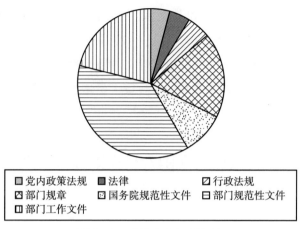

图 3 - 5　政策文本性质占比

二是平缓发展阶段政策开始转向务实。由中国共产党中央委员会发布的党的政策，占总数的 3.87%；全国人民代表大会及全国人大常委会发布的法律等，占总数的 3.17%；由国务院发布的法规、规范性文件，占总数的 23.24%；由生态环境部和其他政府部门发布的规章、规范性文件、工作性文件，占总数的 69.72%。这一阶段政策力度较大的党的政策、法律、行政法规以及国务院规范性文件数量上升，但占比有所下降，体现了政策力度虽有所减小，但更注重实际。

三是快速发展阶段政策更加务实。由中国共产党中央委员会发布的党的政策，占总数的 3.88%；全国人民代表大会及全国人大常委会发布的法律等，占总数的 4.71%；由国务院发布的法规、规范性文件，占总数的 16.90%；由生态环境部和其他政府部门发布的规章、规范性文件、工作性文件，占总数的 74.52%。这一阶段政策力度较强的党的政策、法律、行政法规以及国务院规范性文件数量上升，但占比持续下降，体现了政策力度虽略有减小，仍更注重实际。

四是全面推进阶段仍注重务实。由中国共产党中央委员会发布的党的政策法规，占总数的3.93％；全国人民代表大会及全国人大常委会发布的法律等，占总数的3.65％；由国务院发布的法规、规范性文件，占总数的7.15％；由生态环境部和其他政府部门发布的规章、规范性文件、工作性文件，占总数的85.27％。这一阶段政策力度较大的党的政策法规、法律、行政法规以及国务院规范性文件数量略有下降，占比下降，体现了政策力度减小，但更注重实际的政策大量增加。

第三节　改革开放以来我国农村环境政策体系的演进特征

改革开放以来我国农村环境政策体系具有自身的特征。从特征的角度探讨政策体系，有助于对本研究的进一步深化。通过对改革开放以来我国农村环境政策体系进行系统解析、提炼和整合，在把握共性和规律性的基础上，可以认为，改革开放以来我国农村环境政策在演进中，其内容构成逐步科学化、政策主题不断丰富、政策重点基本稳定、政策工具显示出阶段差异性。

一、内容构成的逐步科学化

改革开放前，我国的农村环境问题大多属于原生环境问题，可以依靠环境自身进行修复。改革开放之后，随着环境问题的不断发展变化，城镇环境污染现象越来越严重，农村也开始出现次生环境问题，此种环境问题难以依靠环境自身进行修复。此间党和政府关注的焦点多是城镇环境污染或工业污染，出台政策也以其为主，很少涉及农村地区的环境保护，更缺乏专门的农村环境政策。进入21世纪后，在我国综合国力稳步提升后，党和政府对农村环境保护越来越重视，农村环境政策得以从其他环境政策中逐渐分化并形成独立的环境政策体系。

（一）探索阶段初步建立农村环境政策的简单框架

这一阶段环境政策焦点在城市，农村环境保护与治理处于弱势地位。农村环境政策多散见于通用性政策文本中，专门性农村环境政策文本非常少。从政策内容看，仍可分为综合性环境政策、污染防治政策和自然资源保护三大类。从具体内容来看，综合性环境政策突出了农村环境保护目的与任务、农村环境调查与规划、加大科研技术研发与推广、环境监测。污染防治政策包括海洋污染防治、噪声污染防治、水污染防治和大气污染防治、乡镇企业污染防治、农业面源污染防治。关于自然资源保护政策方面，其保护范围包括水、土地、林业、草原、野生物、矿产等资源，还包括重视农业水利建设及节约能源资源。

（二）平缓发展阶段农村环境政策框架基本形成

这一阶段综合性环境政策包括环境保护的目的与任务、制定规划计划、加强技术研发与推广、保证资金投入、环境标准。污染防治政策中包括水污染防治、噪声污染防治、固体废物污染防治、农业面源污染防治、防治乡镇企业污染。自然资源保护政策包括兴修水利与保护水土、保护土地资源、保护森林资源、保护野生生物资源、保护渔业资源、保护矿产资源、保护海洋环境和水产资源、节约能源。

这一阶段污染防治政策占比有较大幅度增长，自然资源保护政策占比虽略有下降，但仍占据着主要地位。

（三）快速发展阶段农村环境政策内容得到极大丰富

这一阶段综合性环境政策包括明确环境保护目的或任务、保障环境保护资金、加强制度建设、实施主体功能区战略、发展循环经济、环境标准体系建成、环境监测机制进一步完善、大力发展环境保护科学技术等。污染防治政策包括全国主要污染物排放总量控制、污染普查、污染物的监控监察、技术政策、保证污染防治的资金、水污染防治、固体废物污染防治、大气污染防治、土壤污染防治等。自然资源保护政策包括保护土地资源、保护水资源、做好生态屏障建设、保护水产资源、保护矿产资源、保护野生生物资源、保护遗传资源管理、资源节约与综合利用等。

与前两个阶段相比，增加了加强制度建设、实施主体功能区战略、发展循环经济、环境影响评价、突发环境事件的处置、全国主要污染物排放总量控制、技术政策、自然资源确权等内容。

（四）全面推进阶段农村环境政策体系更加完善和科学

一是综合性环境政策文本中涉及农村环境保护的内容更加丰富。如全国环境保护目标与任务有较大的变化，更加突出"生态文明"的地位，随之，农村环境保护的目标与任务中也突出加强农村生态文明建设。如环境保护法、大气污染防治法、水污染防治法、固体废物污染环境防治法、大气污染防治法都在原有的基础上增加了如农村饮用水水源地保护、农村环境卫生、农村污水、生活垃圾等农村环境保护内容。

二是一些原位阶较低的专项立法的规制范围和约束力得以提升。如《畜禽规模养殖污染防治办法》提升为《畜禽规模养殖污染防治条例》，《农药管理规定》提升为《农药管理条例》等。

三是专门性农村环境政策文本增长迅速且增长数量非常多。综合性环境政策中包括《关于创新体制机制推进农业绿色发展的意见》（2017）、《农业生态环境保护项目资金管理办法》（2018）等多份政策文本。污染防治政策中包括《关于印发农业农村污染治理攻坚战行动计划的通知》（2018）、《关于推进农村生活污水治理的指导意见》（2019）等。特别是《土壤污染防治法》的颁布标志着农村环境治理终于进入土壤污染防治法治时代。

四是农村环境政策体系的专业性不断增强。农村环境政策具有其独特的专业特色，如优化农业发展布局，全面推进生态农业和农业绿色发展，成为第四阶段农村环境政策的重点；全面推进农村人居环境整治和继续加强农业面源污染防治仍是这一阶段农业农村工作的重中之重。

二、政策主题的不断丰富性

(一) 探索起步阶段：政策主题相对较少

这一阶段经历了农村农业经营制度改革时期（1978～1985 年）和农村市场化改革时期（1986～1991 年）。这一时期农业农村发展实现超常规的高速增长。同时，农村环境问题也变得复杂，不仅包括农业生产环境问题，还包括乡镇企业带来的污染问题。为此，这一阶段农村环境污染防治政策主要围绕这两大问题展开，具体政策主题见表3-2。

表 3 - 2　　　　　　　　　　　探索起步阶段政策主题

	综合性环境政策	污染防治政策	自然资源保护政策
面向全国	1. 明确环境保护的目的与任务 2. 做好调查与规划 3. 做好环境监测	1. 水污染防治 2. 噪声污染防治 3. 海洋污染防治 4. 大气污染防治	1. 保护土地资源 2. 保护林业和草原资源 3. 保护水资源 4. 保护野生生物资源 5. 保护渔业资源 6. 保护矿产资源 7. 节约能源
专门针对农村	1. 明确农村环境保护的目的与任务 2. 做好农业资源调查与规划 3. 做好环境监测 4. 加大科研技术研发与推广	1. 做好乡镇企业污染防治 2. 农业面源污染防治 3. 农村水污染防治 4. 海洋污染防治	

(二) 平缓发展阶段：政策主题基本稳定

1993～2001 年是农村社会主义市场经济转轨时期。这一阶段，农业面源污染在整体环境污染中所占比重逐渐上升，工业源仍是政府在这一阶段环境管理的重点；同时，高速发展也带来了更严重的生态破坏[①]。虽然

---

① 王西琴，李蕊舟，李兆捷. 我国农村环境政策变迁：回顾、挑战与展望 [J]. 现代管理科学，2015（10）：28-30.

环境政策内容在此已经更加全面、更加综合，政策实施手段也更加细化和具体，可操作性大大增强，具体政策主题见表 3 – 3。但是农业面源污染防治在整个环境政策中还处在应对原则的阶段，未出台专门的农业面源污染防治政策，仍只能在相关政策文件中搜寻到比较宏观的目标，缺少具体的、有针对性的政策。

表 3 – 3   平缓发展阶段政策主题

	综合性环境政策	污染防治政策	自然资源保护政策
面向全国	1. 提出了环境保护的目的、要求或任务 2. 制定环境保护规划计划 3. 加强技术研发与推广 4. 保证资金投入 5. 环境标准 6. 环境监测	1. 水污染防治 2. 噪声污染防治 3. 固体废物污染防治	1. 兴修水利，保护水土 2. 保护土地资源 3. 保护森林资源 4. 保护野生生物资源 5. 保护渔业资源 6. 保护矿产资源 7. 节约能源
专门针对农村	1. 提出农村环境保护的任务或要求 2. 制定环境保护规划计划 3. 加强技术研发与推广 4. 加大农业基础设施资金投入	1. 农业面源污染防治 2. 防治乡镇企业污染 3. 噪声污染防治	

（三）快速发展阶段：政策主题快速丰富

2002 ~ 2011 年，我国经济发展进入了工业反哺农业阶段。我国农业农村也进入新的发展阶段，主要特征是"以工补农、以城带乡"，努力实现工业与农业、城市与农村的协调发展阶段。这一阶段，我国农村环境政策主题新增了基本形成资源节约型、环境友好型农业，改善农村人居环境等主题。具体政策主题见表 3 – 4。

表 3 - 4　　　　　　　　　　快速发展阶段政策主题

	综合性环境政策	污染防治政策	自然资源保护政策
面向全国	1. 明确环境保护目的或任务 2. 保证环境保护资金 3. 加强制度建设 4. 实施主体功能区战略 5. 发展循环经济 6. 环境标准 7. 环境监测 8. 环境保护技术	1. 全国主要污染物排放总量控制 2. 污染普查 3. 污染物的监控监察 4. 技术政策 5. 保证污染防治的资金 6. 水污染防治 7. 固体废物污染防治 8. 大气污染防治 9. 土壤污染防治	1. 保护土地资源 2. 保护水资源 3. 做好生态屏障建设 4. 保护水产资源 5. 保护矿产资源 6. 保护海洋资源 7. 保护野生生物资源 8. 资源节约与综合利用
专门针对农村	1. 明确农村环境保护目的或任务 2. 保证农村环境保护资金 3. 加强制度建设 4. 发展生态农业和循环农业 5. 环境标准 6. 农村环境监测 7. 大力发展农业技术	1. 人居环境治理 2. 农业面源污染防治 3. 防止城市工业污染转移 4. 技术政策	

（四）全面推进阶段：政策主题新增较多

2012 年以来，我国农业资源要素更加紧缺，生态环境承载力剧增。党和政府对农村环境问题更加关注，制定了较多的专门性农村环境政策。本阶段农村环境政策体系特点为：政策体系逐步完善，形成了多项农村环境保护专项制度设计，适用性和创新性不断增强，强调和重视发挥多元主体的合力作用。具体政策主题见表 3 - 5。

表 3 – 5　　　　　　　　　全面推进阶段政策主题

	综合性环境政策	污染防治政策	自然资源保护政策
面向全国	1. 环境保护目标或任务 2. 加强制度建设 3. 加强技术开发与推广 4. 环保资金 5. 环境监管 6. 环境标准 7. 环境保护行政执法 8. 环境宣传教育	1. 污染普查 2. 确保污染防治资金 3. 主要污染物总量减排 4. 排污许可 5. 第三方治理 6. 深入开展污染防治行动 7. 大气污染防治 8. 水污染防治 9. 固体废物污染防治 10. 海洋污染防治 11. 噪声污染防治	1. 资金保障 2. 自然资源产权制度改革 3. 生态保护与修复 4. 资源利用 5. 生物多样性保护 6. 技术支持 7. 保护水资源 8. 保护土地资源 9. 保护森林资源和草原资源 10. 保护水产资源 11. 保护矿产资源 12. 保护野生生物资源 13. 保护遗传资源管理 14. 湿地保护
专门针对农村	1. 农村环境保护目标或任务 2. 加强制度建设 3. 农村环保资金 4. 推广农业科技 5. 农业绿色发展 6. 加快农业环境突出问题治理 7. 开展农村人居环境整治	1. 土壤污染防治 2. 农业面源污染 3. 农村人居环境污染防治 4. 农村大气污染防治技术政策 5. 农村固体废物污染防治	

三、政策重点的基本稳定性

（一）探索起步阶段的政策重点比较单一

探索起步阶段，自然资源保护政策占据着绝对主要的地位，主要原因在于改革开放前的农村环境污染问题不突出。我国的生态实践主要集中于保护林业资源、兴修水利、节约能源。而经过改革开放初期的经济飞速发展，农村环境问题也变得更加复杂，不仅是资源过度开发和浪费的问题，还出现了乡镇企业污染和因过量施用化肥、农药引起的农业面源污染问题。因这一阶段农村环境政策的重点在于自然资源保护、农业面源污染防治和乡镇企业污染防治。

（二）平缓发展阶段政策重点保持稳定

与上一阶段相比，本阶段增加了加强技术研发与推广、保证资金投入、环境标准、固体废物污染防治、保护渔业资源、兴修水利与保护水土等政策内容，体现出这一时期党和政府对农村环境保护的关切程度更大。但是自然资源保护、农业面源污染防治和乡镇企业污染防治一直是我国农村环境政策的重心所在。

（三）快速发展阶段政策重心发生转移

这一阶段污染防治政策占比上升幅度较大。主要体现在：一是加强人居环境治理，改水、改厨、改厕、改圈，开展垃圾集中处理。二是在农村工业污染治理上，由采取有效措施防止城市、工业污染向农村扩散到严禁向农村扩散。三是出台农村面源污染治理方面的政策，加快重点区域治理，加大农业面源污染防治力度。

这一阶段明确提出对农村"生态"的保护。尽管之前两个阶段的自然资源保护政策就是对农村"生态"的保护，但是在相关政策文本中很少明确的提及，此阶段，在很多重要的政策文本中，均明确提出对农村"生态"的保护。如《农业法》（2002）中多次提及"农业生态环境""发展生态农业，保护和改善生态环境"，《水污染防治法》中也有"水域生态环境"的表达。政策文本中对农村"生态"的关注，反映出党和政府对农村环境的保护，不只是对自然资源的保护，更明确的关注"生态"保护，其看待农村环境问题的视野更加整体化和系统化。

（四）全面推进阶段政策重点更加全面

这一阶段综合性农村环境政策重点内容包括农业绿色发展、加快农业环境突出问题治理、开展农村人居环境整治。农村环境污染防治的重点内容包括土壤污染防治、农业面源污染防治和农村人居环境污染防治。自然资源保护政策包括加强资金保障、进行自然资源产权制度改革、资源利用、技术支持、保护土地资源、保护水资源、保护森林资源和草原资源等。

四、政策工具的阶段差异性

"选择合适的政策工具，可以起到事半功倍的作用"①。合适的政策工具有利于解决我国农村环境问题。

（一）总体上政策工具体系已经形成

从整体看，选取的 1 485 个政策文本兼顾了规制性、市场性和社会性等政策工具，基本形成了三者相结合的政策工具体系。规制性政策工具凭借其天然优势起到了较好的治理效果，使用次数占政策工具使用总频次的76.68%，处于绝对的主导地位；市场性政策工具应用非常少且没有充分发挥作用，使用只占政策工具使用总频次的 4.69%；社会性政策工具的使用有所增加，占比 18.63%。同时，这三种政策工具在具体运用上表现出明显的差异性。

1. 规制性政策工具占据绝对优势地位

规制性政策工具能在政策工具体系中占据优势地位。原因有三：一是其"易操作、易管理、易寻租"等自身优势，易聚焦政策重点；二是在农村环境污染防治过程中，政府仍起主导作用；三是规制性政策工具内部的诸多具体工具，能对政策执行主体行为进行框定、强化与纠偏。如环境标准、申报许可、环境影响评价能框定政策执行主体朝着既定目标运行，环境考核评价和监督检查能将政府官员的偏离行为重新拉回到合法轨道中来，实现政策纠偏。

规制性政策工具内部则呈现使用不均衡特点。从图 3 - 6 可知，环境监督检查的使用次数占规制性政策工具使用次数的 22.27%，申报许可的

---

① 托马斯·思德纳. 环境与自然资源管理的政策工具 [M]. 张蔚文，黄祖辉译. 上海：上海三联书店，上海人民出版社，2005：2 - 3.

使用次数占规制性政策工具使用次数的 13.03%，环境行政处罚的使用次数占规制性政策工具使用次数的 12.83%，分区保护的使用次数占规制性政策工具使用次数的 7.76%，环境考核评价的使用次数占规制性政策工具使用次数的 7.59%，上述使用次数排名前五的政策工具共占规制性政策工具使用次数的 63.48%。

2. 市场性政策工具应用非常少

市场性政策工具内部也呈现使用不均衡的特点。从图 3-6 可知，用者付费的使用次数占市场性政策工具使用总次数的 22.14%，环境税收占使用总次数的 17.47%，生态补偿占使用总次数的 17.17%，环境保险占使用总次数的 12.67%，环境补贴占使用总次数的 11.49%。上述排名前五政策工具的使用占市场性政策工具使用的 80.94%。在图中列出的市场性政策工具的具体实践中，很多仍处于试点阶段，真正由环保部门在全国推广执行得很少，用者付费是相对较为成熟也是大多数时间内使用最多的市场性政策工具，生态补偿是近年使用较多的市场性政策工具。

3. 社会性政策工具使用逐步增长

从图 3-6 可知，社会性政策工具的使用有所增加。环境监测的使用次数占社会性政策工具使用的 37.55%，环境听证占使用总次数的 9.44%，宣传教育占使用总次数的 8.65%，清洁生产占使用总次数的 8.12%，环境统计占使用总次数的 6.83%。上述排名前五政策工具的使用次数之和占社会性政策工具使用总次数的 70.59%。

"自上而下"信息传递的信息型政策工具的使用占社会性政策工具使用的 83.23%，"自下而上"的公众参与占 16.77%。这说明在我国的农村环境政策中，一方面政府特别重视环境统计、环境监测环境信息公开等信息型政策工具，使农村环境问题能够得到全社会的关注，激发社会全员积极参与农村环境治理；另一方面，公众参与农村环境治理的积极性还有待提高。

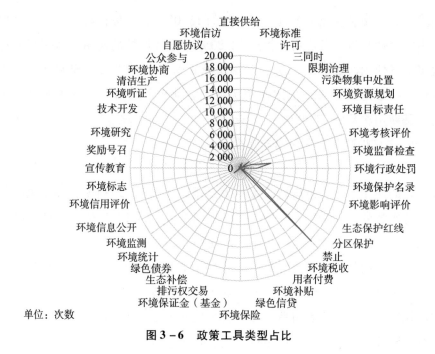

单位：次数

图 3 - 6　政策工具类型占比

（二）各阶段政策工具比重差异较大

1. 探索起步阶段政策工具特征

一是规制性政策工具占据绝对的主体地位。规制性政策工具使用次数占政策工具使用总频次的 86.83%，占据绝对的主导地位，并凭借其天然优势起到了较好的治理效果。从图 3 - 7 可知，申报许可的使用次数占规制性政策工具使用次数的 18.56%，环境监督检查占使用总次数的 18.20%，环境标准占使用总次数的 16.78%，环境行政处罚占使用总次数的 13.00%，直接供给占使用总次数的 6.68%，上述使用次数排名前五的政策工具共占规制性政策工具使用次数的 73.21%。这 5 种规制性政策工具均属于常见、成本低、易操作且见效快的政策工具。

二是市场性政策工具使用非常少。市场性政策工具种类少，使用只占政策工具使用总频次的 3.75%，应用非常少且没有充分发挥作用。从图 3 - 7 可知，用者付费的使用次数占市场性政策工具使用的 46.84%，环境保证金（基金）占使用总次数的40.51%。两种政策工具的使用占市场性政策工具使用的87.35%。用者付费与环境保证金属于常见易操作的市场性政策工具。

三是社会性政策工具使用不足。社会性政策工具种类较少，使用占比为9.41%。从图3-7可知，环境监测的使用次数占社会性政策工具使用总次数的73.74%，环境统计占使用总次数的18.43%，宣传教育占使用总次数的3.54%。3种政策工具的使用占社会政策工具使用的95.71%。"自上而下"信息传递的信息型政策工具的使用占社会性政策工具使用的94.20%，"自下而上"的公众参与仅占5.8%，表明公众参与度极低。信息型政策工具的使用远远高于公众参与型政策工具。

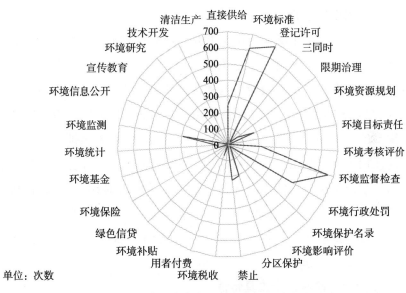

图3-7　政策探索起步阶段政策工具类型占比

2. 平缓发展阶段政策工具特征

一是规制性政策工具的绝对优势地位未发生改变。规制性政策工具使用次数占政策工具使用总次数的83.86%，占比比政策探索起步阶段略有下降，但仍占据绝对的主导地位。从图3－8可知，环境监督检查的使用次数占规制性政策工具使用总次数的21.25%，环境行政处罚占使用总次数的18.37%，环境标准占使用总次数的13.84%，申报许可占使用总次数的11.54%，环境资源规划占使用总次数的10.64%，取代直接供给进入前五。上述使用次数排名前五的政策工具共占规制性政策工具使用次数的75.64%。

二是市场性政策工具使用占比下降。市场性政策工具使用只占政策工具使用总频次的2.40%，比政策探索起步阶段略有下降。从图3－8可知，用者付费的使用次数增多，占市场性政策工具使用的69.34%；绿色信贷占使用总次数的18.25%，取代环境保证金成为第二大市场性政策工具。两种政策工具的使用占市场性政策工具使用的87.59%，其他市场性政策工具使用次数非常少。

三是社会性政策工具使用迅速上升。社会性政策工具的使用比政策探索起步阶段有较大幅度增加，占比达到13.74%，从图3－8可知，环境监测的使用次数占社会性政策工具使用总次数的39.87%，环境研究占使用总次数的13.38%，环境统计占使用总次数的11.46%，清洁生产占使用总次数的9.17%，奖励号召占使用总次数的8.41%。排名前五的政策工具的使用占社会政策工具使用的82.29%。其中，"自上而下"信息传递的信息型政策工具的使用占社会性政策工具使用的61.15%，占比比上一阶段有较大幅度下降，但信息型政策工具仍明显高于公众参与型政策工具。公众参与型政策工具占比迅速上升，表明"自下而上"的公众参与在这一阶段使用多起来。

3. 快速发展阶段政策工具特征

一是规制性政策工具仍占据主导地位。这一阶段规制性政策工具使用次数占政策工具使用总频次的78.72%，比政策平缓发展阶段下降了5%，但仍占据绝对的主导地位。从图3－9可知，环境监督检查的使用次数占规制性政策工具使用总次数的27.46%；申报许可占使用总次数的12.77%；环境行政处罚占使用总次数的12.22%；分区保护占使用总次

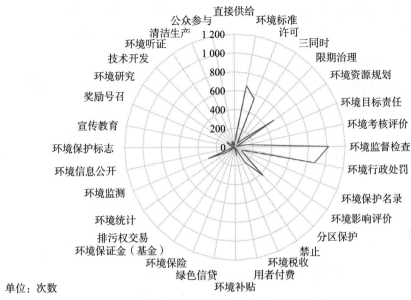

图 3 - 8　政策平缓发展阶段政策工具类型占比

数的 9.98%，环境考核评价占使用总次数的 9.53%，二者取代上阶段的环境资源规划和环境标准进入前五，表明环境资源规划和环境标准已相对成熟，分区保护和环境考核评价成为此阶段规制性政策工具的"新宠"。上述使用次数排名前五的政策工具共占规制性政策工具使用总次数的 71.96%。

二是市场性政策工具使用略有上升。这一阶段市场性政策工具使用占政策工具使用总频次的 4.13%，比政策平缓发展阶段略有上升，但总体应用仍非常少。从图 3 - 9 可知，环境保险的使用次数占市场性政策工具使用次数的 30.86%，用者付费的使用次数占市场性政策工具使用次数的 20.77%，环境税收的使用次数占市场性政策工具使用次数的 16.62%，生态补偿的使用次数占市场性政策工具使用次数的 12.17%。排名前四的政策工具的使用占市场性政策工具使用总次数的 65.28%。表明这一阶段较多的市场性政策工具被使用，新增的市场性政策工具也多起来。

三是社会性政策工具的使用有所增加，占比 17.15%。从图 3 - 9 可知，环境监测的使用次数占社会性政策工具使用的 19.41%，环境听证占使用总次数的 18.77%，清洁生产占使用总次数的 13.70%，环境信访占使用总次数的 8.78%，环境统计占使用总次数的 8.71%。排名前五的政策工具的使用次数之和占社会政策工具使用总次数的 69.38%。"自上而下"信息传递的信息型政策工具的使用占社会性政策工具使用的 52.39%，"自下而上"的公众参与占 47.61%，二者基本持平。

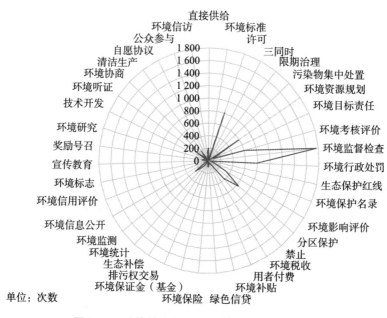

图 3-9　政策快速发展阶段政策工具类型占比

4. 全面推进阶段政策工具特征

一是规制性政策工具使用次数占政策工具使用总频次的 71.61%，比政策快速发展阶段减少 7.11%，但仍占据绝对的主导地位。从图 3-10 可知，环境监督检查的使用次数占规制性政策工具使用次数的 21.20%，环境资源规划的使用次数占规制性政策工具使用次数的 15.83%，申报许可的使用次数占规制性政策工具使用次数的 12.14%，环境行政处罚的使用次数占规制性政策工具使用次数的 11% ，环境考核评价的使用次数占规制性政策工具使用次数的 8.98% ，上述使用次数排名前五的政策工具共占规制性政策工具使用次数的 69.15% 。

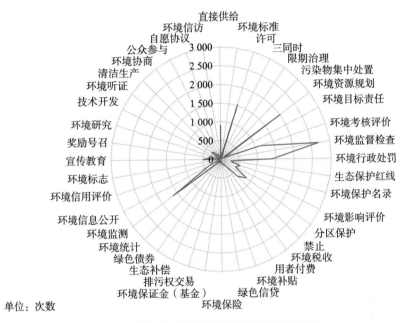

单位：次数

图 3 - 10　政策全面推进阶段政策工具类型占比

二是市场性政策工具使用占政策工具使用总频次的 5.18% ，使用次数仍然非常少，但比政策快速发展阶段增加 1.05% ，且种类有增加。从图 3 - 10 可知，环境税收占使用总次数的 24.57% ，环境补贴占使用总次数的 17.5% ，用者付费的使用次数占市场性政策工具使用总次数的 14.67% ，生态补偿占使用总次数的 12.17% ，环境保险占使用总次数的 11.41% 。上述排名前五政策工具的使用占市场性政策工具使用的 80.32% 。

三是社会性政策工具的使用占比 23.21% ，比政策快速发展阶段有较大幅度的上升，上升 6.06% 。从图 3 - 10 可知，环境监测的使用次数占社会性政策工具使用次数的 39.8% ，宣传教育占使用总次数的 12.02% ，环境信息公开占使用总次数的 9.04%，环境听证占使用总次数的 7.66%，清洁生产占使用总次数的 6.79%。上述排名前五的政策工具的使用次数之和占社会性政策工具使用总次数的 75.31%。新进入前五的社会性政策工具是环境信息公开、宣传教育。这一阶段"自上而下"信息传递的信息型政策工具迅速发展，使用占社会性政策工具使用总次数的 71.47%，而"自下而上"的公众参与型政策工具占 28.53%，占比较上一阶段下降较多。

总之，规制性政策工具的绝对优势说明了我国政府在农村环境治理中仍占据着主导地位。市场性政策工具所占比例低反映了农村环境治理中市场力量的发育不足，市场力量在农村环境治理中还存在很大的发展空间。社会性政策工具使用频次的增加说明我国政府在农村环境治理中的角色已经有了实质性转变。

本 章 小 结

在梳理了改革开放以来的农村环境政策文本后，本研究力图超越表面化的政策文本，厘清改革开放以来农村环境政策的发展脉络和演变特征。并通过上述分析得出如下反思与启示。

一是农村环境政策的指导思想，具有继承性和创新性的统一、理论性和实践性的统一、连续性和上升性的结合、民族性和世界性的融合四大特征。改革开放以来我国农村环境政策指导思想的演进过程，是对马克思主义创始人生态环境思想继承与发展的过程，是对马克思主义生态环境思想丰富发展创新的过程，也是在中国特色社会主义理论体系中地位提升的过程。

二是农村环境政策的地位正逐步提高。从农村环境政策在整个环境政策领域的地位来看，农村环境政策在整个环境政策领域中逐渐具有相对独立的地位。从 1978 ~ 2021 年政策文本数量的增长趋势来看，农村环境政策的重要地位正逐步提高。这意味着我国政府对农村环境治理的更加重视，相应农村环境政策的重要地位将更加凸显，外在将表现出农村环境政策的文本数量将进一步增加。依据前文分析可知，我国农村环境政策演化总体上表现为"政策起步—政策发展—政策加速—政策深化"的四阶段特征，近年来政策稳定性逐步增强。近 10 年来，得益于党和政府对农村环境问题的进一步重视，农村环境政策进入全面推进时期，政策数量迅猛增加，政策内容覆盖面迅速扩大。这表明，经过 40 多年的政策实践，农村环境政策已步入稳定发展时期，其政策体系已经形成并日趋完善。

三是农村环境政策的制定主体逐步联合，但协同程度较低。从纵向而言，中国共产党中央委员会制定颁布的政策，由全国人大常委会发布的具有最高效力的法律，由国务院发布的法规、法规性文件，由生态环境部和其他政府部门发布的规章和规章性文件共同构成了农村环境政策制定的纵向主体。未来纵向层级的政策制定主体仍需继续存在。从横向而言，从农村环境政策的发文主体来看，参与政策制定的部门多达 30 多个，16.97% 的政策文本由多部门联合发文，使得我国农村环境政策制定结构在横向上具有典型的多头管理特征。从 2018 年 3 月公布的《国务院机构改革方案》来看，新组建的自然资源部和生态环境部整合了原属于多个部门的环境治理职责。但这并不意味着将来农村环境治理就仅靠农业农村部、生态环境部与自然资源部就能完成。毕竟，农村环境治理还需更多部门的配合。

四是农村环境政策的政策内容逐步丰富，但仍有完善空间。现今的农村环境政策可以比较清晰地分为综合类、环境污染防治、自然资源保护三大类，并在逐步丰富完善中。但是，在环境污染防治、自然资源保护均受到重视时，后者的政策文本仍然多于前者。目前专门针对农村环境治理的政策文本仍然较少，更多的农村环境政策仍包含在一般性环境政策文本中的。未来，农村环境政策的内容仍将进一步拓展完善，且需要针对农村环境问题的特点，出台更多的专门的农村环境政策。

五是农村环境政策的政策工具逐步丰富，但倾向性明显。农村环境治理的政策工具已越来越丰富，形成了由规制性政策工具、市场性政策工具和社会性政策工具共同构成的政策工具箱。但是规制性政策工具仍占据绝对主导地位；市场性政策工具运用非常少，且带有较重的政府引导的痕迹；社会性政策工具有所增加，信息型政策工具高于公众参与型政策工具。

第四章

CHAPTER 4

改革开放以来我国农村
环境政策的实践考察

  首先，评价改革开放以来我国农村环境政策的实践成果。实践成果评价的一级指标为农村生产环境、农村人居环境和农村生态环境。二级指标为：从种植业和养殖业污染治理状况评价农村生产环境，从农村生活垃圾、生活污水、农村改厕、农村饮用水和农村基础设施等方面评价农村人居环境，从耕地质量、森林覆盖率和功能、草原生态系统情况、水土流失等方面评价农村生态环境。再根据国家统计局数据具体呈现我国农村环境政策实践取得的成就。

  其次，根据国内外学者的相关研究，结合我国农村环境政策的实践成果，进行政策实践的经验总结。可从指导思想、主体力量、政策本身和保障措施等方面总结经验，每方面经验下又可总结出若干方面的具体内容。如指导思想是否指引农村环境政策方向、指导政策制定和实施、提供方法路线；主体力量中的领导力量、执行组织、人员、目标群体等表现如何；政策本身目标是否清晰、有用和有弹性，政策内容是否全面、科学，政策是否连贯稳定，是否有配套措施等；政策保障中经济环境、制度环境、文化环境和政策资源如何？当然，在总结经验的同时，也需要检视反思，为什么实践存在不足，其深层原因在哪里？

只有发现我国农村环境政策的成就与不足，并总结经验、检视反思，才能有利于对我国农村环境政策进行进一步的理性思考，进行进一步的完善。

第一节　改革开放以来我国农村环境政策的实践成果

一、农村生产环境治理效果初现

依据相关政策，党和政府开展了化肥减量和农药零增长行动、秸秆机械还田和多形式利用工作、农药包装废弃物收集处置试点工作、高效节水灌溉试点、畜禽养殖分区划定和优化养殖业布局工作、畜禽养殖场关停和保留规模养殖场治理改造工作、畜禽粪便资源化利用工作等一系列实践工作，并取得了效果。

对比第一次和第二次全国污染源普查数据，可以发现：10 年间农业污染源减排效果非常显著，农业源化学需氧量、总氮、总磷排放量下降明显。2007 年农业源化学需氧量 1 324.09 万吨，其中，总氮 270.46 万吨，总磷 28.47 万吨。2017 年，农业源水污染物排放量化学需氧量 1 067.13 万吨，比 2007 年下降 19%；其中，总氮 141.49 万吨，比 2007 年下降 48%；总磷 21.20 万吨，比 2007 年下降 26%[①]。

---

① 根据两次全国污染源普查公报整理。

第一次全国污染源普查公报. 杨明森主编，中国环境年鉴 [Z]. 北京：中国环境年鉴编辑部，2011：242 - 248.

第二次全国污染源普查公报 [J]. 环境保护，2020，48（18）：8 - 10.

（一）种植业污染治理效果明显

一是农药化肥农膜的使用量下降且利用率提高。一方面，使用量下降。2015 年，农药使用量开始负增长（见图 4-1），从 2016 年开始，我国化肥施用量和农膜的使用量逐年下降（见图 4-2 和图 4-3）。另一方面，化肥和农药的利用率逐渐提高。2015 年，水稻、玉米、小麦三大粮食作物化肥利用率为 35.2%，比 2013 年上升 2.2%；2017 年的利用率为 37.8%，比 2015 年提高 2.6%；2019 年的利用率为 39.2%，比 2017 年提高 1.4%[①]。2015 年，农药利用率为 36.6%，比 2013 年上升 1.6%；2017 年为 38.8%，比 2015 年上升 2.2%；2019 年为 39.8%，比 2017 年上升 1%[②]。二是种植业总氮、总磷排放量下降明显。种植业总氮占整个农业生产排放量的一半以上，总磷排放量占 1/3；2007 年，种植业总氮流失量 159.78 万吨，总磷流失量 10.87 万吨；2017 年，水污染物排放（流失）量，总氮 71.95 万吨，比 2007 年下降 87.83 万吨，降幅达 55%；总磷 7.62 万吨，比 2007 年下降 3.25 万吨，降幅达 30%[③]。

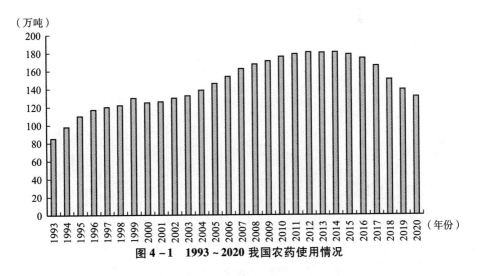

图 4-1 1993~2020 我国农药使用情况

①② 根据《中国环境状况公报》和《中国生态环境状况公报》整理。
③ 数据来源于全国污染源普查公报。

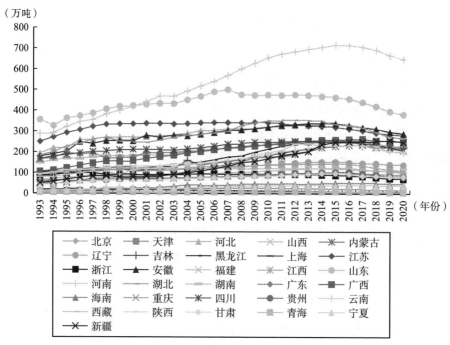

图4－2　1993～2020年我国化肥施用情况

资料来源：根据《中国统计年鉴》整理，数据截至2020年。此处的省份不包括我国香港、澳门和台湾地区。

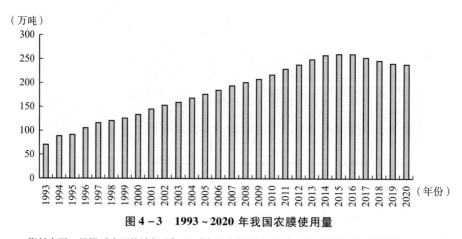

图4－3　1993～2020年我国农膜使用量

资料来源：根据《中国统计年鉴》和《中国农村统计年鉴》现有数据整理，数据截至2020年。

（二）养殖业排放明显减少

一是化学需氧量、总氮、总磷排放量下降。养殖业化学需氧量占农业生产总排放的90%以上，总氮排放量占40%以上，总磷排放量占50%以上。2007年，畜禽养殖业主要水污染物排放量为：化学需氧量1 268.26万吨，总氮102.48万吨，总磷16.04万吨。2017年，水污染物排放量为：化学需氧量1 000.53万吨，比2007年下降285.73万吨，降幅21.2%；总氮59.63万吨，比2007年下降42.85万吨，降幅41.9%；总磷11.97万吨，比2007年下降4.07万吨，降幅25.4%[①]。

二是畜禽粪污得到资源化利用。2012年，24个省137个示范村的农作物秸秆、畜粪便处理利用率均达到90%以上[②]。2016年，在96个畜牧养殖大县整县推进畜禽粪污资源化利用[③]。2019年，"组织规范畜禽养殖禁养区划定和管理，1.4万个无法律法规依据划定的禁养区全部取消[④]。

二、农村人居环境得到较大改善

依据相关政策，党和政府开展了农村人居环境整治三年行动、农村改水工作、农村生活污水治理、美丽乡村建设、农村卫生厕所改造工作、农村生活垃圾治理等一系列实践工作，并取得了较大进展。

（一）农村生活垃圾和生活污水逐步得到集中处理

一是农村生活垃圾逐步得到集中处理。2006年，5.5%的村实施垃圾集中处理，到2016年末，65%的村生活垃圾集中处理或部分集中处理

---

① 根据两次全国污染源普查公报整理。
② 生态环境部. 2012年中国环境状况公报［EB/OL］. https://www.mee.gov.cn/hjzl/sthjzk/zghjzkgb/201605/P020160526563784290517.pdf，2020/8/4.
③ 2017中国生态环境状况公报. 刘燕华，孟赤兵主编，中国低碳循环年鉴［Z］. 北京：冶金工业出版社，2018：27-39.
④ 2019年《中国生态环境状况公报》（摘录一）［J］. 环境保护，2020，48（13）：57-59.

（见图4－4）。二是农村生活污水逐步集中处理或部分集中处理。2006
年，1%的村对污水进行处理，到2016年末，20%的村生活污水集中处理
或部分集中处理（见图4－5）。三是生活垃圾、污水、人粪便处理利用率
非常高。2012年，24个省137个示范村的"生活垃圾、污水、人粪便处
理利用率均达到90%以上"[①]。

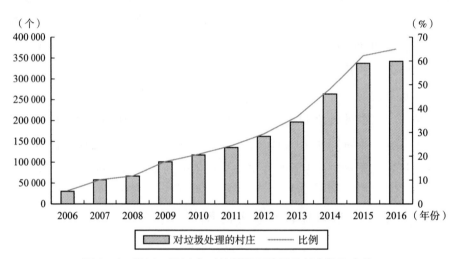

图4－4　2006～2016年对垃圾处理的行政村个数和占比

资料来源：根据《城市建设统计年鉴》数据整理，2017年后统计年鉴无此类数据。

（二）农村改厕取得较大进展[②]

2006年20.6%的村完成改厕，到2016年，已有53.5%的村完成或部
分完成改厕，改厕率上升29.9%。2006年，使用水冲式厕所的2838万
户，占12.8%，2016年，使用水冲式厕所的9060万户，占39.3%，10
年间翻了3倍。2006年，使用旱厕的9796万户，占44.3%，使用简易

---

① 生态环境部.2012年中国环境状况公报［R］.［EB/OL］.https：//www. mee. gov. cn/hjzl/
sthjzk/zghjzkgb/201605/P020160526563784290517. pdf, 2020/8/4.

② 农村改厕对比数据主要来自第二次和第三次全国农业普查，目前全国农业普查仅进行了
三次。

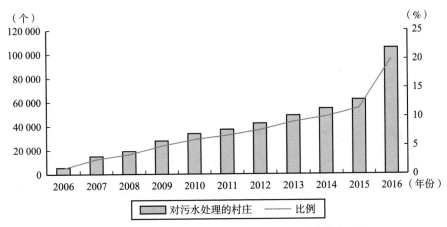

图 4 – 5　2006～2016 年对污水处理的行政村个数和占比

资料来源：根据住房和城乡建设部《城乡建设统计年鉴》数据整理，2017 年后该统计年鉴无此类数据。

厕所或无厕所的 9 474 万户，占 42.9%。2016 年末，使用卫生旱厕的 2 859 万户，占 12.4%；使用普通旱厕的 10 639 万户，占 46.2%；无厕所的 469 万户，占 2.0%。

（三）农村饮用水情况得到较大改善[①]

2006 年，饮用水经过净化处理的共有 5 101 万户，占 23.1%，到 2016 年，饮用水经过净化处理的已有 10 995 万户，占 47.7%，上升了 24.6%。2006 年，饮用水为深井水的为 9 231 万户，占 41.8%，饮用水为浅井水的 6 151 万户，占 27.8%；到 2016 年，饮用水为受保护的井水和泉水的 9 572 万户，占 41.6%；饮用水为不受保护的井水和泉水的 2 011 万户，占 8.7%。2006 年，饮用水来源于江河湖水的 619 万户，占 2.8%，饮用水为池塘水的 303 万户，占 1.4%；到 2016 年，饮用水为江河湖泊水的 130 万户，仅占 0.6%。2006 年，饮用水来源于雨水的共 316 万户，占 1.4%，饮用水来源于其他水源的 387 万户，占 1.7%；到 2016

_____

①　饮用水对比数据主要来自第二次和第三次全国农业普查。

年，饮用水为收集雨水的 155 万户，仅占 0.7%；饮用水为桶装水的 67 万户，占 0.3%；饮用其他水源的 96 万户，占 0.4%。

（四）村容村貌有较大改善

一是村庄道路得到较大改善。1991 年村庄道路为 2 621 000 公里；2006 年村庄道路为 2 219 469 公里，其中，硬化道路 868 338 公里，占比 39.12%；2019 年，村庄道路为 3 205 823.81 公里，其中，硬化道路 1 634 591.38 公里，占比 50.99%；2019 年村庄道路长度是 1991 年的 1.22 倍，是 2006 年的 1.44 倍。2006 年村庄道路面积共计 1 726 166 万平方米，2019 年共计 2 357 632.66 万平方米，是 2006 年的 1.37 倍。二是排水管道增长迅速。2006 年村庄排水管道为 144 216 公里；2019 年为 1 157 518.87 公里；2019 年村庄排水管道长度是 2006 年的 8.03 倍[1]。

三、农村生态环境得到较大改善

（一）耕地质量大幅上升

通过坚守耕地红线、全面划定永久基本农田、实施农村土地整治等实践工作，耕地质量有了大幅提升。2014 年，全国耕地质量平均等级为 9.97 等，普遍偏低[2]。截至 2019 年底，全国耕地质量平均等级为 4.76 等，全国农用地土壤"环境状况总体稳定"[3]。

---

① 根据住房和城乡建设部《城乡建设统计年鉴》数据整理。

② 2015 年中国环境状况公报. 李瑞农主编，中国环境年鉴［Z］. 北京：中国环境年鉴社，2016，264 - 287.

全国耕地评定为 15 个等别，1 等耕地质量最好，15 等耕地质量最差。1～4 等、5～8 等、9～12 等、13～15 等耕地分别划为优等地、高等地、中等地、低等地。

③ 生态环境部. 2019 年中国生态环境状况公报［EB/OL］. https：//www. mee. gov. cn/hjzl/sthjzk/zghjzkgb/202006/P020200602509464172096. pdf，2020/8/4.

（二）森林覆盖率上升

通过"三北"等重点防护林体系建设、天然林资源保护、退耕还林等重大生态工程建设，深入开展全民义务植树，森林资源总量实现快速增长。根据第九次全国森林资源清查（2014~2018 年）结果，全国森林面积为 2.2 亿公顷，森林覆盖率为 22.96%[①]。全国森林面积居世界第 5 位，森林蓄积量居世界第 6 位，而人工林面积长期居世界首位[②]。

（三）草原生态系统恶化趋势得到遏制

通过实施退牧还草、退耕还草、草原生态保护和修复等工程，以及草原生态保护补助奖励等政策，草原生态系统质量有所改善，草原生态功能逐步恢复。2011~2018 年，全国草原植被综合覆盖度从 51% 提高到 55.7%，重点天然草原牲畜超载率从 28% 下降到 10.2%。2019 年全国草原面积近 4 亿公顷，约占国土面积的 41.7%，已成为全国面积最大的陆地生态系统和屏障[③]。

（四）水土流失及荒漠化防治效果显著

通过积极实施京津风沙源治理、石漠化综合治理等防沙治沙工程和国家水土保持重点工程，启动沙化土地封禁保护区等试点工作，全国荒漠化和沙化面积、石漠化面积持续减少，区域水土资源条件得到明显改善。2012 年以来，全国水土流失面积减少了 2 123 万公顷，完成防沙治沙 1 310 万公顷、石漠化土地治理 280 万公顷，全国沙化土地面积已由上个世纪末年均扩展 34.36 万公顷转为年均减少 19.8 万公顷，石漠化土地面

---

①③　生态环境部.2019 年中国生态环境状况公报［R］.［EB/OL］.https：//www.mee.gov.cn/hjzl/sthjzk/zghjzkgb/202006/P020200602509464172096.pdf, 2020/8/4.

②　自然资源部.全国重要生态系统保护和修复重大工程总体规划（2021~2035 年）［EB/OL］.http：//gi.mnr.gov.cn/202006/t20200611_2525741.html, 2021/3/10.

积年均减少 38.6 万公顷①。

第二节　改革开放以来我国农村环境政策实践的经验总结

我国农村环境政策实践成果显著，同时也形成和积累了一定的实践经验，可从指导思想层面、主体力量层面、政策本身层面和保障措施层面进行总结。

一、指导思想层面：以中国特色社会主义生态文明思想为指导

（一）中国特色社会主义生态文明思想指引农村环境政策发展方向

习近平强调："马克思主义始终是我们党和国家的指导思想，是我们认识世界、把握规律、追求真理、改造世界的强大思想武器"②。马克思主义生态环境思想具有前瞻性，自产生以来便准确预见了资本主义世界的生态危机及其治理手段。中国共产党在全面理解并运用马克思主义生态环境思想的基础上，创造性地提出了生态文明理念，最终形成了中国特色社会主义生态文明思想。习近平总书记指出，要"自觉运用理论指导实践，使各方面工作更符合客观规律、科学规律的要求"③。可见，只有坚持马克思主义生态环境思想，坚持马克思主义中国化，才能确保我国农村环境政策有科学的指导思想，保障我国农村生态文明建设沿着正确轨道前行，最后抵达人与自然共生共荣的境界。因此，在农村生态文明建设过程中，

---

① 自然资源部. 全国重要生态系统保护和修复重大工程总体规划（2021～2035 年）［EB/OL］. http：//gi. mnr. gov. cn/202006/t20200611_2525741. html，2021/3/10.

② 习近平. 在纪念马克思诞辰 200 周年大会上的讲话［J］. 党建，2018（5）：4－10.

③ 习近平谈治国理政（第三卷）［M］. 北京：外文出版社，2020：63.

必须以中国特色社会主义生态文明思想来指导农村生态环境政策的方向，确保其在正确轨道上前行。

（二）中国特色社会主义生态文明思想为农村环境政策确定目标

首先，在农村环境政策制定中，中国特色社会主义生态文明思想为农村环境政策确定目标。从中短期来看，农村环境政策的目标是要解决现有的生态环境问题，改善现有农村环境状况。从长远来看，农村环境政策的目标是为了实现生态振兴，建成美丽乡村。无论是中短期目标，还是长期目标，均是在中国特色社会主义生态文明思想指导下确立的。

其次，在农村环境政策的实施过程中，也必须在中国特色社会主义生态文明思想指导下进行，以期达成农村环境政策目标。只有坚持中国特色社会主义生态文明思想指导的政策实践，才能沿着正确的道路顺利实施，解决农村环境问题，最终达成既定政策目标。相反，任何脱离指导思想的农村环境政策实践，最终必将偏离正确轨道，不仅不能获得成功，而且会与制定的农村环境政策目标背道而驰，甚至造成更严重的农村环境问题。

（三）中国特色社会主义生态文明思想为农村环境政策提供方法

实事求是是中国革命、建设和改革成功的精髓和灵魂，也是党和政府推动农村环境治理应坚持的思想路线。习近平总书记强调坚持实事求是，"关键在于'求是'，就是探求和掌握事物发展的规律。对事物客观规律的认识，只能在实践中完成"①。改革开放以来，党和政府坚持尊重国情，坚持实事求是，把马克思主义的基本原理同中国农村环境问题具体实际相结合，不断发展和完善我国农村环境政策体系，不断推进我国农村环境政策执行和政策创新，领导我们走出了一条适合中国国情、具有中国特色的解决中国农村环境问题的正确道路。

---

① 习近平. 坚持实事求是的思想路线 [N]. 学习时报，2012 – 05 – 28（1）.

1. 准确分析和深入把握当前农村环境问题现状

这是农村环境治理科学决策的基本前提。农村环境治理能否取得较好成效就在于农村环境政策能契合当前农村环境状况。因此，党和政府始终坚持实事求是的基本原则，全面、客观和准确地把握当前农村环境状况，强调农村环境政策及执行都要立足于当前农村环境状况。农村环境保护工作人员深入基层、深入农村，在对农村环境进行深入系统的调查基础上，掌握真实、丰富的第一手材料，从中发现农村环境问题的重点、难点。

2. 制定和完善适合解决农村环境问题的政策措施

党和政府在区分城市环境问题与农村环境问题的区别基础上，制定和完善适合解决农村环境问题的政策措施。随着农村环境政策的不断完善，不仅隐藏于通用性政策文本的分散性农村环境政策条款得以增多，而且专门针对农村环境问题的环境政策也不断增多。实践证明，只有符合当前农村环境问题实际情况的政策，才能得到更顺利的推行；反之，脱离了农村环境实际状况的政策，必将遭到利益相关者的积极或消极抵抗，难以执行或者走向政策终结。正是在正确认识当前农村环境问题现状的基础上，党和政府在近年来制定和完善了农村环境政策体系，使我国农村环境得到了极大的改善。

二、主体力量层面：坚持中国共产党领导和以人民为中心的宗旨

（一）始终坚持中国共产党的领导

从艰难的革命时期到百废待兴的新中国的建设时期，再到经历了改革开放几十年的奋斗，到处于新时代的今天，中国的巨大变化与进步，均是在中国共产党的领导下完成的。

1. 党的领导为农村环境政策指明了政治方向

"政治方向是党生存发展第一位的问题，事关党的前途命运和事业兴

衰成败"①。方向是否准确，是能否顺利推进生态文明建设的关键。

党的领导能为农村环境政策确立政策目标和调整思路。党中央依据社会历史条件的变化、农村环境状况的变化确立不同阶段农村环境政策的目标和调整思路。从党的十二大报告到党的十九大报告，从党的无数个中央"一号文件"，再到党的其他大政方针，能发现党在不同发展阶段对农村环境政策方向的把握和转变，对农村环境政策目标的改进与提升，以及对农村环境治理思路和政策的转变，体现出党对农村环境治理事业的领导。

2. 党的领导为农村环境政策增强政治责任

鲜明的政治性是中国共产党的基本特征，习近平总书记强调："讲政治是我们党补钙壮骨、强身健体的根本保证，是我们党培养自我革命勇气、增强自我净化能力、提高排毒杀菌政治免疫力的根本途径"②。讲政治首先是坚持党的领导，只有确保在各领域都全面坚持党的领导，才能真正落实"四个自信"、做到"两个维护"，进而有效推动生态文明建设的顺利开展。建设生态文明，创造生态优美、环境良好的家园是农村环境治理的基本追求之一。这也是广大农民的心愿，是其福祉所在。坚持党对农村环境治理的领导，敦促广大党员干部积极投身于农村生态文明建设，才能推动治理农村环境，为广大农民提供优良的生态产品，进而不断满足广大农民对美好生态环境的需求。

3. 党的领导为农村环境政策发挥统揽全局优势

顾名思义，"统揽全局"主要是指把握好政治方向，决定重大事项。用"党的领导"来统揽全局意味着党要把"主要精力放在具有方向性、全局性、战略性的问题上，把握正确的政治方向，决定重大的社会政治事务，安排重要的人事任免，在政治、思想、组织方面实施有效领导"③。

---

① 中共中央文献研究室. 十九大以来重要文献选编（上）[M]. 北京：中央文献出版社，2019：537.

② 中共中央宣传部. 习近平新时代中国特色社会主义思想三十讲 [M]. 北京：学习出版社，2018：311.

③ 熊光清. 中国特色社会主义制度的政治优势 [J]. 红旗文稿，2016（14）：10-11.

在农村生态文明建设过程中，统揽全局意味着党首先要全局把控，处理好几重关系，如生态文明建设与经济建设、政治建设、文化建设、社会建设之间的关系，处理好城乡之间生态文明建设的关系，处理好农村的经济社会发展与生态环境保护的关系，协调好参与农村生态环境治理的各个机关之间的关系，处理好不同区域的农村生态环境治理之间的关系，等等。这要求中国共产党必须充分发挥领导优势，形成合力，共同治理农村生态环境。

（1）党的领导确保发挥好各级党委的领导作用

习近平总书记深刻指出："必须在把情况搞清楚的基础上，统筹兼顾、综合平衡，突出重点、带动全局"①。针对农村环境治理，各级党委应分工明确，从横向和纵向两方面处理好涉及农村环境治理的职能分工，带领各方共同参与农村环境的治理，最终达成农村生态文明建设的最佳效果。此外，为了给农村环境治理提供保障，各级党委应健全整合环保综合执法队伍、优化职能、提高效率、提高执法能力，确保农村环境治理有序进行。

（2）党的领导确保发挥基层党组织的战斗堡垒作用

农村党支部是联系党和广大农民的重要桥梁，其重要性不言而喻。不论是农村环境政策的宣传还是具体落实，农村党支部都能发挥重要作用。它是宣传党的理论和主张、贯彻落实党的决定的坚强战斗堡垒。突出农村党支部政治功能，做引领农村环境保护的思想先锋；提升农村党支部组织力，带领农民积极参与农村环境保护；党员充分发挥模范示范作用。

（3）党的领导确保强化基层党员的模范带头作用

在农村环境治理中，农村环境政策是否能有序推进和顺利落实，将会影响农村环境政策的实践成效。基层党员有较强的生态意识和法治意识，能为农村环境政策的宣传和落实起到积极推动作用。应强化基层党员的生态意识和法治意识，保证农村环境政策顺利推进。

---

① 习近平谈治国理政（第一卷）[M]. 北京：外文出版社，2018：102.

4. 党的领导为农村环境政策提供监督保障

习近平总书记指出："要深化政治巡视，坚持发现问题、形成震慑不动摇，建立巡视巡察上下联动的监督网"①。一是加强党的领导，加强对农村环境政策监督约束机制的领导与监督，为政策实践提供可靠的监督保障。二是坚持党的领导，完善政治巡视制度，加强对政策实施地巡视与管理，用好中央环境保护督查制度，督查农村环境政策的落实情况，确保中央关于农村环境治理的决策部署落到实处。三是发挥党的领导优势，不断完善各层级环境保护督查体系。建立可跟踪、可评价、可问责的督查督办制度，完善督查、交办、巡查、约谈、专项督查机制，建立源头预防、事中控制和末端惩处相结合的全过程监管制度②。

（二）始终坚持以人民为中心的宗旨

党的十八届五中全会指出"坚持以人民为中心的发展思想，就要把增进人民福祉，促进人的全面发展作为发展的出发点和落脚点③"。我国农村环境政策始终以人民为中心，始终强调农村环境政策为了人民、农村环境政策实践要依靠人民和农村环境政策实践成效由人民评判。

1. 坚持农村环境政策为了人民

农村环境政策的目的就是让人民享有更加美丽和良好的生态环境，让人民的生活更加幸福。随着中国特色社会主义进入新时代，人民对环境的要求越来越高，农村地区的人民群众对美好生活也有着更加热切的向往，对良好的、美丽的环境有着更加急切的期盼。习近平总书记指出："人民对美好生活的向往就是我们的奋斗目标"④。因此，农村环境政策要以实

---

① 习近平. 决胜全面建成小康社会夺取新时代中国特色社会主义伟大胜利——在中国共产党第十九次全国代表大会上的报告 [M]. 北京：人民出版社，2017：67.

② 李永胜，朱健源. 党的领导：中国特色社会主义生态文明建设的根本保障 [J]. 延安大学学报（社会科学版），2020，42（5）：5-10.

③ 中共中央文献出版社. 十八大以来主要文献选编（中）[M]. 北京：中央文献出版社，2018：789.

④ 习近平谈治国理政（第三卷）[M]. 北京：外文出版社，2020：66.

现人民对环境的要求、满足人民需要、维护人民的利益为根本落脚点。党和政府在进行农村环境治理过程中，要做好农村环境公共服务的提供者。

2. 坚持农村环境政策执行要依靠人民

农村环境政策实践，需要执行对象的配合，即需要具有需求和主观能动性的人民群众，特别是广大农民群众积极配合与参与。推动农村环境政策的良好实践，始终需要依靠农村居民积极参与农村环境保护和改善的具体任务。要最大限度地凝聚人民群众的智慧和力量，把各方力量汇聚到推动农村环境保护和改善上来，努力使人民群众从内心深处更加拥护党的领导，更加主动参与农村环境治理。

3. 坚持农村环境政策的实践成效由人民评判

农村环境治理不仅要在政策制定与执行中体现以人民为中心，而且还要坚持农村环境政策的实践成效由人民来评判。首先，人民群众对美好生态环境的诉求日益增强。进入新时代以来，农村群众的诉求也发生了重大变化，从以往的求温饱朝着求环保转变，从以往的求生存朝着求生态转变。农村群众对美好农村环境的诉求也就成为新时代党和政府必须关切的农村重要问题。其次，人民群众对农村环境问题的感受最为直接。农村环境是否有了较大改变，农村环境政策实践是否符合预期目标，人民群众是最直接的感受者，感受最真实，判断最准确。

三、政策本身层面：坚持农村环境政策的与时俱进并不断完善

农村环境政策是农村环境政策实践的直接原因，是农村环境政策执行主体和客体的行为依据与准则，同时也是影响农村环境政策实践的重要变量。高质量的农村环境政策能为执行主体和客体指明行动方向，能使农村环境政策顺利执行，反之则会使它们处于两难境地，导致农村环境政策执行不力。

我国的农村环境政策经历了探索起步阶段、平缓发展阶段、快速发展阶段和全面推进阶段。在发展历程中，我国农村环境政策随着农村环境问

题的发展变化，与时俱进，不断完善。一是对已有政策进行不断修订或修改。如《环境保护法》修订（或修改）了 3 次，《土地管理法》和《森林法》修订（或修改）了 5 次……二是不断颁布新的政策。最直接的证据在于农村环境政策文本数量的迅速增加，探索起步阶段的农村环境政策文本为 128 份，平缓发展阶段的农村环境政策文本为 284 份，快速发展阶段的农村环境政策文本为 360 份，全面推进阶段的农村环境政策文本为 713 份。

经过 40 多年的发展，农村环境政策在整个环境政策领域中逐渐具有相对独立的地位，农村环境政策体系已基本形成。从横向看，包括综合性环境政策体系、污染防治政策体系和自然资源保护政策体系。从纵向看，包括党的政策中涉及农村环境保护问题的报告、决定和意见，宪法中关于环境保护的规定，全国人大及其常委会制定的环境保护法律，国务院制定的涉及环境保护的行政法规和规范性文件，环境保护部门制定或者与其他部门联合制定的涉及环境保护的规章。

总之，现有农村环境政策体系比较完备、政策目标比较清晰、政策内容比较充实、政策工具体系初步形成，直接决定和保障了农村环境政策的实践成效。

四、保障措施层面：以良好的社会经济状况和制度环境作保障

（一）社会经济状况良好，对环境治理投资持续增加

良好的经济发展水平和经济运行质量能对政策实践成效产生积极的影响。一是当国家的经济发展水平越好和经济运行质量越高，政府就越有能力在环境治理方面投入更多的资金；二是当国家的经济发展水平越好和经济运行质量越高，政府越能重视和回应公众对环境治理的呼吁与需求；三是经济发展水平越好和经济运行质量越高，政府能将更多的注意力分配到公众关心的环境问题上来。

我国经济状况良好。经济总量"稳居世界第二,对世界经济增长贡献率超过百分之三十"[①]。农业现代化稳步推进,全国粮食总产量从 1972 年的 24 048 万吨达到 2020 年的 66 949.20 万吨[②]。常住人口城镇化率从 1972 年的 17.13% 增长到 2020 年超过 60%[③]。良好的经济状况能保障对农村环境保护的资金投入。"区域发展协调性增强……创新型国家建设成果丰硕。开放型经济新体制逐步健全,对外贸易、对外投资、外汇储备稳居世界前列"[④]。随着我国经济实力的不断提升,对环境治理的投资也日益增加。自 2000 年以来,环境治理投资持上升状态,到 2014 年增长到最高点,2015 年略有回落,2016 年后再次上升。

(二) 良好的制度环境提供制度保障

政策质量和实践状况如何,在很大程度上受制于复杂的制度环境。制度环境包括政治制度、经济制度、文化制度等,此处专门论述政治制度。

党的十八大以来,中国共产党坚持整体推进"五位一体"总体布局,协调推进"四个全面"战略布局,创出了中国政治制度的新特色、新优势[⑤]。党的十九届四中全会对中国特色社会主义制度作出崭新论述。中国特色社会主义制度包括"党的领导根本制度""人民民主专政根本制度""人民代表大会根本制度"等五项根本制度,"中国共产党领导的多党合作和政治协商基本政治制度""民族区域自治基本政治制度"等四项基本制度,"中国特色社会主义法治重要制度""中国特色社会主义政府治理重要制度"等九项重要制度。制度涵盖了政治、经济、文化、社会、生

[①][④] 彭森主编,中国改革年鉴——深改五周年(2013~2017)专卷 [Z]. 中国经济体制改革杂志社,2018:53-71.

[②] 国家统计局关于 2020 年粮食产量数据的公告 [J]. 现代面粉工业,2021,35 (1):15.

[③] 国家统计局. 中华人民共和国 2020 年国民经济和社会发展统计公报([1])[N]. 人民日报,2021-03-01 (10).

[⑤] 李敬德. 中国特色社会主义政治制度的创新发展及其重大意义 [J]. 新视野,2021 (4):11-15.

态、党建、军事、法治、外事、监督、执行等各个方面①。

中国特色社会主义政治制度一方面通过政治领域的规则和规范限制了公众环境行为的范围，从而给公众的环境行为带来了秩序；另一方面，政治制度为其他制度提供了保障，它强化（或削弱）其他领域的制度的作用，也与它们紧密结合，影响农村环境政策的制定与实施。

第三节　改革开放以来我国农村环境政策实践的检视反思

在总结了改革开放以来我国农村环境政策实践取得突出成就的经验之后，有必要对政策实践存在的不足进行检视反思，探寻使得我国农村环境政策实践成效存在不足的原因，这将有利于我国农村环境政策及实践的完善与改进。

一、改革开放以来我国农村环境政策实践存在的不足

（一）农业生产污染短期内仍然是农村环境问题的主要来源

1. 大多数省化肥施用强度②仍处于中高风险，该状况暂时不会得到缓解

1993 年，在 30 个省区市中（含重庆，不含我国香港、澳门和台湾）：处于安全值内的省份为 22 个；处于环境低风险的省份为 6 个，即辽宁、河北、安徽、湖北、江苏、广东；处于环境中风险的省份为 3 个，即山东、上海和福建。1998 年，在 31 个省区市中（不含我国香港、澳门和台

---

① 丁志刚，李天云. 中国特色社会主义政治制度的内容体系、内在结构与基本功能［J］. 甘肃理论学刊，2021（2）：21–30，2.

② 以下数据根据中国统计年鉴整理计算，绘制化肥用强度图。

湾，下同）：处于环境安全值内的省份下降为 11 个；处于环境低风险的省份则上升为 15 个；处于环境中风险的省份上升为 5 个，即河北、山东、江苏、湖北和福建。2003 年，在 31 个省区市中：处于环境安全值内的省份为 11 个；处于环境低风险的省份为 8 个；处于环境中风险的省份上升为 9 个；并首次出现了处于环境高风险的省份，共 3 个，即河北、江苏和福建。2008 年，在 31 个省区市中：处于环境安全值内的省份下降为 6 个；处于环境低风险的省份下降为 7 个；处于环境中风险的省份上升为 11 个；处于环境高风险的省份上升为 7 个。2013 年，在 31 个省区市中：处于环境安全值内的省份下降为 3 个；处于环境低风险的省份上升为 11 个；处于环境中风险的省份下降为 8 个；处于环境高风险的省份上升为 9 个。尽管从 2015 年开始，化肥施用量呈下降趋势，但是大多数省化肥施用强度仍处于中高风险。2018 年，在 31 个省区市中：处于环境安全值内的省份上升为 4 个；处于环境低风险的省份下降为 7 个；处于环境中风险的省份上升为 13 个；处于环境高风险的省份下降为 7 个。

2. 农药对土壤和水体的污染短期内难有大的改变

多年来过量施用农药带来的土壤污染和水体污染短期内难以修复。同时，农药包装物缺乏资源化利用，弃置田间地头造成的二次污染也不容忽视。目前整个链条尚未建立有效机制，回收利用效果尚不明显。

3. 农膜残留引起的污染短期内也难以改变

残留在土壤中的农用地膜分解不易，而有效的残膜回收机制又未建立起来，高昂的捡拾成本和未被二次回收利用导致农用地膜残留土壤中，增加了农膜污染治理的难度。

4. 秸秆未被综合利用带来的污染仍旧存在

近年来，因政府采取严厉的禁烧政策，减少了因秸秆焚烧带来的空气污染。但是，各地对秸秆的综合利用则明显滞后。因秸秆回收利用成本高，回收利用机制尚未完善，众多秸秆被直接还田，耕深不够导致的秸秆留在土壤表层，使作物根系着生困难，直接还田还会带来严重的病虫害，出现了秸秆综合利用的衍生问题。

（二）农村人居环境仍需持续加大治理

1. 污水处理问题突出

尽管进行污水处理的村庄在逐步增加，但增速非常缓慢，且占比非常低，可见农村污水处理问题仍然突出。目前农村污水处理的地区差异较大，东部地区最好，有污水处理设施的村超过30%，明显高于全国平均水平；东北地区最差，不到10%，低于全国平均水平。污水处理水平低，意味着大部分村庄未建立生活污水收集及处理设施。农村生活污水多数被直接倾倒在院坝或排到房前屋后的沟渠中；有的生活污水虽排入化粪池中，但化粪池容积有限，易导致化粪池污水未能充分无害化处理即溢出，对土壤和水体造成新的污染①。

2. 饮用水安全保障水平有限，地区差异大

仍有两成农村用户的饮用水是未经过保护的，也就是说，这些村庄仍然面临着饮用水安全问题。从区域差异来看，在饮用水安全方面，东、中、西部和东北有保护的饮用水占比分别为95.8%、86.7%、84%和95.6%，呈现由东到西逐步递减的趋势。但是，各地区之间差距较大，中部地区和西部地区处于较为滞后的状态②。

3. 厕所革命还需持续

首先，从区域差异来看，东、中、西部和东北有卫生厕所的占比分别为68%、46.9%、45.5%和16.3%，呈现由东到西逐步递减的趋势。但是，各地区之间差距较大，其中东部地区高于全国平均水平，中部地区和西部地区占比相近，略低于全国平均水平，东北地区处于非常滞后的状态③。

其次，全国仍有部分地区的农户厕所为非卫生厕所，在东北地区尤为明显。农村由于传统习惯长期使用旱厕，粪污无法得到及时处理，容易招致苍蝇蚊虫，并由此产生滋生病菌、污染水质等连带环境问题，卫生状况

---

①② 数据主要来自第三次全国农业普查。

③ 数据主要来自第三次全国农业普查。卫生厕所含水冲式卫生厕所、水冲式非卫生厕所、卫生旱厕，未将普通旱厕计入。

令人担忧。

4. 村容村貌提升改造滞后

一是村庄规划还需持续跟进。二是村庄硬化道路还需继续延长，面积需要继续增加；部分村庄照明设施只覆盖到主干道及小广场，还需继续延展。三是排水管道还需继续增加。四是部分地区危旧房整治还需继续跟进。有些村庄仍有少量危房未完成整顿，部分村民在房顶或院内存在私搭乱建现象；部分院落乱堆乱放现象仍然比较严重。

（三）自然生态系统总体仍较为脆弱，生态承载力和环境容量不足

1. 生态系统质量功能问题突出

全国乔木纯林面积达 10 447 万公顷，占乔木林比例 58.1%，较高的占比会导致森林生态系统不稳定。全国乔木林质量指数 0.62，整体仍处于中等水平。草原生态系统整体仍较脆弱，中度和重度退化面积仍占 1/3 以上。部分河道、湿地、湖泊生态功能降低或丧失。全国沙化土地面积1.72 亿公顷，水土流失面积 2.74 亿公顷，问题依然严峻。红树林面积与20 世纪 50 年代相比减少了 40%，珊瑚礁覆盖率下降、海草床盖度降低等问题较为突出，自然岸线缩减的现象依然普遍，防灾减灾功能退化，近岸海域生态系统整体形势不容乐观[1]。

2. 生态保护压力依然较大

由于历史欠账太多，且生态环境治理成本偏高，一些地方在贯彻"两山论""山水林湖田共同体"时等均存在偏差，且重发展轻保护等现象仍然存在，生态环境治理压力依然较大，尤其是农村生态环境治理的积极性、资金、技术、理念等均需要加以改善。

3. 生态保护和修复系统性不足

当前农村生态修复还存在单一性的问题，即由于对生态环境系统性认

---

① 自然资源部. 全国重要生态系统保护和修复重大工程总体规划（2021~2035年）[EB/OL]. http://gi.mnr.gov.cn/202006/t20200611_2525741.html, 2021/3/10.

识不足、修复资金缺乏等问题，对于农村环境只能进行片面修复。例如，部分生态修复工程的目标设计、建设内容、治理措施、治理范围均较为单一，未能考虑农村环境的水资源、土壤、光热、原生物种等。这导致治理和修复措施难以有效提升区域生态系统的功能质量。

综合而言，农村环境有了极大的改善。但是，关于农村环境状况的描述在环境公报等政府文件中着墨并不多，有些年份作为独立章节单独列出，有些年份合并在土地状况中，甚至有些年份仅仅用几句提及。一方面表明这些年份对农村环境的不重视，另一方面也从侧面证明对农村环境问题治理不够到位。

二、改革开放以来我国农村环境政策实践存在不足的原因分析

（一）主体力量层面：执行组织障碍与人员素质不高同时存在

任何政策都是由一定的组织及其成员执行的。执行组织对政策实践成效有不可低估的影响。

1. 执行组织存在障碍

只有具备合理的组织结构，才能为政策的顺利执行提供组织保证。合理的组织结构标准为：组织纵横结构布局合理，组织纵向层级与横向幅度比例适当，部门间既能分工合作又能协调一致，组织权责关系分明。我国政府机构的特征体现在纵向的"条条"和横向的"块块"上。复杂的政府结构使政策执行变得更加复杂。

在纵向上，政策执行的层次越多，执行不力的风险越大。我国农村环境政策执行层次包括中央、省、市、县、乡五级政府和村委会，共六级机构。这种多层级结构直接影响政策实践成效。首先，农村环境政策在六级层级间传递并执行，鉴于严格执行环境政策不仅不能为地方政府带来直接收益，还有可能丧失经济发展的机会，因此地方政府在政策实践中更关注经济政策和经济利益，这一现象在基层更加突出。其次，越往基层政府，

执行政策的人财物和信息资源越匮乏，但执行政策事项并未减少，基层政府往往无力认真执行每一项政策。在村委会一级，更易迫于行政压力和利益动力对政策进行选择性执行。

在横向上，我国农村环境政策执行机关缺乏必要的整合，限制了环境政策执行合力的形成。政出多门，职能分散，似乎都在管，但其实很多部门都不认真管。同时，信息共享的缺乏，在一定程度上阻碍了农村环境政策的有效执行。

2. 执行人员素质有待提高

农村环境政策执行人员是农村环境政策执行活动的主要行为主体。农村环境政策执行就是由他们所做的一系列计划和行动来完成的。他们在农村环境政策执行中发挥着关键作用。因此，他们综合素质的高低、对政策的认知、管理能力和工作态度均影响着政策执行的效果。

在我国，乡镇政府公务员及村委会成员是农村环境政策最基层和最直接的执行者。当前，相对其他级别的公务员而言，基层公务员的综合素质和管理能力偏低，他们学历层次较低，接受培训的机会比较少，知识技能比较落后。因此在政策执行过程中，他们往往难以全面把握政策内涵并采取最有效的执行方式；而村委会成员的综合素质和管理能力则更堪忧。而且他们是否能从思想和感情上拥护农村环境政策，能否系统、准确、深刻地领会其内容与实质，并积极主动地去执行政策也将直接影响着政策实践成效。

3. 执行对象规模大且素质有待提高

一般而言，执行对象对政策的反应由低到高分为服从、认同与内化三个不同层次。服从是执行对象迫于政策的强制力，为避免惩罚，不得已而为之；认同是执行对象对社会公共权威的遵从习惯而执行政策；内化是执行对象对政策准确而深刻理解，并积极地行动。执行对象对政策是哪个层次的反应，将会受到执行对象的规模、文化素质、参与水平和反馈能力等多方面的影响。

（1）农村居民人口多，增加了执行难度

一般来说，政策问题涉及的执行对象越庞大，需要执行对象行为改变的程度越大；利益调整的幅度越大，政策执行的难度越大。与此相反，政策问题涉及的执行对象越少，行为改变的程度越小，利益调整的幅度越小，政策执行难度就越小。

农村环境问题涉及的执行对象人数非常多。仅以乡村人口来算，1979年，我国乡村人口 7.9047 亿人；到 2020 年，我国乡村人口仍有 5.0979 亿人①。农村环境问题触动的利益较广，不只是农村和农民的利益，还关乎全国人民的经济和生态利益，关乎全国的生态文明建设。农村环境问题，不仅需要政府官员的行为方式改变，企业行为方式的改变，更重要的是农民的行为发生改变，如少用化肥、农药、农膜，不乱扔生活垃圾，不乱倾倒生活污水等。因此，执行难度大。

（2）农村居民素质参差不齐影响政策执行

一是执行对象文化素质参差不齐影响政策执行。执行对象文化素质的高低通常与他们的政策理解能力强弱成正比。政策认知水平高，他们的利益表达能力强，获取、分析和利用信息的能力高；政策认知水平低，则他们的利益表达能力弱，获取、分析和利用信息的能力低。当前，农村环境政策执行对象的文化素质参差不齐，整体偏低。年长的农民的文化程度大多在初中和小学程度，年轻的高中或中专的为多，大专本科以上的少，文化素质高低影响了他们对利益的表达，对信息的获取、分析和利用。

二是农村居民的参与水平和反馈能力影响政策执行。政策执行过程是政策主体与政策执行对象不断互动的过程，互动的广度与深度与政策成效往往直接关联。在当前农村环境政策的执行过程中，基层政府与农民之间缺乏互动。农村环境政策的执行与农民之间关联，若执行对象对其缺乏积极性，某种程度意味着这种政策的失效，即导致政策执行不力的后果。

（二）政策本身层面：政策目标弹性大与体系待完善相伴

农村环境政策也是影响农村环境政策执行的重要变量，高质量的农村

---

① 来自国家统计局数据。

环境政策能为执行主体和执行对象指明行动方向,能使农村环境政策顺利执行;反之则会使他们处于两难境地,导致农村环境政策执行不力。

1. 农村环境政策目标弹性空间较大

考量政策目标主要在三方面:一是政策目标是否清晰,二是政策目标是否科学,三是政策目标是否具有适度弹性。在确定了相关政策目标后,如何把握目标的可变程度十分重要,若过于刚性,则政策执行的弹性小,难以变通;若缺乏刚性,弹性过大,政策执行弹性大,无法保持稳定性[①]。

以我国农村环境保护的目标为例,此目标变化极大。在《环境保护法》(1979)中没有明确的农村环境保护目标,在《环境保护法》(1989)中提出应当"加强对农业环境的保护"并进行了解释,在《环境保护法》(2014)中则围绕"农业环境保护"的目标解释得更加详细。

从环境规划和专门性农村环境保护政策文本中可以看到我国农村环境政策的短期目标的变化。如《农业法》(1993)中的目标是"发展农业必须合理利用资源,保护和改善生态环境";在《国家环境保护总局关于加强农村生态环境保护工作的若干意见》(1999)中有截至 2002 年的农村环境保护目标;在《国务院办公厅转发环保总局等部门关于加强农村环境保护工作意见的通知》(2007)中有 2010 年和 2015 年的农村环境保护目标;《关于印发农业农村污染治理攻坚战行动计划的通知》(2018)中有 2020 年的农村环境保护目标。

现有的农村环境政策目标能真实地反映人们的政策需求。从长期目标和早期的短期目标来看,政策目标比较笼统、模糊;而短期目标,特别是 2007 年以后的短期农村环境政策目标则更加明确一些。但是怎么才算是"提高""改善""提升""增强"呢?达到什么程度才算理想?政策目标中并没有明确具体的规定。当然,长中期目标的模糊与短期目标的明确,

---

① 朱忠泽,唐俊辉. 浅论公共政策执行的影响因素 [J]. 湘潭大学学报(哲学社会科学版),2005(S1):56 – 58.

使政策目标具有一定的弹性，但是弹性空间较大。

2. 农村环境政策体系存在不足

（1）专门性农村环境政策仍然比较薄弱

一是缺乏专门的《农村环境保护法》。目前的农村环境保护政策远落后于城市环境保护政策，若要使农村环境治理更上一个新台阶，有必要制定一部专门的《农村环境保护法》，对农村环境污染防治、自然资源保护和监督管理等作出规定。

二是专门针对农村环境保护的单行政策不够多。包括《基本农田保护条例》《肥料登记管理办法》《农药管理条例》《土地复垦条例实施办法》《退耕还林条例》等，位阶一般较低，多为原则性规定，权威性不足，可操作性也不强。

三是从现有环境政策中挖掘的农村环境保护政策专门条款相对比较零散，缺乏专门的章节进行论述。如《环境保护法》（2014年修订）中仅第三章第三十三条专门规定了农村环境保护，《农业法》（2012年修正）的第八章"农业资源和农业环境保护"共10条，《水污染防治法》（2008年修订）的第四章第四节"农业和农村水污染防治法"共5条。

四是现有环境政策大多仍然更偏向城市。如排污收费政策，我国《排污费征收使用管理条例》（2003）第二条规定"直接向环境排放污染物的单位和个体工商户（以下简称排污者），应当依照本条例的规定缴纳排污费"，该规定表明现有的排污收费政策只针对直接向环境排放污染物的单位和个体工商户，而将农村的诸多非点源污染的征税主体排除在外；如环境影响评价、三同时主要针对新、改、扩建项目的预防；限期治理主要针对超标严重的工业污染源等。

（2）现有的农村环境政策存在滞后性

良好的政策应既能为解决现实公共问题提供依据，又能预测未来可能出现的新趋向，提早用制度加以规范。但在现实中，政策的颁布和实施往往是在问题发展到公共政策问题之后，通常具有滞后性，政策前瞻性不足。农村环境问题复杂，农村环境污染往往是经过长期积累才显现的。20

世纪 70 年代，提倡使用化肥、农药、农膜等增加了粮食产量，但导致了农业面源污染；20 世纪 80 年代，乡镇企业纷纷成立，城市污染型企业和城市污染物也大量向农村转移，出于对农村经济发展的考虑，并没有采取强劲措施遏制转移性污染；20 世纪 90 年代，各类环境问题在农村叠加，农村生态环境恶化态势明显，但应对措施仍不够有力且规制范围较小；进入 21 世纪，由于人们更加迫切地希望农村环境改善，不仅农业自身朝着绿色转型，政府对农村环境治理的投入和关注逐渐增强。不得不说，改革开放以来制定的农村环境政策滞后于农村环境污染的出现，政策重治理轻预防。以化肥、农药、农膜污染为例，经过多年相关政策的实施，使用量从 2016 年开始下降，但农村化肥、农药和地膜的过量使用带来的农业生产污染在未来一定时期内并不会明显减轻。

（3）农村环境政策体系内部划分不清晰，体系内各政策之间的协调性不足

如我国政府在农药、化肥等产品的生产和消费两端都进行了政策干预，这些干预增加了农村环境污染。在生产方面，税收优惠政策激励了农村环境污染的增加。我国在考虑农药、化肥等产品的增值税税率时，更多的只关注它们作为生产的初级投入品、需降低税负的一面。以化肥生产企业为例，早在 20 世纪六七十年代，我国政府就以补贴等形式鼓励他们的发展。从而忽视了农药、化肥在过度使用中会对农村环境造成严重污染的一面，因此未将这些对环境有害的产品列入课税范围[①]。在消费方面环节又有农资补贴政策，从需求方面激励了农民在生产行为中大量使用化肥、农药和地膜[②]。

（4）农村环境政策与其他政策存在不协调

农村环境政策与其他政策之间的不协调成为制约农村环境政策实践成效的又一阻力。以农村环境政策与基层政府的经济政策之间的博弈为例。

---

① 司言武. 农业非点源水污染税收政策研究 [J]. 中央财经大学学报，2010（9）：6 – 9.

② 金书秦，魏珣，王军霞. 发达国家控制农业面源污染经验借鉴 [J]. 环境保护，2009（10）：74 – 75.

对于基层政府而言，经济发展和环境保护是它都应追求的目标。在政策制定时，二者发生冲突是常见之事。基层政府极易陷入两难境地，究竟是选择经济发展优先还是环境保护优先，或者二者均发展，他们经常摇摆不定。若该基层政府辖区内经济非常不发达，重经济发展，轻资源环境保护就成了优先选择；若该地经济实力尚可，则该基层政府会在环境保护和经济发展之间僵持选择；等到经济发达再进行环境治理，则太晚了。再如针对禽畜污染防治，曾一刀切地禁止农户分散养猪以减轻对环境的污染，后因现实难以持续推进，同时猪肉价格持续走高，该项政策则不了了之。

（三）保障措施层面：制度环境待完善与资源不充分同存

良好的保障措施有助于农村环境政策的有效执行，保障措施存在不足将会影响农村环境政策的实践效果。

1. 市场经济体制有待完善

社会主义市场经济还存在不完善的地方。首先是市场规则有待完善，如市场准入、要素分配、交易规则等均存在有待改进之处；其次是从竞争环境来看存在有待完善之处，由于种种原因，当前的竞争环境尚不够公平，竞争机制难以有效发挥作用，社会主义市场经济的不完善使得在农村环境政策执行过程中，市场性政策工具很难发挥作用，不利于农村环境政策的执行。

2. 制度环境有待完善

（1）城乡二元体制是造成我国农村环境污染日益严重的深层原因

一是农村人口压力增加了农村环境压力。农村人口多且增长速度快，增加了对农村人居环境的污染，强化了农村环境污染。人口增长而资源并未随之增加，由此引发的对资源需求增加，这对生态环境造成了直接压力。为了保障基本生活供给，农村居民对农村土地资源会提出更多的要求，为了保障基本生活供给，农药、化肥、地膜的使用量会增加，其带来的农业面源污染也不是短期内就能彻底改变的。

二是环境保护方面的城乡二元加剧农村环境保护难度。当前，城市环境保护强于农村环境保护。为此，政策的制定、机构设置、资金投入均向城市集中。虽然近年来形势有所变化，但是城乡环境保护二元体制带来的影响在未来很长时间难以破除。

（2）统分结合管理体制已经形成，但环境管理体制仍有改进空间

迄今为止，我国已经构建起了中央统一管理、部门分工管理相结合的环境管理体制①。在此种基本管理体制之外，还存在一些区域性管理机构，对本辖区内的环境保护进行监督。

这一管理体制发挥了重要作用，尤其是在生态环境部组建后，随着相关职能的集中，其发挥了更有力作用。但是此环境管理体制仍存在改进空间：首先，央地双重管理存在利益不一致之处，即中央与地方利益的不一致，此种不一致导致政策执行上的不协调，如地方为了经济利益会牺牲环境利益。其次，根据行政区域划分的环境管理体制需要强有力的协调机制，环境问题大多属于跨区域环境问题，需要多个地方政府、多个政府部门共同参与，共担责任。但实际上，多个地方政府之间、多个部门之间的协作是不够的，甚至有时候竞争多于合作。

3. 社会文化环境有待改善

社会文化环境通过影响政策执行者和政策执行对象的心理、价值观、行为方式等来影响政策执行及效果。随着"五位一体"布局的确立与推进，与之相应的生态文化建设取得了很大进步。然而在农村，生态文化进步不甚明显。

环境保护意识的确立有助于民众全面认识并体会环境政策，进而调动起参与环境保护的积极性。若民众的环境保护意识缺乏，会影响环境政策的执行。2019年10月，上海交大发布了《中国城市居民环保意识调查》报告，报告显示我国城市居民对于基本环保知识的认知明显提高，超过半数的受访者对环境问题有一定关注，并认为自己的行为会对环境产生影

---

① 王怡，王艳秋，李丽萍，等．完善我国环境管理体制的探讨［J］．生产力研究，2011（12）：9－10．

响；但是，知易行难，民众在环保行为方面还需要明显改善①。与城市居民相比，农村居民的环保意识与环保行为有更大的提升空间。根据最高人民检察院、最高人民法院近 5 年来的《工作报告》，农村的非法捕捞水产品罪、涉及林木类的犯罪、涉及野生动物的犯罪一直处于持续的高发态势，从另一角度说明农民的环境保护意识缺乏。

4. 政策资源不够充分

张世贤认为："政策执行要投入一定的资源，方能达到既定的政策目标。资源的投入对政策的执行犹如赋予活力"②。可见，资源对政策执行的影响极其深远。

（1）权威资源的作用待充分发挥

阿尔蒙德和鲍威尔认为："如果大多数公民都确信权威的合法性，法律就能比较容易地和有效地实施，而且为实施法律所需的人力和物力耗费也将减少"③。显然，权威资源与政策直接关联，在其执行过程中扮演着重要角色。

作为发展中国家的中国，拥有强大的政府权威，强大的政府权威不仅有利于制定出高质量的农村环境政策，也有利于制定良好的农村环境政策执行方案。但是，在增强执行主体责任感方面，政府权威资源未充分提高执行主体和执行对象对农村环境政策的认同感和接受程度，不利于减少二者之间的紧张和对抗，不利于提高执行对象的政策回应度；在促进农村环境政策执行组织内部的整体协调，形成合力，减少行政成本。在提高政策效率方面，政府权威作用也有待提高。

（2）人力资源和财物资源的投入还需加大

人力资源与财物资源是政策执行中最基本的政策资源。任何政策的执

① 中国日报网. 上海交大发布 2019 年《中国城市居民环保意识调查》报告［R］.［EB/OL］. http：//ex. chinadaily. com. cn/exchange/partners/80/rss/channel/cn/columns/516a8i/stories/WS5da81811a31099ab995e6152. html，2020/08/04.

② 张世贤. 公共政策析论［M］. 五南图书出版公司，1986：101.

③ 阿尔蒙德，等. 比较政治学：体系、过程和政策［M］. 上海：上海译文出版社，1987：35.

行都要投入一定的人、财、物。从效率看，要以最小投入获取最大产出。若背离了效率原则，不仅易于造成资源浪费，还可能诱发奢侈、豪华、贪污、纠纷等消极后果，最终阻碍政策的执行。反之，人力财力不足，物质基础薄弱，政策执行难以进行或持续。

在农村环境政策执行过程中，政府保证了人力资源投入，且每年进行了大量的财物资源投入。从 2008 年中央财政启动农村环保的专门资金开始，至 2017 年，10 年间中央财政累计安排专项资金 435 亿元①。2019 年中央财政支持大气、农村环境整治和土壤污染防治的专项资金比 2018 年增长近 1/4。但上述资金的投入仅是杯水车薪。根据农业农村部农村经济研究中心 2018 年度测算，仅全国 50 多万个行政村农村垃圾和污水处理治理所需设施建设总费用就超过 5 000 亿元，每年运行费用超过 500 亿元，现有 10 年的总投资仅够一年的运行费用，资金缺口极大②。

（3）信息资源不充分

信息资源与政策执行关联度极高，信息畅通也是政策执行的必要条件。在二者关系中，执行者既要向执行对象释放、传递有效的信息；同时，也要获取有效的反馈信息。在这个信息互动过程中，政策内容、指示、命令被执行对象知晓、磨合乃至认同，促使政策执行渠道畅通。现有信息资源不充分，信息不畅通，影响农村环境政策在农村居民中的传达与理解，不利于政策的顺利执行。

本 章 小 结

综上所述，40 多年来，党和政府持续加强了农村环境保护工作，并

---

① 新华网. 中央财政今年安排环保专项资金 497 亿元 ［EB/OL］. http：//www. xinhua-net. com/2017 – 11/24/c_1122002486. htm，2020/8/8.

② 中国水网. 农村人居环境整治资金缺口大，10 年中央财政专项资金仅够 1 年运维 ［EB/OL］. http：//www. h2o – china. com/news/287748. htmll，2020/8/8.

取得了可喜的实践成果。农村生产环境明显改善，化肥、农药和农膜的施用量下降，利用率逐步提高，畜禽粪污得到资源化利用，工业企业污染状况有所好转。农村的生活垃圾和生活污水得到处理，农村人居环境改善；农村生态环境得以改善，土壤环境状况稳定，耕地质量有所上升；空气质量较好；森林覆盖率较高，呈上升趋势，森林功能增强。但是，也要看到不足，主要是生活生产污染带来的环境危害，并不是短期就能治理好、修复好，还需持续加强治理。

农村环境政策实践之所以取得伟大成就，得益于始终坚持马克思主义作指导，得益于始终坚持中国共产党的领导和以人民为中心的发展思想，得益于农村环境政策与时俱进并不断完善，得益于良好的社会经济状况和制度环境作保障。在总结经验的同时，我们还需对政策实践存在的不足进行检视反思，具体可从政策本身、经济发展状况、制度环境等方面探寻我国农村环境政策实践存在不足的原因。通过明晰经验教训，既可为系统分析所研究问题提供可靠的理论支撑，也可为解决我国农村环境问题找到重要线索。

第五章

完善我国农村环境政策的路径选择

改革开放以来，我国农村环境政策在实践中取得了突出成效，同时也存在一些不足。尽管如此，这一时期的农村环境政策实践，仍然为乡村振兴和农村生态文明建设提供了宝贵的历史经验。因此，立足改革开放以来我国农村环境政策的发展历程及具体内容、演进特征和实践成效，思考并提出完善我国农村环境政策的路径，成为本研究的最终落脚点。

第一节　指导思想层面：始终坚持习近平生态文明思想作指导

邓小平同志关于环境保护的重要论述、江泽民同志关于环境保护的重要论述、胡锦涛同志关于环境保护的重要论述、习近平生态文明思想组成的中国特色社会主义生态文明思想，是党和国家指导思想的重要组成部分，是改革开放以来我国农村环境政策的指导思想。其不仅有效引导和规范了我国农村生态文明建设的推进，更为农村生态环境政策制定和实施把握了方向、确定了目标、凝聚了力量和提供了原则。当前和未来，我国的农村环境政策，必须继续坚持以中国特色社会主义生态文明思想特别是习近平生态文明思想作指导。

一、坚持发挥理论指导作用，为农村环境政策把握方向

（一）为农村环境政策制定把握方向

必须继续坚持指导思想的宏观指导作用，为农村环境政策制定把握政策方向。马克思、恩格斯科学地解释了人与自然的关系。人与自然的关系本质上是人与社会关系的折射，提倡从社会层面来解决此种矛盾。中国特色社会主义生态文明思想是在继承和发展马克思主义生态环境思想的基础上形成的，同样主张通过解决人与社会之间的关系来化解人与自然之间的矛盾，即坚持从社会经济的实际出发，统筹兼顾经济、社会、生态之间的利益，从中得出解决生态环境问题的科学方案。因此，当前必须继续坚持中国特色社会主义生态文明思想特别是习近平生态文明思想作指导，确保制定的农村环境政策不偏离方向，确保其能够解决农村环境问题，最终实现人与自然的和谐共生。

（二）为农村环境政策实施把握方向

中国特色社会主义生态文明思想指导下的农村环境政策，政治属性鲜明，具有强大的生命力。未来，在农村环境政策的实施过程中，仍需以中国特色社会主义生态文明思想特别是习近平生态文明思想严格把关，确保其不偏离正确的方向。为此，必须做到如下几点：一是坚持马克思主义确保理论方向。马克思主义要求我们实事求是地看待自然界，正确认识人与自然的关系。习近平生态文明思想将其定位为和谐共生的关系。此种定位是几代中国共产党人的艰辛探索得出的结论，是中国共产党集体智慧的结晶，是当前我国农村生态文明建设得以展开的理论根基。只有坚持马克思

主义,才能确保农村环境政策与习近平生态文明思想的一致性,不至于迷失方向。二是践行马克思主义生态实践观。生态实践观是习近平生态文明思想的重要内容,在农村环境政策付诸实施的过程中坚持此种实践观,不仅可以将习近平生态文明思想的理论变成现实,而且可以政策的实践过程中,不断丰富和发展习近平生态文明思想。

二、坚持发挥目标导向作用,为农村环境政策确定目标

(一) 满足人民群众对美好生活的需要

作为农村环境政策的指导思想,邓小平同志关于环境保护的重要论述多次论及人口、经济与环境的协调发展;江泽民同志关于环境保护的重要论述多次强调人与自然的和谐,强调可持续发展;科学发展观则是在总结前述思想及理论的基础上的新发展观,其不仅强调发展,也注重保护生态环境;习近平生态文明思想则是中国特色社会主义生态文明思想的最新理论成果。

我国经济的发展曾以生态环境的牺牲作为代价,经济迅猛发展伴随了大量自然资源的消耗,生态环境的污染,尤其是在部分农村地区,此种污染破坏由于得不到有效的治理而变得更为严重。生态环境的污染破坏严重影响了民众的生活,使其生活质量低下,严重者甚至生命健康受到不可逆转的伤害。生态环境污染破坏已经严重影响到人民群众的切身利益。鉴于环境问题逐渐成为民生问题的重要组成部分,事关民众福祉,党和政府为此越来越重视生态文明建设,制定了大量农村环境政策解决农村环境问题。这些政策均以满足人民群众对美好生活的需要为目标。特别是进入新时代后,习近平生态文明思想将生态环境保护提升到前所未有的高度,在其指导下的生态文明建设已经成为"五位一体"总布局的重要内容。习近平总书记明确提出良好的生态环境关乎人民福祉,在习近平生态文明思想指导下的农村环境政策,必须将满足人民的美好生活需求作为政策目标。

（二）保护农村生态环境的利益

习近平生态文明思想的核心理念之一是"人与自然和谐共生"。"和谐"是两者相处的最佳状态，"共生"表明不同生物之间所形成的紧密互利关系。习近平对此有过很多论述，包括"山水林田湖草是生命共同体"，"绿水青山就是金山银山"等，这些表述都体现了人类与自然界和谐的状态。为了保护农村生态环境，近年来我国的农村环境政策已经作出了大幅度修正，新修正的环境政策基本都突出了人与自然和谐共生目标，将生态环境自身利益作为其保护的主要法益之一。从刑法角度看，刑法作为最严厉的保护政策，其对于农村生态环境保护的力度持续增加，尤其是2020年12月颁布的《刑法修正案十一》，其第四十条、第四十一条、第四十二条、第四十三条对于生态环境利益保护力度有了前所未有的加大，不仅加大了对污染环境罪的处罚力度，而且将自然保护区、野生动物基本全部纳入保护范围。未来，我国农村环境政策仍要将保护环境自身利益作为政策目标的重要内容。

三、充分发挥价值塑造作用，为农村环境政策凝聚力量

（一）发挥引领激励作用，集中多元主体力量办大事

从中国共产党领导中国革命取得成功开始，到领导社会主义道路探索时取得的成就，到领导推进改革开放进程取得令人惊叹的成就，再到进入新时代以来中国共产党以非凡的政治智慧和强大的治国理政能力，"解决了许多长期想解决而没有解决的难题，办成了许多过去想办而没有办成的大事，推动党和国家事业发生历史性变革"[①]。既彰显了中国共产党具备集中力量办大事的能力，也体现了指导思想的动员激励作用。

---

① 习近平谈治国理政（第三卷）[M]. 北京：外文出版社，2020：7.

改革开放以来，在指导思想的指导下，中国共产党领导凝聚了一切力量，制定并实施了农村环境政策，极大地改善了农村环境。我国农村环境政策的指导思想，是马克思主义中国化的理论成果，具有一脉相承和与时俱进的优秀品质，贴近群众。中国共产党只有秉承科学的指导思想，才能领导将蕴藏在全国人民中的无限智慧和不竭力量得以凝聚和涌现，才能动员激励他们积极参与农村环境治理。未来，我们仍需坚持中国特色社会主义生态文明思想特别是习近平生态文明思想的指导，发挥指导思想的动员激励作用，集中多元主体力量参与农村环境治理，办好治理农村环境这件大事。

（二）发挥价值塑造作用，保证公众生态文明意识和行为的绿色化

在农村生态文明建设领域，指导思想对农村环境政策的作用还在于利用其感召力，塑造与生态文明相适应的价值观，以引导广大民众积极参与农村生态环境治理，促进农村环境政策目标的实现。

先进性是指导思想的时代体现，即指导思想自身是随着时代的变化而不断丰富和发展。习近平生态文明思想在继承马克思主义生态观及中国共产党几代领导人的关于环境保护的主要论述的基础上，创造性地提出了"两山理论""山水林田湖共同体""以绿色为导向的生态发展观""人类命运共同体"等理论，这些理论都突破了原有的理论及实践的藩篱，不仅在中国，乃至全世界范围也具有很强的先进性。当下，需要以此来指导推进公众生态文明意识的转型，保证公众生态文明行为的改善，积极参与我国生态文明建设，助力农村环境政策实施，实现农村生态环境治理效果的大幅度提升。

四、充分发挥提供方法作用，为农村环境政策确定原则

（一）坚持科学性，继续推动农村环境政策立足现实

习近平生态文明思想的形成过程充分体现了这一特点，其是中国共产

党在继承马克思主义生态观的基础上，从实际出发，准确把握时代特征，经过大胆探索，反复验证，不断发展而形成的。作为植根于实事求是基础上的指导思想，其科学性不言自明。作为对指导思想现实化的体现，农村环境政策也应将科学性作为其内在要求。在培养生态文明意识之际，我们必须紧扣时代主题，深入学习习近平生态文明思想，提升自身的生态文明素养，并内化于心，以此来指导自己参与生态文明实践活动，积极主动参与或者配合农村环境政策，助力农村环境政策的现实化。

（二）坚守创新性，继续促进农村环境政策与时俱进

作为马克思主义理论中国化在生态环境领域的体现，习近平生态文明思想具有革命性，其在实事求是的基础上构建起了动态的指导思想体系。此种思想体系并非故步自封、一成不变，而是随着生态环境的变化而不断发展。正因此，其体现出了前所未有的生命力。受其引导，我国的生态文明建设速度飞快，在短短 10 年间，生态文明建设取得了前所未有的成就。水、大气、土壤、森林、草原等生态环境指标都得到了改善或者恢复。今后，要继续保持指导思想的创新，只有保持创新性，才能适应生态环境的变化。同样，只有保持创新性，才能具备先进性，才能更好地指导农村生态环境治理，才能制定更科学的农村环境政策以保障政策的有效实施。

（三）坚守实践性，继续推动农村环境政策良好实践

发挥指导思想的指引功能，必须坚守实践观。习近平生态文明思想的实践性体现在两个方面：一方面，中国特色社会主义生态文明思想是我国经过几代人连续实践所形成的理论成果，其在继承基础上不断发展表明了其生命力植根于党和国家的实践；另一方面，中国特色社会主义生态文明思想是为了解决生态环境问题而形成的理论成果，这就表明其必须能够知道生态环境中的实际问题，故其与实践是密不可分的。坚守习近平生态文明思想的实践性，注重将其与生态文明建设紧密结合，通过实践来内化，使其更好地引领我国的生态文明建设，促进农村环境政策的制定与实施。

第二节　主体力量层面：坚持中国 共产党领导凝聚一切力量

一个理想的环境治理体系，应该是包含党委、政府、企业与社会共同治理的多元共治体系。党的十九大报告（2017）指出："构建政府为主导、企业为主体、社会组织和公众共同参与的环境治理体系"①。《国家发展改革委、生态环境部关于进一步加强塑料污染治理的意见》（2020）指出："多元参与，社会共治"②。《关于构建现代环境治理体系的指导意见》（2020）指出：到 2025 年"建立健全环境治理的领导责任体系、企业责任体系、全民行动体系、监管体系、市场体系、信用体系、法律法规政策体系，落实各类主体责任，提高市场主体和公众参与的积极性，形成导向清晰、决策科学、执行有力、激励有效、多元参与、良性互动的环境治理体系"③。

一、充分发挥中国共产党的领导作用

（一）坚持党的领导，发挥中国特色社会主义制度的最大优势

办好中国的事情，关键在党。邓小平同志指出："社会主义国家有个最大的优越性，就是干一件事情，一下决心，一做出决议，就立即执行，

---

① 习近平谈治国理政（第三卷）[M]. 北京：外文出版社，2020：49.
② 国家发展改革委　生态环境部关于进一步加强塑料污染治理的意见 [J]. 再生资源与循环经济，2020，13（2）：1 – 2.
③ 关于构建现代环境治理体系的指导意见 [J]. 江西建材，2020（2）：2 – 3.

不受牵扯"①。江泽民同志指出："社会主义制度能够集中力量办大事这个政治优势，应该继续坚持并充分加以运用和发挥"②。胡锦涛同志在谈到航空工程之所以能在比较短的时间里取得历史性突破，"靠的是党的集中统一领导，靠的是社会主义大协作，靠的是发挥社会主义制度集中力量办大事的政治优势"③。习近平总书记指出，我国社会主义制度能够集中力量办大事是我们成就事业的重要法宝④。习近平总书记还指出："中国特色社会主义制度最大优势是中国共产党的领导"⑤。农村生态环境治理是生态文明建设的重要组成部分，生态文明建设作为"五位一体"中重要的一极，同时也是一项重要的政治任务。对此坚持党的领导，这是完成农村环境保护任务的根本保证。只有强化共产党的领导，才能及时有效通过政策、措施、资金等来确保农村生态环境治理取得佳绩，体现中国特色社会主义制度的优势。

（二）坚持党的领导，发挥党总揽全局、协调各方的作用

农村环境治理是一个长期的、复杂的系统工程，落实农村环境政策，解决农村环境问题，必须坚持党的领导。"党政军民学，东西南北中，党是领导一切的"⑥。要把党的领导贯彻落实到经济社会各个领域、改革发展的每个环节。自改革开放以来，党在农村环境保护中总揽全局、协调各方的领导核心作用已充分彰显。今后，仍要在农村环境保护中充分发挥"党始终总揽全局、协调各方"⑦的优势，并使其进一步制度化。

要"坚持和完善党的领导制度体系，提高党的科学执政、民主执政、

---

① 邓小平文选：第三卷［M］北京：人民出版社，1993：240.

② 江泽民文选：第二卷［M］北京：人民出版社，2006：393.

③ 中共中央文献研究室．十六大以来重要文献选编（上）［M］.北京：中央文献出版社，2011：491.

④ 习近平．把关键技术掌握在自己手里［EB/OL］.http：//www.xinhuanet.com/politics/2014-06/09/c_1111056694_2.htm，2021/3/10.

⑤⑥⑦ 习近平谈治国理政（第三卷）［M］.北京：外文出版社，2020：16.

依法执政水平①"。当然，在农村环境保护领域，中国共产党也要充分提高自身的执政能力和执政水平，紧紧依靠人民群众，从全局出发，统筹协调，结合国家大政方针，落实党中央的各项决策部署，把农村环境保护工作常态化，把工作落实到平时工作中的方方面面，全国上下，凝心聚力，致力于解决农村环境问题。

二、充分发挥各级政府的主导作用

（一）明确各级政府在农村环境治理中的角色定位

1. 中央政府在农村环境治理中的主要角色定位

一是做好农村环境政策的制定者与贯彻的高位推动者。从社会主义新农村建设、农村生态文明建设、美丽乡村建设、农业绿色发展等战略层面政策的提出，到加强农业面源污染治理、防治乡镇工业企业污染、保护自然资源、改善农村人居环境等具体政策的出台，都是中央政府履行其作为农村环境政策的制定者和贯彻推动者的重要体现。

二是做好农村环境治理的统一监管者。中国现行环境监管体制属于中央政府统一监督治理与地方分级、分部门治理相结合的治理体制。面对农村日益严峻的环境问题，加强环境监督检查、加强环境绩效考核、加强环境问责是明确和督促各级政府履行责任的必然选择。环境监管体制的逐渐完善，必将有利于农村环境保护工作的良好开展。

三是做好环境服务的总投资者与社会资本的引导者。农村环境治理是一项涉及面广、目标宽泛、任务繁重的系统工程。中央政府首先要做好环境服务的主要投资者，同时积极推动拓宽环境保护融资渠道，吸引更多的社会资金投向农村环境治理。

---

① 中共中央关于坚持和完善中国特色社会主义制度推进国家治理体系和治理能力现代化若干重大问题的决定［N］. 人民日报，2019－11－06（1）.

2. 地方各级政府在农村环境治理中的角色定位

一是省市级政府要明晰承上启下的角色定位。省级政府在政府体系中处于承上启下的独特位置，应最快明确中央政府的农村环境决策意图和农村环境政策导向，在贯彻落实中央有关政策的同时，必须根据本省实际情况制定适宜的地方性环境政策，并及时传达到省内各级政府和相关部门。市级政府也扮演类似的角色，但权限低一级。

二是县乡级政府要摆正执行的角色定位。县级政府既是上级政府相关农村环境政策的执行者，也是所辖县域内社会稳定、经济发展和环境优化的决策者和指挥者。乡镇政府是农村环境政策的直接实施者，具体工作包括：直接执行上级政府的环境政策，组织开展辖区内的农村环境保护工作；根据相关原则性规定结合当地实际制定出具有约束力的乡镇农村环境政策；提供农村环境资金帮扶和农村环保技术帮扶；培养农村居民的环境保护意识①。

（二）加强农村环境管理机构建设

1. 在国务院层面建立跨部委的农村环保协调机构

现有农村环境保护的职能主要分布在生态环境部、自然资源部和农业农村部，也分布在财政部、水利部等部门。建立单独的农村环境监管机构是不现实的，完全由一个部门也不能治理好农村环境。目前可行的办法是建立国务院层面的农村环保协调机构，承担农村环境保护重大问题的协商与决策。

2. 在部委下设农村环境保护司

目前担负农村环境保护职能的部委设有的诸多司均与农村环境保护工作有关。也有部委设有农村处，但级别相对较低，不利于农村环境保护工作的推进。可以考虑在有农村环境保护职能的主要部委下设农村环境保护

---

① 陈秋红，黄鑫. 农村环境管理中的政府角色——基于政策文本的分析［J］. 河海大学学报（哲学社会科学版），2018，20（1）：54－61，91.

司，统一负责全国的农村环境保护监管、协调等工作；同时承担国务院农村环境保护协调机构的日常工作。在其他相关部委设置农村环境保护处，便于对接农村环境保护工作。

3. 在省（市、县）级的生态环境厅（局）下设独立的农村环境保护处

目前设有农村环境保护处的省份不多，大多数省均是挂靠其他处室。为此，有必要在各省的环保行政主管部门设置专职、独立的农村环境保护处，负责全省的农村环境保护工作。在省一级设立了农村环境保护处后，市、县两级的农村环境保护机构均会得到相应推动。

4. 加强基层环境管理机构建设

基层环境管理的好坏直接决定了农村环境保护的好坏。当前，急需将基层环境管理机构下沉至乡镇一级，设立专门的环保机构，直接接受县级环保部门的领导和监督，承担基层环保职能。

可供选择的基层环境管理机构设置有三种：一是可以设立环保所，即基层环保机构建设的"河北模式"，这是目前公认的基层环保机构建设较好的一种模式。乡（镇、街道）环保所承担本行政区域内的环境保护职能，主要负责大气、水、土壤、农业面源、农村人居环境等环境污染防治，负责森林资源、土地资源、水资源等自然资源的保护工作，负责辖区内环境监管，负责受理环境信访工作，负责生态环境保护有关协调工作，配合县（市、区）环保分局开展环境执法工作等[①]。二是在乡（镇、街道）设立环境监察中队。监察中队行使乡级环境保护职能，负责参与污染纠纷的调解、建设项目监管、排污申报登记、环境宣传等具体工作。经费由县乡两级政府共同承担，人员编制和办公场所由本级政府负责解决。三是建立环保巡视督导组，进行环保巡视和巡回督导。这种模式适用于地广人稀的地区，因这些地区即使建立专门的乡镇级别环保机构，也难以发挥实际作用。

---

① 中国政府网［EB/OL］. http：//www. gov. cn/xinwen/2018 – 05/09/content_5289512. htm，2020/9/28.

（三）提高基层环境管理人员的素质

1. 转变基层环境管理人员的理念

因基层政府工作千头万绪，加上目前基层政府基本未设置专门的环保管理人员，任务重，执行难。但是担任环保管理职能的人员仍要按照法治和服务型政府的要求来规范自己的环境执法行为。

2. 增强基层环境执法人员的执行能力

通过加大培训力度，使他们掌握政治学、管理学、经济学、生态学、社会学等专业性知识，掌握相关应用知识。提高基层执法人员的综合业务能力，做群众工作的能力，了解群众诉求。通过学习与培训，增强执法人员的实践能力。

三、充分发挥村民委员会堡垒作用

根据《中华人民共和国村民委员会组织法》（以下简称《村民委员会组织法》）（1998，2010，2018）相关规定，村委会必须担负起"教育村民合理利用自然资源，保护和改善生态环境"的职责。这一规定明确了基层自治组织必须积极主动推动农村环境治理，发挥村委会的战斗堡垒作用。

（一）村委会参与管理农村环境事务的优势

1. 村委会直面农村生态环境问题

作为基层自治组织，村委会是我国农村事务的主要管理者，其对于管理事项具有直观的了解，农村的自然资源开采及破坏的状况，乡镇企业排污现状，农民生活污水和垃圾，农民的农药化肥使用状况，这些都是村委会应该第一手掌握的资料。自治组织的村委会是解决此问题的第一责任人，可以决定该如何处理相关自然资源问题，以及如何应对农村的污染问题，等等。

2. 村委会能有效弥补政府精力有限和能力的不足

村委会可以架通政府和村民之间的桥梁。村委会的作用具体体现为：首先可以协助地方政府搞好农村生态环境规划，从源头预防生态环境问题出现；其次可以协助地方政府解决农村生态环境治理过程中产生的矛盾，确保相关生态环境保护措施能够贯彻落实；再次是针对农村生态环境治理过程中涉及的利益重新调整等问题，村委会可以组织协调协商，寻求合理的利益平衡点。

3. 村委会能有效调动农村多种环保资源

农村环境治理涉及农村相关人力、物力等资源调动的问题。对此，相关行政机关的优势不明显，此项工作更多地需要依靠村委会来推动。村委会作为村民的自治组织，贴近农村和农民，能够及时了解农民的基本情况以及相关环境治理资源的现状。通过村委会的沟通协调，可以有效整合农村环境治理的资源，形成治理合力，确保治理效果。

（二）为村委会参与管理农村环境事务创造条件

1. 明确赋予村委会在农村环境保护中的管理权限

在制定《农村环境保护法》或修订《村民委员会组织法》时，不仅要明确授予村委会管辖所属村域内环保事务的权限，更要对管理的具体内容加以规定，如村级环境管理章程制定权、村级环境事务协调处理权、村级环境纠纷协商调解权和起诉应诉权等。

2. 基层政府要为村委会参与管理农村事务提供软硬件支持

基层政府应帮助村委会建立健全制度机制，如公众参与机制、公共协商机制、资金募集制度等；基层政府应对村委会成员进行环境事务管理能力和技术的培训，提高村委会成员管理农村环境事务的能力和水平；基层政府加大农村环保硬件设施建设力度，为村委会实施农村环境管理提供基础条件。

3. 加强指导和监督

基层政府要加强对村委会管理农村环境事务的指导和监督，要求村委会定期汇报工作，展开定时和不定时的检查督查，对开展工作不力、导致重大环境事故的，给予处理和惩戒；同时，号召村民参与监督，村委会应就环境管理情况定期向村民述职，接受监督。

四、充分发挥人民群众的参与作用

群众路线是党的生命线和根本工作路线，充分体现着中国共产党的执政理念和服务宗旨。走好群众路线是新时期农村环境保护工作的重要法宝。人民群众是历史的创造者，任何时候都不能忽视人民群众的强大推动作用，农村环境保护工作也不例外。

（一）注重人民群众的主体地位，把人民作为服务主体和实现主体

人民群众既是农村环境的污染者和生态的破坏者，也是农村环境保护的主力军，更是农村环境保护的直接受益者。为此，要使人民群众成为农村环境保护的真正主体，既把人民群众作为服务主体，又把人民群众作为实现主体，这是当前农村环境保护工作的关键所在。

1. 注重人民群众的主体地位，把人民作为服务主体

习近平总书记指出："人民是历史的创造者，群众是真正的英雄。人民群众是我们力量的源泉"[①]。因此，制定和实施农村环境政策，要牢牢把握以人民为中心、始终为人民服务的基本观点，深入研究新时期人民群众对美好生活需求特点，把人民作为农村环境保护服务主体。如此，农村生态文明建设才能充满活力，人民群众也才能真正从内心深处感受到美好生活就在自己身边。

2. 增强人民群众的主体意识，把人民作为实现主体

习近平总书记非常重视增强人民群众的主体意识。他强调要不断通过

---

① 习近平. 始终与人民心相印共甘苦——中共中央总书记习近平在十八届中央政治局常委与中外记者见面时讲话［J］. 人民论坛，2012（33）：6-7.

宣传思想教育和实践养成教育，使人民群众真正意识到生态文明的真正意义，在此基础上引导人们自觉参与农村环境保护。他指出，"要紧紧依靠人民，充分发挥人民主体作用，尊重人民首创精神"①，把人民作为农村生态文明实现主体，引导人们客观认知农村生态环境保护面临的机遇和挑战，清楚界定自身在农村环境保护中的使命与担当。如此，才能充分唤醒人民的主体意识，引导人们积极投身中国特色社会主义生态文明建设，推动中国生态文明的健康发展。

（二）为人民群众参与农村环境保护提供制度支持

1. 完善信息公开制度

对于涉及农村生态环境治理的所有事项，除法律有特殊规定的，全部要公开，以便使群众及时掌握各类社会信息和办事流程，减少其负担，提升其参与农村生态环境治理的积极性。

2. 完善信息传达制度

要健全农村生态环境信息的收集、处理和反馈机制，便于收集群众意见和建议，收集农村生态环境信息，等等。在收集完毕后，针对农民的相关民意诉求，及时解决群众所面临的困难和事情。

3. 健全决策机制

首先要深入实地去调研，掌握真实情况，有组织地征询群众意见，了解其诉求。其次要建立对话机制，通过党政部门、企业、农民等之间的对话协商，及时化解潜在的风险与矛盾，防止侵犯农民的合法权益。再次要科学决策，针对经济社会发展与生态环境之间的矛盾，要在全面了解相关信息的基础上，针对农民切身相关的生态环境问题进行科学决策。

4. 健全干部考核选任中的公民参与机制

在对负责农村环境治理的党政干部进行考核时，要发扬民主精神，提

---

① 习近平. 在庆祝中华人民共和国成立 65 周年招待会上的讲话［N］. 人民日报：2014 – 10 – 01（2）.

高农民的参与度，将党委组织考核与群众评价有机结合起来，作为干部选拔任免的重要依据。

（三）提升农村居民的素质

通过多种方式进行环保知识的宣传，使执行对象了解农村环境保护的严峻性和紧迫性。要通过各种培训，提升执行对象的环保知识和技术，减少环境污染和生态破坏的可能性。执行对象自身也应主动学习环保知识和技术，改善自己的行为方式和生产方式，减少对人居环境的污染，减少对农业生产环境的污染，减少破坏自然资源的行为。

五、充分发挥环保组织的补充作用

（一）农村环保组织的角色定位

1. 做农村生态文化的传播者

农村环保组织是生态环境保护的重要力量。其重要功能之一为传播农村生态文化。农村的生态文化总体较为薄弱，有待加强。通过农村环保组织，可以有效提升农村生态文化水平。一是通过环保组织对农民进行宣传与教育，尤其是对于优美生活环境、良好生产生活方式的宣传，潜移默化，可以强化农民的生态环境保护意识，进而促进其生态文明素质的提升；二是通过环保组织开展的保护农村环境的行为，让农民认识到改善农村环境所带来的直接利益，进而促进农民积极主动改变原有的生活生产方式，投身于农村环境保护行动，间接提升其生态文明素质。

2. 做农村环保工作的合作者

一是做好农村生态环境信息的收集及反馈工作。农村环保组织在收集农村生态环境信息上具有天然优势，其通过调查、访问、实地考察等方式收集农村生态环境信息，收集农民对于生态环境保护的观点、诉求等，并及时将这些信息反馈给党政部门、相关企业等，促使他们了解准确的农村生态环境信息。二是农村环保组织促进农民参与环境保护工作。首先，农村环保组织立足于当地农村，与农民多是打成一片，故其易于说服或者带动农民直接投身于农村的生态环境建设，通过此种带动作用，引导更多农民积极参与农村的环境保护工作。其次，农村环保组织是农村环境保护网络的节点，通过此节点，连接着党政部门、村委会、相关企业。农民在环保组织的带动之下，能积极参与农村环境治理，成为农村环境保护网络中不可缺少的一环。

3. 做农村环保工作的监督者

一是农村环保组织要发挥监督作用。农村环保组织不仅是农村生态环境治理的直接参与者，也是监督者，通过其监督行为，督促党政机关、企业、农民等严格依法行事，积极保护生态环境。不仅如此，通过环保组织的引导和教育，可以带动广大农民积极投身于农村环境监督工作。二是做农民生态权益的代言人。当农民的环境权益受到侵犯时，农村环保组织可以给受侵权村民做代言人，帮农村居民维护环境权益，通过向政府部门投诉、向法院提起公益诉讼等方式来救济被侵权农民的合法权益。

（二）利用不同类型的环保组织发挥补充作用

1. 以自发性团体为依托参与农村环境治理

乡村环保组织是以村组社区为基本单位，由乡贤发起成立的非政府组织。这些乡村环保组织负责人多为乡贤，他们具备一定的经济实力，也在村民中具备一定的威望和良好的群众基础，能鼓励环保组织参与农村环境保护，发挥其专业性强且立场较为中立的优势，有利于农村环境治理。我国一些地区在农村环保工作中采取了村民环保自治模式并取得了显著成效。如2007年，湖南省浏阳市金塘村通过创建"环保促进会"、制订"环保村规民约"以及实行"乡村环保听证制度"等方式，极大地改善了金塘村的环境状况。

2. 以公益性组织为依托参与农村环境治理

一是要积极培育公益环保组织。2017年底，全国共有生态环境类社会团体与生态环境类民办非企业单位占全国共有社会组织不足2%①。因此，要积极培育环保公益性组织，如招募有文化、富裕、开放、信任、关心生态文明、有行动能力的志愿者。二是要积极引导环保公益组织将环保公益工作下沉到农村。现有环保公益组织的环保公益活动多数仍在城市进行，应依托各环保公益组织的品牌活动，以公益性模式推动生态文明思想在农村的普及，用公益性宣传唤起或增强公众的生态文明意识，进而改进生态文明行为，减少对农村环境的污染或破坏。

第三节　政策本身层面：坚持农村环境政策体系的不断完善

一、全面系统认识我国农村环境问题

要解决我国农村环境问题，首先要全面系统了解问题现状。当前，我国农村环境问题呈现出以下特征。

（一）农村环境问题具有复杂性特征

农村环境问题是一个综合性、复杂性的政策问题。从农村环境问题的组分结构来看，包括环境污染（大气污染、水污染、土地污染等）、环境破坏（资源破坏和生态破坏）和环境压力（人口压力和能源压力）。如今的农村环境问题来源不再单一，而是相对复杂化，多元叠加产生的环境问题导致单一的解决问题方式难以奏效，如何应对当前的环境问题变得极为

---

① 2017年民政事业发展统计公报［EB/OL］. http://www.mca.gov.cn/article/sj/tjgb/201808/20180800010446.shtml, 2021/9/22. 2018年以后的该统计公报无各类社会团体具体数据。

复杂。

（二）农村环境问题具有不确定性特征

农村环境问题非常分散。所谓分散性指非集中性，即此领域的环境问题涉及面很广，以农业面源污染而言，顾名思义，即非点源污染。与城市环境问题相比，农业面源污染非常分散，难以监测和控制污染源。不确定性还意味着事物的发展变化难以预测，具体到本领域的环境问题。随着经济发展，原有生态的破坏已经十分严峻，环境变化不再是原生的环境问题，而是发展到次生环境问题阶段。人类的行为与环境问题的发展息息相关，未来走向不够明朗。

（三）农村环境问题具有隐蔽性特征

隐蔽性意味着事物变化结果不会马上出现，而是逐渐显现或者在未来的时间里突然发生。例如，农业面源污染，其后果可能是逐渐发生的，在农药化肥等长期的变量影响下，土壤微生物逐渐死亡，相应的昆虫、青蛙等因生态链的破坏而逐渐消亡。此外，农药化肥残留物被相关农作物吸收，在人类食用相关农作物后转移至人体内，随着农药化肥在人体内长期蓄积，会出现致人死伤的结果。再如，以农村人居环境而言，每户人家都必然生产生活垃圾和生活污水，这些垃圾污水的处理，带有隐蔽性，平日引起的污染小，很难监测，也很难被发现。

二、明确我国农村环境政策发展方向

（一）农村环境政策应该朝着一体化方向发展

鉴于生态环境的整体性与系统性，对于农村环境治理应该立足于整体性与系统性，因此，需要告别城乡二元体制，实现环境保护一体化。实现城乡环境治理一体化，有关措施如下：首先，综合考虑城乡经济发展与环境保护规划。根据规划，将农村生态环境纳入生态文明建设的全局之中，以确保农村环境在环境整体治理中的地位。其次，将城乡环境置于同等地位来制定和完善政策。在制定生态文明建设的相关政策时，必须综合考虑城乡环境，将两者置于同等地位，以改变农村环境不受重视的局面。再次，实现"农业—环境"的一体化设计。农村与农业直接关联，在制订农业政策时也要充分考虑农村环境保护，同样在制订农村环境政策时也应考虑其对农业生产、收入和价格的潜在影响，环境政策目标一般包括合理利用、开发和保护自然资源、保护生态环境和自然景观、维护人体健康等。通过上述措施，尽量提升农村生态文明建设的地位，进而提升农村环境治理的效果。

（二）农村环境政策应该朝着专业化方向发展

自改革开放以来，我国十分重视以法律手段来解决农村环境问题，即便在农村环境政策的探索起步时期，颁布了《环境保护工作汇报要点》，随后制定了《环境保护法》等环境保护方面的法律。从 1978 年到 1991 年，我国环境政策体系中部分成熟的政策逐步法律化，共 16 份。主要有：《环境保护法》（1979，1989）、《森林法》（1979，1984）、《中华人民共和国草原法》（1985）、《土地管理法》（1986）、《野生动物保护法》（1988）、《水法》（1988）等。上述法律，尽管并非专门规制农村环境问题，但是都关注了农村环境问题。

在农村环境政策平缓发展时期，国家更加重视农业环境的安全与农业产量的稳固。本阶段法制化的政策数量虽不及上一阶段，但是有些比较重要的政策法律化，其内容有更加明确的农村环境保护与治理内容。如《中华人民共和国农业法》（1993）关注农村环境问题。该法第五十四条规定提出保护要求，第六十二条规定生产假农药、假兽药、假化肥的应承担的环境行政处罚，构成犯罪的，依法追究刑事责任。

在农村环境政策加速发展和全面深化时期，则不仅完善了大量现有政策，又陆续出台了许多新政策，包括多项专门的农村环境政策，逐步形成了较为完整的农村环境政策体系。在此体系中，法律化的政策占据了重要地位，确立了以《环境保护法》为核心的政策体系，辅之以各类污染防治法、各自然资源法、资源循环利用法等单行法，以及行政法规、地方性法规、规章等①。

　　未来，针对农村环境问题的特点，在制定或修订农村环境政策时，应使其与城市环境政策有较明显的区别，应朝着专业化方向发展。具体而言，包括：一是在党的政策层面，进一步明确农村环境政策的目标、任务、原则等。二是应建立健全农村环境保护的专项政策体系。三是从标准、技术规范层面，完善关于农村水源、土壤、空气、生活污染方面的评价标准。四是进一步完善农村环境保护的规划与计划。当农村环境政策相对成熟后，要法律化。

（三）农村环境政策应该朝着公平化的方向发展

　　首先，应充分考虑城市与农村环境保护的公平性。新中国成立后，国家重点扶持城市发展，由此形成了城乡二元体制，二者之间差距不断增大。同时，因早期环境政策的城市中心倾向，使得在环境资源享用方面存在城乡差距。党和政府正着力改变此种现状，为此对农村环境治理日益重视，与之相对应，逐渐加大对农村环境治理配套资金和资源的投入，并着力消除环境治理的城乡二元现象。因此，城乡环境治理失衡的现状得以纠偏，城乡环境政策梳理和政策倾向的状况正在发生积极的改变，逐步体现出公平理念。

　　其次，要考虑农村环境保护代际的公平性。当前很长一段时间，为了满足社会发展需要，农村化肥、农药和农膜使用持续增长，一方面带来了粮食的增长增收，另一方面也对农村的土壤和水造成了严重的污染。土壤的修复和水环境的明显改善，不是短期内能完成的。为了保证代际的公

---

　　① 黄锡生，史玉成．我国环境法律体系的架构与完善［J］．当代法学，2014，28（1）：120－128.

平，应当不区分城乡，着力一体解决环境问题，加快对生态环境的保护，防止环境污染。

（四）农村环境政策应该朝着全程化方向发展

农村环境问题已经发生，农村环境治理正在进行，但目前的农村环境政策多集中于环境治理，如治理大气污染、水污染、农业面源污染、人居环境等。但是，我们不仅要治理好已有的农村环境问题，巩固其治理效果，更需要加强农村环境保护，将农村环境治理与农村环境问题预防并重，兼顾好末端治标与生产生活带来污染的源头治本。因此，农村环境政策领域也应从以农村环境治理为主转向全过程化。引导有条件的地区推动城乡融合发展，促进生态和经济良性循环，让良好生态环境成为乡村振兴的支撑点。

（五）农村环境政策应该朝着多元化方向发展

首先，从农村环境政策实施的角度分析，在前文分析农村环境政策成效不足时可以发现，同一政策在不同区域农村的实践成效是不同的。因此，农村环境政策在实施中，并不能全国一刀切，应在全国一盘棋的基础上，充分考虑不同区域农村经济发展状况和环境保护水平的不同，因地制宜，形成不同地方具有地方特色的农村环境政策。其次，从农村环境政策参与的主体来看，多元主体共治已经成为不可改变的趋势。所以，未来农村环境政策设计应该充分整合公众、农村环保组织等各种力量，积极参与农村环境治理，尽快形成政府、企业、社会共治的环境治理体系。

三、修订政策和制定新政策并举

（一）需要修订的政策内容

一是对宪法进行修订，明确公民的环境权为基本权利。

二是党的政策更加重视对农村环境的保护，不仅直接将农村环境作为政策的对象，而且还关注农村的环境要素，通过种种手段全方位增强农村环境保护的地位。同时，党的政策应在农村环境政策的目标、任务方面，定位更加精准，要求更加明确。

三是在法律上更加重视农村环境保护。例如在《环境保护法》中增设专章"农村环境保护"，规定农村环境污染防治和自然资源保护等内容。此外，应协调好《环境保护法》与各环境单行政策之间的关系，消除不协调之处。

四是加快对环境单行政策的修订。鉴于各单行政策在制定政策之际实际上都是部门单独制定政策，这导致各单行政策之间存在诸多不一致，且随着社会发展，越来越暴露出这些单行政策制定不足，应加快环境单行政策的修订，在环境单行政策中增加专门的农村环境保护的内容，使其与时俱进。如在排污收费制度中拓宽纳税主体，对农村中造成面源污染的排污者收费；如环境目标责任制度落实到乡镇；如建立农村公众参与制度；如为了保障农村地区公平的发展机会，建立科学合理的生态补偿制度；如进一步推广农村环境连片整治制度，采取有效措施保障农村居民的饮水安全和做好水污染处理、采取有效措施处理好农村的生产生活垃圾、防治土壤水资源污染和水土流失；如健全我国农村环境治理的资金保障机制，可以采取政府主导、镇村自筹、企业集资、市场盘活等方式构建多元化资金保障体系。

五是其他领域法律应该考虑到农村环境保护的要求，并且要求实际规定来保障农村生态文明建设。

（二）需要制定的新政策

建议以《宪法》《环境保护法》等法律为依据，制定《农村环境保护法》，规定农村环境的监督管理、农村环境污染防治、农村自然资源保护和违反规定所应承担的法律责任等内容。

1. 农村环境监督管理

应规定：农村环保规划，农村环境质量标准和污染物排放标准制定，农村环境监测，环境影响评价制度、现场检查制度、鼓励和支持措施、环境保护目标责任制和考核评价制度、人大监督等。

2. 农村环境污染防治

一是农业生产污染防治。应规定：做好农业污染源普查工作，提高农村环境监测能力；加强对农药、化肥、农膜等农业投入品的质量控制、施用和管理；建立畜牧业和养殖业环境管理体系，鼓励建立生态养殖场；积极发展循环农业和生态农业。

二是乡镇工业企业污染防治。应规定：加强对乡镇工业企业的环境监管，加大处罚力度，制止违规排放；鼓励企业进行技术改造，清洁生产；强化企业的社会责任，引导其积极参与污染防治；坚决制止污染严重的企业向农村地区转移。

三是农村生活污染防治。应规定：转变传统的生活方式，开展农村人居环境综合整治；加快农村环境保护基础设施建设；促进农村生活垃圾、污水集中处理；推行厕所革命；坚决杜绝城市生活垃圾向农村的转移。

3. 农村自然资源保护

这一部分内容包括：一是保护对象，即农村自然资源保护的对象包括土地、水、森林、草原、渔业、矿产、水生动物、野生动物资源等。二是保护手段及范围，即规定相应的保护措施，以及规范法律保护的纵向范围。

4. 法律责任

这一部分内容主要针对违反本法规定的行为，即相关的自然人、法人违反本法造成农村环境污染或生态破坏的，根据具体情况不同，应承担相应的民事、行政或刑事责任。法律应对法律责任进行明确、具体的规定，并应适度加大责任力度严惩污染或破坏农村环境的行为。

四、不断完善农村环境政策工具体系

(一) 改进已有的政策工具

首先,由于现在及未来一段时间我国仍处于改革的转型时期,对规制性政策工具的偏好短期内不会发生重大的转移,这就需要进一步完善现有的规制性政策工具,规避其不足,形成一系列具有中国本土特色的规制性政策工具。其次,鉴于市场性政策工具有不可替代的作用但在农村环境污染治理中应用较少,需要加强该类政策工具的改进与积极应用。最后,提高信息型政策工具和公众参与的使用频次,充分发挥社会性政策工具的辅助和补充作用,补足"自下而上"途径中的不畅。

(二) 创新政策工具

首先,建议创新的规制性政策工具为:开展农村生态预算,在转变现有预算为生态预算中,专门开展农村生态环境预算。其次,建议创新的市场性政策工具为:内部市场,即在市场可以充分发挥配置资源的领域可以考虑建立内部市场,将提供农村生态环境治理公共物品和服务的政府部门人为地划分为买卖双方,形成内部市场。最后,建议创新的社会性政策工具为:个人环境信用评价,即将环境信用评价的范围拓展到农民个人,与农民个人征信挂钩,增强农民参与环境保护的意识与行动;建立健全农村环境大数据,对农村环境点源和面源排放、环境质量、环境风险、环境安全等进行技术上的识别、评估、预测预警。

(三) 科学配置和整合三类政策工具

为了更好地提高农村环境污染防治政策工具的针对性与适用性,提升资源配置效率,应调整三类政策工具的比重,科学配置与整合,建立三者之间的平衡结构,发挥不同政策工具之间的协同效应,实现协同增效的目的。同时，要因时制宜地选择不同阶段的政策工具类型及具体政策工具，并对不同阶段的政策工具体系和结构进行合理布局，促使不同阶段政策目标的良好完成。

第四节　保障措施层面：继续完善各种保障措施并发挥合力

一、大力发展绿色经济增强资金保障

（一）增加农村环境保护的资金投入

资金投入是农村环境政策的重要内容之一，不管是直接保护农村生态环境，还是发展农村绿色经济，都离不开资金的支持。为此，必须加大资金投入。关于增加的资金来源，发达地区可以直接加大对农村环境变化的财政支持力度，也可以通过引进社会资本的方式增加环保资金。其他地方，在尽力提供财政支持的基础上，更多引进社会资本的资金支持，通过市场引进第三方投资来改变农村的生态环境。

加大资金投入力度，首先，可以用于农村的改造，即完善农村的人居环境，对农村进行合理规划，完善农村的基础设施；其次，资金投入还需要用于农村的绿色生产，如治理污染中心，对农民的生产生活污染进行循环利用；最后，可以用于部分地区的生态修复。

（二）大力发展农村绿色经济

针对城乡分割是农村环境问题的重要原因，需统筹城市和农村的环境保护，综合考虑当前经济发展和长远环境保护的关系。从根本上说，只有

发展农村经济，才能解决农村环境问题。主要是要发展绿色经济，绿色经济兼具绿色与发展两重属性，其既注重发展，又强调环保，实现发展与保护的完美结合。在农村发展绿色经济，需要对现有产业结构更新换代，要加强城乡、企业、产业之间的协作配合，更新技术，集约节约自然资源。此外，要充分利用现代科学手段，对于日益变化的绿色技术，要保持关注并及时采用。

1. 发展生态农业

一是坚持整体共生、系统优化的方法论原则。整体共生原则强调自然、人与社会之间关系的整体性和共生性；系统优化原则强调人、自然和社会三个子系统整体价值的最优化。在发展生态农业过程中，应正确协调人与自然的关系，在自然—社会—人的系统中兼顾局部利益和整体利益，兼顾短期利益和长远利益，做到人与自然的和谐。

二是加强生态农业发展的制度设计。首先，要制定生态农业发展的路线图，确定生态农业发展的重点领域、重点产业和重点区域。其次，进行政策设计。制定生态农业发展规划，制定生产标准，建立农业生态补偿机制，建立与提高农产品追溯体系，建立监管机制，完善技术支撑等。

三是按照循环农业"减量化、再利用、资源化利用"的要求构建其发展模式。首先加大支持力度，强化调控，增加投入，整合资源，鼓励发展多种经营。其次尽量实现农业生产的节约化、集约化。再次，将农林牧副渔等农村产业与生态工程全面对接，通过现代农业来实现生态农业，为生态农业建设提供保障。

2. 在农村地区发展绿色工业

一是要树立绿色、低碳的发展理念。高度重视部分地区以牺牲环境换取经济增长的现状，高度重视将高污染企业由发达地区转移到不发达地区，甚至农村的错误理念，逐步树立绿色、低碳的发展理念，推动我国工业全面、均衡的可持续发展。

二是采取短期集中处置和长期转型相结合的发展思路。从短期而言，可将农村工业适度集中，实现集聚经济和基础设施共享，降低污染治理成本；从长期而言，必须构建起高科技、节约化、可循环性的现代工业，并使其与经济效益结合起来，进而形成新型乡镇工业体系。

三是鼓励农村地区工业企业加强环保技术引进和环保技术创新，尤其是与节能减排相关的技术吸收和应用推广，最终实现农村地区工业的绿色发展。

二、完善环境治理体制强化制度支持

（一）合理划分环境管理权限

首先，合理确定央地环境管理的权责范围。在确立了"中央为主，地方为辅"的管理体制后，要合理划分二者的权限事项。宏观调控与决策、制定全国统一的环境政策，实施全国统一的具体环境管理手段，针对跨域环境问题等事项，属于中央的权限范围。地域权限范围局限于本地，负责中央政策在本地贯彻落实，制定符合本地实情的环境政策，改善本地环境基础设施，完善本地管理条件等。

其次，明确界定横向管理权限。要进一步提升环境主管部门的地位和权威。我国现行环境主管部门相对弱势，进一步明确环境行政主管部门的地位，其在环境治理体系中居于核心地位。对于其他涉及部分环境管理的职能部门，明确其在环境管理职责中居于辅助地位，应该积极配合环境行政主管部门的管理工作，共同贯彻落实我国的农村环境政策[1]。

（二）推进和完善环境主管部门的垂直管理体系

自 2018 年以来，我国明确了环境行政主管部门实行垂直管理。为此，组建了新的环境行政主管部门，在相关职能部门将部门环境管理职责转移

---

① 许卫娟，张健美. 我国环境管理体制存在问题及完善对策［J］. 环境科学导刊，2010，29（6）：19–22.

到环境保护部的基础上，组建了生态环境部，并开始了推行全国垂直管理的机构改革。与之相对应，地方上的机构改革也全面铺开。迄今为止，改革推进十分顺利。4年多来，自上而下的生态环境部门的新管理体系已经全面建立。尽管如此，此机构改革还存在改进之处：如改革后执法力量下沉，会导致设区市一级的生态环境部门弱化或者空心化，这种现状利弊如何尚不明确；再比如机构改革会带来相关部门职能调整，这种调整是否会带来负面影响也不得而知。显然，今后需要进一步理顺机构改革所带来的种种问题，配合好相关的"人、财、物"等的转移，以构建完善的管理机制。

三、强化生态文化氛围实现文化引领

宣传教育是营造生态文化氛围的重要手段。良好的生态文化氛围不会直接影响环境，而是通过增强公民的生态文明意识，促其提升生态文明理念，进而使公民等主体在生态意识增强后，能形成符合生态文明的行为，从而改善环境。

（一）从宣传教育的主体角度，各主体可以各自发挥优势进行宣传教育

首先是发挥党政部门的主导作用，利用其主导地位，通过相关国有的网络、电视等资源，针对公众大力宣传生态文明理念及典型事件，以正面引导增强公众的生态文明意识，并培养其在日常行为中保护生态环境的良好习惯。其次利用基层自治组织来增强公众的生态文明意识，村委会定期宣传、落实、检查有关工作，促使公众能够及时了解生态文明建设相关情况。最后是相关部门可以定期或者不定期普及相关环境知识，鼓励公众参与有关环保实践，进而提高公众保护生态环境的能力。

（二）从宣传教育的对象角度，应针对不同对象采用不同的宣传教育手段

可以根据不同类型人群实施差别细化的生态文明教育，有针对性地做好基层领导与普通公务员、乡镇企业领导员工、农民、城镇居民的宣传教育，通过宣传教育营造良好的生态文化氛围，具体措施如下。

一是加强政府内部生态文化培育。从个人而言，在招录公务员时，特别是涉及环保职能的部门进行公务员招录时，可适当增加对他们专业知识考察的难度；对于在职的行政领导和普通公务员，可以通过培训提高他们的生态文明素养，树立地方政府行政领导的正确的生态政绩观，提高普通公务员的环境合作理念[①]。从整个组织而言，要营造行政组织的生态文化氛围，把生态文化建设作为基层政府及其工作人员绩效考核的重要指标，通过考核促使其认真履行职责，增强生态意识，进而培育机关的生态文化，并形成区域内各级政府的生态合作共识。

二是加强企业生态文化培育。在企业中加强培育环保意识：管理层要主动学习环保知识，提升自己的环保素养；同时要自觉对员工进行环保知识培训，增强环境法治观念，减少污染。社会方面要积极响应宣传教育，努力提升公民的环保意识。

三是加强农村居民生态文化培育。采用"感染式""体验式"的宣传手段，使农民更加具体真实地体验到自身与环境之间密不可分的关系，促使其思考环境问题。以化肥污染来说，因其危害比较隐蔽，潜伏期长，在宣传教育中必须让农民明白，化肥使用虽能增产，但对环境的污染也是巨大的；不仅对自己有害，更威胁子孙后代；而科学施肥，会给子孙后代留下一片肥沃的土地。

---

① 施从美，沈承诚. 区域生态治理中的府际关系研究［M］. 广州：广东省出版集团，广东人民出版社，2011：101－103.

四、整合各类有利资源提供资源支持

环境治理从以城市为重心到热切关注农村的过程，也是党和政府"三农"政策由农村支援城市发展、城市反哺农村再到城乡融合发展倾向的变化过程。正是由于城乡关系的融合重塑，环境治理的靶向才转向农村，农村环境治理才被不断置于新的战略高位。资源要素在城乡之间自由流动、平等交换，为农村环境治理提供强劲动力。未来的农村环境政策制定与完善，需要跳出农村看农村环境，要从城乡融合发展的战略高度持续推进农村环境治理。

为此，核心举措是在坚持农业农村优先发展的基础上，打破阻碍城乡要素自由流动的体制机制壁垒，积极引导和推动城市资源要素向农村环境领域转移和集聚①。

其他利用政策资源的具体做法还包括：一是要充分发挥权威资源的优势作用，保障农村环保资金的投入和农村环境政策的执行。二是政府要统筹全局，充分考虑全局利益与长期利益，保障农村环境政策执行中的人力物力财力资源的投入。三是在政策执行过程中要利用环境信息平台，注意充分收集各类信息，注重信息反馈，保证政策目标的顺利实现。四是充分发挥科技对环境治理的支撑作用，引导优势科学技术资源进入农村参与环境治理。

综上所述，要在各项保障措施各自发挥保障作用的基础上，形成合力，发挥集成效应，为我国农村环境政策的制定和实施提供坚实的保障基础。

---

① 林龙飞，李睿，陈传波．从污染"避难所"到绿色"主战场"：中国农村环境治理 70 年 [J]．干旱区资源与环境，2020，34（7）：30 – 36.

本 章 小 结

在总结成就和分析不足的基础上，进一步完善我国农村环境政策。具体包括：在指导思想层面坚持发展方向和政策目标精准谋划，在主体力量层面坚持中国共产党领导凝聚一切力量，在具体举措层面坚持农村环境政策内容的不断完善，在保障措施层面坚持继续完善各种保障措施并发挥合力，最终使我国农村环境政策能更加科学、更加完善，能更好地解决农村环境问题，为我国生态文明建设作出积极而重大的贡献。

结　　语

　　改革开放以来，在我国农村经济迅速发展的同时，农村环境问题也越来越凸显。农村环境污染种类多、范围广、分散性强、隐蔽性强，加上传统环境治理偏向于城市，致使我国农村环境问题突出，严重影响到农业和农村经济社会的可持续发展。因此，农村环境问题是我们必须应对的重要问题。它既是一项具有重大意义的理论课题，又是一项政治性非常强的实践课题。

　　本研究始终坚持以历史唯物主义和辩证唯物主义为指导，运用马克思主义世界观和方法论，对改革开放以来我国农村环境政策进行了宏观的系统化研究。通过对文献资料的收集与筛选、分类与整理、梳理与分析，作者在充分借鉴与吸收国内外已有研究成果基础上，对"环境政策"与"农村环境政策"的概念进行了科学地界定，对改革开放以来我国农村环境政策的指导思想、具体内容、演进特征、实践成效进行了探寻、考索、考察和评说，并提出完善我国农村环境政策的路径建议，凸显了本课题研究的理论和实践意义。

　　据此，可以得出以下几个结论性观点。

　　一是邓小平同志关于环境保护的重要论述、江泽民同志关于环境保护的重要论述、胡锦涛同志关于环境保护的重要论述和习近平生态文明思想一脉相承，共同构成中国特色社会主义生态文明思想。中国特色社会主义生态文明思想既是对马克思、恩格斯生态环境思想和毛泽东同志关于环境保护的重要论述的继承，也是对中国优秀传统文化中生态智慧及西方环境伦理变迁中合理充分的吸收与借鉴，是改革开放以来我国农村环境政策的指导思想。

二是我国农村环境政策体系日趋成熟。纵观改革开放 40 多年来，我国农村环境政策可以概括为 4 个阶段：探索起步阶段、平缓发展阶段、快速发展阶段和全面推进阶段。应该肯定，经过 40 多年的不懈努力，我国农村环境政策体系日趋成熟。伴随着我国农村环境政策的"政策起步—政策发展—政策加速—政策深化"的四阶段发展，有一条清晰的主线贯穿政策发展的始终，那就是党和政府在改革开放的 40 多年里围绕"三农"问题作出了苦心孤诣的努力。这既是中国共产党对"全心全意为人民服务"政治承诺的履行，也是党和政府围绕中国改革的时代主题不懈进取的理论探索。

三是我们应该一分为二地客观看待我国农村环境政策的实践成效。我国的农村环境保护工作已经取得了伟大成就。当然，在肯定取得成就的同时，也要看到农村环境问题仍然十分严重，仍需加强治理。影响实践成效的因素很多，关键原因在于我国农村环境政策有待进一步完善。

四是作为农村环境政策指导思想的中国特色社会主义生态文明思想，在新的历史阶段和新的理论起点上将不断与时俱进。在此思想指导下的农村环境政策也必须和必将与时俱进，不断完善，不断创新。

由于农村环境治理是一项十分庞大的、理论和实践相结合的研究课题。在研究的过程中，诸多思考和想法受研究时间、方法和能力所限，并未足够深刻与全面，这一切未尽问题定将成为今后研究的新的起点和动力。

总而言之，美丽乡村的任务艰巨而宏大。有序推进农村环境治理，加强农村生态文明建设，我们遇到的任务是艰巨的，遇到的问题是复杂的。党的十九大提出的乡村振兴战略是新时代中国共产党破解"三农"发展难题又一项新的战略选择。为了有效推进乡村振兴战略的全面实施，加强农村生态文明建设，实现生态振兴就具有了新的特殊意义。因此，农村生态文明建设只有进行时，没有完成时。提高生态环境领域国家治理体系和环境治理能力现代化水平是摆在中国共产党人面前的重大课题。它是中国共产党人孜孜以求的发展目标，是一个弥久永新的课题。

附　录

1978～2021 年我国农村环境政策文本示例

政策编号	政策名称	文本性质	政策主题	政策年度	发文主体	政策工具	
						内容编码	对应的政策工具
1	宪法	法律	综合性	1978	全国人民代表大会	1 – 11 – 3	保护
	……						
4	环境保护法（试行）	法律	综合性	1979	全国人大常委会		规划，大家动手
							计划，规划
							规划，标准
						4 – 4	环境影响评价，规划
						4 – 5	监督，检举，控告
						4 – 6	科学调查
						4 – 7	禁止，防止
						4 – 8	严禁，防止
						4 – 10	严禁，防止
						4 – 11	规划，防止，严禁
						4 – 12	严禁
						4 – 13	限期治理
						4 – 14	环境标准，限期治理，排污费
						4 – 15	
						4 – 17	环境标准
						4 – 18	环境标准，禁止，严禁
						4 – 19	推广，防止
						4 – 20	环境标准
						4 – 21	许可，严禁
						4 – 23	环境标准
						4 – 24	监督，监测，指导
						4 – 25	监督，监测，检查，规划，计划，科学研究。环境教育
						4 – 26	
						4 – 27	
						4 – 29	科学研究
						4 – 30	宣传教育
						4 – 31	表扬，奖励，税收优惠
						4 – 32	批评、警告、罚款，或者责令赔偿损失、停产治理，行政责任、经济责任、刑事责任
	……						

续表

政策编号	政策名称	文本性质	政策主题	政策年度	发文主体	政策工具	
						内容编码	对应的政策工具
1272	水利部办公厅印发关于进一步强化河长湖长履职尽责的指导意见的通知	部门规范性文件	综合性	2019	水利部	1272-1 1272-2 1272-3 1272-4 1272-5	责任 责任，督导，考核，巡查，调查 报告，备案，公示，责任，督办，考核，协商，监测 责任，巡查，报告，督查，监察，监督，有奖举报，追责，表彰奖励，报告，考核 问责，提醒、警示约谈、通报批评
	……						
1485							

参 考 文 献

一、经典著作与文献

［1］马克思，恩格斯 . 马克思恩格斯文集（第一卷）［M］. 北京：人民出版社，2009.

［2］马克思，恩格斯 . 马克思恩格斯文集（第三卷）［M］. 北京：人民出版社，2009.

［3］马克思，恩格斯 . 马克思恩格斯文集（第四卷）［M］. 北京：人民出版社，2009.

［4］马克思，恩格斯 . 马克思恩格斯文集（第五卷）［M］. 北京：人民出版社，2009.

［5］马克思，恩格斯 . 马克思恩格斯文集（第七卷）［M］. 北京：人民出版社，2009.

［6］马克思，恩格斯 . 马克思恩格斯文集（第八卷）［M］. 北京：人民出版社，2009.

［7］马克思，恩格斯 . 马克思恩格斯文集（第九卷）［M］. 北京：人民出版社，2009.

［8］马克思，恩格斯 . 马克思恩格斯全集（第二卷）［M］. 北京：人民出版社，2016.

［9］马克思，恩格斯 . 马克思恩格斯全集（第二十四卷）［M］. 北京：人民出版社，2016.

［10］马克思，恩格斯 . 马克思恩格斯全集（第二十五卷）［M］. 北京：人民出版社，2016.

［11］马克思，恩格斯．马克思恩格斯全集（第四十二卷）［M］．北京：人民出版社，2016.

［12］马克思，恩格斯．马克思恩格斯全集（第四十七卷）［M］．北京：人民出版社，2016.

［13］毛泽东．毛泽东文集（第三卷）［M］．北京：人民出版社，1993.

［14］毛泽东．毛泽东文集（第七卷）［M］．北京：人民出版社，1999.

［15］毛泽东．毛泽东文集（第八卷）［M］．北京：人民出版社，1999.

［16］邓小平．邓小平文选（第一卷）［M］．北京：人民出版社，1994.

［17］邓小平．邓小平文选（第二卷）［M］．北京：人民出版社，1994.

［18］邓小平．邓小平文选（第三卷）［M］．北京：人民出版社，1993.

［19］江泽民．江泽民文选（第一卷）［M］．北京：人民出版社，2006.

［20］江泽民．江泽民文选（第二卷）［M］．北京：人民出版社，2006.

［21］江泽民．江泽民文选（第三卷）［M］．北京：人民出版社，2006.

［22］胡锦涛．胡锦涛文选（第一卷）［M］．北京：人民出版社，2016.

［23］胡锦涛．胡锦涛文选（第二卷）［M］．北京：人民出版社，2016.

［24］胡锦涛．胡锦涛文选（第三卷）［M］．北京：人民出版社，2016.

［25］习近平．习近平谈治国理政（第一卷）［M］．北京：外文出版社，2018.

［26］习近平．习近平谈治国理政（第二卷）［M］．北京：外文出版社，2017.

［27］习近平．习近平谈治国理政（第三卷）［M］．北京：外文出版社，2020.

［28］江泽民．论科学技术［M］．北京：中央文献出版社，2001.

［29］习近平．之江新语［M］．杭州：浙江人民出版社，2007.

［30］习近平．论坚持人与自然和谐共生［M］．北京：中央文献出版社，2022.

［31］中共中央文献研究室．江泽民论有中国特色社会主义（专题摘编）［M］．北京：中央文献出版社，2002.

［32］中共中央文献研究室．习近平关于全面建成小康社会论述摘编［M］．北京：人民出版社，2016.

［33］中共中央宣传部．习近平总书记系列重要讲话读本［M］．北京：学习出版社，人民出版社，2016.

［34］中共中央文献研究室．习近平关于社会主义生态文明建设论述摘编［M］．北京：中央文献出版社，2017.

［35］中共中央党史和文献研究院．习近平关于总体国家安全观论述摘编［M］．北京：中央文献出版社，2018.

［36］中共中央文献研究室．三中全会以来重要文献选编（上、下）.［M］．北京：中央文献出版社，2011.

［37］中共中央文献研究室．十二大以来重要文献选编（上、中、下）［M］．北京：中央文献出版社，2011.

［38］中共中央文献研究室．十三大以来重要文献选编（上、中、下）［M］．北京：中央文献出版社，2011.

［39］中共中央文献研究室．十四大以来重要文献选编（上、中、下）［M］．北京：中央文献出版社，2011.

［40］中共中央文献研究室．十五大以来重要文献选编（上、中、下）［M］．北京：中央文献出版社，2011.

［41］中共中央文献研究室．十六大以来重要文献选编（上、中、下）［M］．北京：中央文献出版社，2011.

［42］中共中央文献研究室．十七大以来重要文献选编（上、中、下）［M］．北京：中央文献出版社，2013.

［43］中共中央文献研究室．十八大以来重要文献选编（上、中、下）［M］．北京：中央文献出版社，2018.

［44］人民出版社．中共中央国务院关于"三农"工作的一号文件汇编（1982－2014）［M］．北京：人民出版社，2014.

二、专著

［1］曲格平．中国环境问题和对策［M］．北京：中国环境科学出版社，1984.

［2］陈庆云．公共政策分析［M］．北京：中国经济出版社，1996.

［3］周学志，汤文奎．中国农村环境保护［M］．北京：中国环境科学出版社，1996.

［4］张蔚萍，舒以．中国共产党指导思想文库（第1－3卷）［M］．北京：中国经济出版社，1998.

［5］张咏，郝英群．农村环境保护［M］．北京：中国环境科学出版社，2003.

［6］王满船．公共政策制定：择优过程与机制［M］．北京：中国经济出版社，2004.

［7］中国科学院可持续发展战略研究组．2005中国可持续发展战略报告［M］．北京：科学出版社，2005.

［8］李曙新，等．中国共产党指导思想史［M］．青岛：青岛出版社，2007.

［9］曾鸣，谢淑娟．中国农村环境问题研究——制度透析与路径选择［M］．北京：经济管理出版社，2007.

［10］宋国君，等．环境政策分析［M］．北京：化学工业出版社，2008．

［11］陈叶兰．农村环境自治模式研究［M］．长沙：中南大学出版社，2011．

［12］杨顺顺，栾胜基．农村环境管理模拟农户行为的仿真分析［M］．北京：科学出版社，2012．

［13］黄一兵．中国共产党指导思想发展史（第1卷）［M］．广州：广东教育出版社，2012．

［14］关谦．中国共产党指导思想发展史（第2卷）［M］．广州：广东教育出版社，2012．04．

［15］武国友，丁雪梅．中国共产党指导思想发展史（第3卷）［M］．广州：广东教育出版社，2012．04．

［16］宋言奇．中国农村环境保护社区自组织研究——以江苏为例［M］．北京：科学出版社，2012．

［17］魏佳容．我国农村环境保护的困境与化解之道［M］．武汉：湖北科学技术出版社，2012．

［18］李宾．城乡二元视角的农村环境政策研究［M］．北京：中国环境科学出版社，2012．

［19］王哲．基于农业支持视角的中国农业环境政策研究［M］．北京：中国农业科学技术出版社，2013．

［20］武力，郑有贵．我国"三农"思想政策史［M］．北京：中国时代经济出版社，2013．

［21］郭建，胡俊苗．农村环境污染防治［M］．保定：河北大学出版社，2013．

［22］张兴亮．中国共产党指导思想命名的多维视角研究［M］．北京：人民出版社，2015．

［23］郭琰．中国农村环境保护的正义之维［M］．北京：人民出版社，2015．

［24］吕政宝.中国农村环境保护与发展研究［M］.武汉：武汉大学出版社，2018.

［25］环境保护部环境与经济政策研究中心.农村环境保护与生态文明建设［M］.北京：中国环境出版社，2018.

［26］徐婷婷.中国农村环境保护现状与对策研究［M］.长春：吉林人民出版社，2019.

［27］刘勇.农村环境污染整治：从政府担责到市场分责［M］.北京：社会科学文献出版社，2021.

［28］农业农村部对外经济合作中心，中国农业科学院农业资源与农业区划研究所.农村人居环境整治模式与政策体系研究［M］.北京：中国农业出版社，2021.

［29］吕文林.中国农村生态文明建设研究［M］.武汉：华中科技大学出版社，2021.

［30］温铁军.从农业1.0到农业4.0：生态转型与农业可持续［M］.北京：东方出版社，2021.

［31］王立胜.乡村振兴方法论［M］.北京：中共中央党校出版社，2021.

［32］程艳.和谐共生（西部农村生态文明建设必由之路）［M］.北京：新华出版社，2021.

［33］比尔·麦克基本.自然的终结［M］.孙晓春，马树林，译.长春：吉林人民出版社，2000.

［34］保罗·R·伯特尼，罗伯特·N·史蒂文斯.环境保护的公共政策［M］.穆贤清等，译.上海：上海三联书店，上海人民出版社，2004.

［35］托马斯·思德纳.环境与自然资源管理的政策工具［M］.张蔚文，黄祖辉，译.上海：上海三联书店，上海人民出版社，2005.

［36］Bouwe R. Dijkstra. The Political Economy of Environmental Policy： A Public Choice Approach to Market Instruments［M］.Cheltenham：Edward Elgar Publishing Ltd，1999.

[37] C. Kraus. Import Tariffs as Environmental Policy Instruments [M]. Berlin：Springer，2000.

[38] Mikael Skou Andersen，Rolf Ulrich Sprenger. Market – Based Instruments for Environmental Management：Politics and Institutions [M]. Cheltenham：Edward Elgar Publishing Ltd，2000.

[39] Michael Bothe，Peter H. Sand. Environmental Policy：From Regulation to Economic instruments/De la Reglementation aux Instruments Economiques [M]. Leiden：Brill，2002.

[40] Mark Deakin，Robert Dixon – Gough. Methodologies，Models and Instruments for Rural and Urban Land Management [M]. London；New York：Routledge，2004.

[41] Carl Wilmsen，William F. Elmendorf，et al. Partnerships for Empowerment：Participatory Research for Community-based Natural Resource Management [M]. Routledge，2012.

[42] David Dent，Olivier Dubois，Barry Dalal – ClaytonRural Planning in Developing Countries：Supporting Natural Resource Management and Sustainable Livelihoods [M]. Routledge，2013.

[43] Michael Winter. Rural Politics：Policies for Agriculture，Forestry and the Environment [M]. Routledge，2013.

[44] Organization for Economic Cooperation and Development OECD. Policy Instruments to Support Green Growth in Agriculture [M]. Paris：OECD，2013.

三、论文

[1] 窦争霞，王宏康. 我国农业环境的污染及其研究进展 [J]. 中国农学通报，1988（1）：19 – 22.

[2] 王曦. 美国农业环境保护法律和政策 [J]. 农业环境科学学报，1991（6）：275 – 277.

[3] 石仲泉. 邓小平理论是党的指导思想论 [J]. 理论月刊，1998

（2）：4 - 10.

　　[4] 万劲波. 农业环境保护与环境政策一体化 [J]. 世界农业，2000（8）：35 - 36.

　　[5] 刘新平，韩桐魁. 农业生态环境政策的机制创新 [J]. 农业现代化研究，2003（3）：212 - 216.

　　[6] 乐小芳，栾胜基，万劲波. 论我国农村环境政策的创新 [J]. 中国环境管理，2003（3）：1 - 4.

　　[7] 吉彦波. 党的指导思想的理论基础是马列毛邓理论 [J]. 南京医科大学学报（社会科学版），2003（2）：79 - 82.

　　[8] 朱建国. 我国农业环境资源管理立法现状与动态综述 [J]. 中国农业资源与区划，2004（1）：51 - 53.

　　[9] 张维理，等. 中国农业面源污染形势估计及控制对策 I - Ⅲ. 21世纪初期中国农业面源污染的形势估计 [J]. 中国农业科学，2004，37（7）：1008 - 1033.

　　[10] 洪大用，马芳馨. 二元社会结构的再生产——中国农村面源污染的社会学分析 [J]. 社会学研究，2004（4）：1 - 7.

　　[11] 赵海霞. 科学发展观下的农村环境政策创新研究 [J]. 新疆大学学报（哲学社会科学版），2005，（6）：33 - 37.

　　[12] 李曙新. 十年建设时期党建指导思想的两个发展趋向述论 [J]. 理论探讨，2006（4）：103 - 107.

　　[13] 霍尚涛，陆志明. 我国农村环境政策的创新 [J]. 安徽工业大学学报（社会科学版），2006（5）：56 - 57.

　　[14] 赵永辉，田志宏. 外部性与农药污染的经济学分析 [J]. 中国农学通报，2005（7）：448 - 450，456.

　　[15] 蔡岩兵. 农业环境政策与农业协调发展 [J]. 山东社会科学，2006（8）：63 - 65.

　　[16] 李泉宝. 我国农业环境政策的问题及其对策 [J]. 安徽农业科学，2007（32）：10497 - 10498.

[17] 卢亚丽，薛惠锋.我国农业面源污染治理的博弈分析 [J].农业系统科学与综合研究，2007（3）：268－271.

[18] 王杏玲.江泽民关于环境保护的重要论述探微 [J].江南大学学报（人文社会科学版），2008，7（6）：29－32.

[19] 张晓敏.科学发展观视野下的我国农村环境保护立法思考 [J].河南师范大学学报（哲学社会科学版），2008，35（6）：164－166.

[20] 朱立志.农村环境污染防治机制与政策 [J].环境保护，2008（15）：18－19.

[21] 李曙新.建国初期指导思想一元化和文化发展多元化统一格局的形成及其影响 [J].理论学刊，2010（12）：21－25.

[22] 齐卫平.党的指导思想的与时俱进品质 [J].重庆社会科学，2010（10）：29－31.

[23] 胡洪彬.胡锦涛生态环境建设思想研究 [J].重庆邮电大学学报（社会科学版），2010，22（4）：8－13.

[24] 任晓冬，高新才.中国农村环境问题及政策分析 [J].经济体制改革，2010（3）：107－112.

[25] 汪宁，叶常林，蔡书凯.农业政策和环境政策的相互影响及协调发展 [J].软科学，2010，24（1）：37－41.

[26] 卢晓峰，徐晓兰.农村环境问题的财政对策探讨 [J].云南行政学院学报，2011，13（2）：47－49.

[27] 苏明.农村环境治理的政策构建——基于规制经济学的视角 [J].河南科技学院学报，2011（7）：17－19.

[28] 李君，吕火明，梁康康，张龙江.基于乡镇管理者视角的农村环境综合整治政策实践分析——来自全国部分省（区、市）195个乡镇的调查数据 [J].中国农村经济，2011（2）：74－82.

[29] 刘细良，吴林生.低碳时代农村环境污染与规制工具创新——基于规制经济学的分析 [J].财经理论与实践，2012，33（6）：81－84.

[30] 蔡燕燕，蒋培，赵苹苹.农村环境保护的法律问题综述 [J].

农业环境与发展，2012，29（4）：19-23.

[31] 王印传，王军 . "征补共治"型农村环境政策设计——以河北省白洋淀村庄为例 [J]. 中国农学通报，2012，28（23）：191-195.

[32] 周彦霞，秦书生 . 江泽民生态思想探析 [J]. 学术论坛，2012，35（9）：22-25.

[33] 秦书生，隋学佳，郑雪 . 邓小平生态思想探析 [J]. 党政干部学刊，2013（5）：70-72.

[34] 黄小梅 . 邓小平生态思想探析 [J]. 党史研究与教学，2013（3）：78-83.

[35] 包心鉴 . 中国特色社会主义理论体系的最新成果我国现代化建设必须长期坚持的指导思想——论科学发展观 [J]. 山东社会科学，2013（1）：5-15.

[36] 蒋丽，崔明浩 . 胡锦涛生态文明思想探析 [J]. 辽宁省社会主义学院学报，2013（1）：55-58.

[37] 闫岩 . 胡锦涛生态文明建设思想研究 [J]. 河南工业大学学报（社会科学版），2013，9（2）：32-34，42.

[38] 秦书生 . 论胡锦涛生态文明建设思想 [J]. 求实，2013（9）：4-8.

[39] 林云飞 . 论生态文明建设中农村环境保护的问题与对策——基于政策与法律对比分析的视角 [J]. 湖北社会科学，2013（7）：37-40.

[40] 陈红喜，刘东，袁瑜 . 环境政策对农业企业低碳生产行为的影响研究 [J]. 南京农业大学学报（社会科学版），2013，13（4）：69-75.

[41] 罗小娟，冯淑怡，Reidsma Pytrik，等 . 基于农户生物—经济模型的农业与环境政策响应模拟——以太湖流域为例 [J]. 中国农村经济，2013（11）：72-85.

[42] 梁学功，赵海珍 . 用环评手段推动农村环境污染防治 [J]. 环境保护，2013，41（9）：41-42.

［43］宋燕平，费玲玲．我国农业环境政策演变及脆弱性分析［J］．农业经济问题，2013，34（10）：9－14，110.

［44］李亚红．农业资源环境政策的局限性与创新［J］．环境保护，2013，41（16）：52－53.

［45］田信桥，杜晓斌．农业与生态环境政策一体化建构［J］．湖北农业科学，2013，52（6）：1483－1486.

［46］韩冬梅，金书秦．中国农业农村环境保护政策分析［J］．经济研究参考，2013（43）：11－18.

［47］李英兰，谢力军．对我国农村环境污染治理政策设计的思考［J］．江西行政学院学报，2014，16（1）：62－66.

［48］李定胜．推进农村环境整治的财政政策［J］．农村财政与财务，2014（5）：22－23.

［49］陆成林．农村环境综合整治财政政策创新——以辽宁省为例［J］．财政研究，2014（4）：62－64.

［50］周娟．可持续农业和农村发展——环境政策和农业政策一体化视角［J］．长春市委党校学报，2014（5）：67－71，76.

［51］徐建军．我国农业环境政策与农业可持续发展［J］．安徽农业科学，2014，42（10）：2994－2995，2997.

［52］李冬艳．关注农业农村环境保护——2004年以来中央一号文件关于农业农村环境保护问题综述［J］．环境保护与循环经济，2014，34（4）：4－10.

［53］刘建涛．胡锦涛生态思想的三重向度透析［J］．大连海事大学学报（社会科学版），2015，14（4）：105－109.

［54］刘海霞．论胡锦涛的生态环境思想［J］．中国石油大学学报（社会科学版），2015，31（6）：37－42.

［55］王西琴，李蕊舟，李兆捷．我国农村环境政策变迁：回顾、挑战与展望［J］．现代管理科学，2015（10）：28－30.

［56］金书秦，韩冬梅．我国农村环境保护四十年：问题演进、政策

应对及机构变迁 [J]. 南京工业大学学报（社会科学版），2015，14
（2）：71 - 78.

[57] 李冉，沈贵银，金书秦. 畜禽养殖污染防治的环境政策工具选
择及运用 [J]. 农村经济，2015（6）：95 - 100.

[58] 陈红，王霞，徐衍. 农村环境治理的研究综述与发展态势分析——
基于文献计量法 [J]. 东北农业大学学报（社会科学版），2015，13
（4）：16 - 23.

[59] 厉磊. 邓小平关于环境保护的重要论述及其当代价值 [J]. 理
论界，2016（9）：11 - 18.

[60] 张荣臣. 新时代党的指导思想的与时俱进 [J]. 人民论坛·学
术前沿，2017（21）：45 - 50.

[61] 郇庆治. 习近平生态文明思想的政治哲学意蕴 [J]. 人民论坛，
2017（31）：22 - 23.

[62] 张可，聂阳剑. 水环境政策对农业增长与面源污染影响的实证
分析 [J]. 统计与决策，2017（14）：118 - 121.

[63] 石仲泉. 党的指导思想的历史性飞跃与习近平新时代中国特色
社会主义思想 [J]. 毛泽东邓小平理论研究，2017（10）：1 - 7，107.

[64] 张金俊. 我国农村环境政策体系的演进与发展走向——基于农
村环境治理体系现代化的视角 [J]. 河南社会科学，2018，26（6）：97 -
101.

[65] 刘於清. 邓小平生态思想探析 [J]. 邓小平研究，2018（1）：
87 - 93.

[66] 周新城. 改革的成败取决于指导思想、政治方向是否正确——
写在改革开放40周年之际 [J]. 毛泽东邓小平理论研究，2018（3）：
26 - 32，107.

[67] 王雨辰，汪希贤. 论习近平生态文明思想的内在逻辑及当代价
值 [J]. 长白学刊，2018（6）：30 - 37.

[68] 齐卫平. 党的新指导思想体现理论对时代的回应 [J]. 上海党

史与党建，2018（1）：2-3.

[69] 齐卫平. 问题关切与党的指导思想与时俱进——习近平新时代中国特色社会主义思想的诞生 [J]. 思想政治课研究，2019（1）：55-60.

[70] 方世南，储萃. 习近平生态文明思想的整体性逻辑 [J]. 学习论坛，2019（3）：5-12.

[71] 方世南. 习近平生态文明思想的永续发展观研究 [J]. 马克思主义与现实，2019（2）：15-20.

[72] 方世南. 论习近平生态文明思想对马克思主义生态文明理论的继承和发展 [J]. 南京工业大学学报（社会科学版），2019，18（3）：1-8，111.

[73] 郇庆治. 习近平生态文明思想中的传统文化元素 [J]. 福建师范大学学报（哲学社会科学版），2019（6）：1-9，167.

[74] 方世南. 习近平生态文明思想中的生态扶贫观研究 [J]. 学习论坛，2019（10）：20-26.

[75] 王雨辰. 习近平生态文明思想的三个维度及其当代价值 [J]. 马克思主义与现实，2019（2）：7-14.

[76] 王雨辰. 论习近平生态文明思想的理论特质及其当代价值 [J]. 福建师范大学学报（哲学社会科学版），2019（6）：10-18，167.

[77] 张云飞. 习近平生态文明思想的标志性成果 [J]. 湖湘论坛，2019，32（4）：5-14.

[78] 张云飞. 习近平生态文明思想话语体系初探 [J]. 探索，2019（4）：22-31.

[79] 孔东菊，朱力. 论环境合同在农村面源污染治理中的应用 [J]. 广西社会科学，2019（1）：119-124.

[80] 贾小梅，董旭辉，于奇，等. 中日农村环境管理对比及对中国的启示 [J]. 中国环境管理，2019，11（2）：5-9.

[81] 李守伟，李光超，李备友. 农业污染背景下农业补贴政策的作

用机理与效应分析 [J]. 中国人口·资源与环境，2019，29（2）：97 - 105.

[82] 郑华伟，胡锋. 基于农户满意度的农村环境整治绩效研究——以江苏省为例 [J]. 南京工业大学学报（社会科学版），2018，17（5）：79 - 86.

[83] 周志波，张卫国. 基于环境税的两部门政策与农业面源污染规制 [J]. 西南大学学报（自然科学版），2019，41（3）：89 - 100.

[84] 张誉戈. 我国农村生态环境保护的法律问题研究 [J]. 农业经济，2019（5）：11 - 13.

[85] 周志波，张卫国. 环境税规制农业面源污染研究——不对称信息和污染者合作共谋的影响 [J]. 西南大学学报（自然科学版），2019，41（2）：75 - 89.

[86] 杜焱强. 农村环境治理 70 年：历史演变、转换逻辑与未来走向 [J]. 中国农业大学学报（社会科学版），2019，36（5）：82 - 89.

[87] 林龙飞，李睿，陈传波. 从污染"避难所"到绿色"主战场"：中国农村环境治理 70 年 [J]. 干旱区资源与环境，2020，34（7）：30 - 36.

[88] 潘丹，唐静，杨佳庆，陈寰. 1978—2018 年中国农村环境管理政策演进特征——基于 206 份政策文本的量化分析 [J]. 中国农业大学学报，2020，25（6）：210 - 222.

[89] 高新宇，吴尔. 间断—均衡理论与农村环境治理政策演进逻辑——基于政策文本的分析 [J]. 南京工业大学学报（社会科学版），2020，19（3）：75 - 84，112.

[90] 张梅，吴永涛，石磊，马中，周楷. 农村环境绩效评估指标体系研究 [J]. 环境保护，2020，48（16）：56 - 60.

[91] 王俊能，赵学涛，蔡楠，等. 我国农村生活污水污染排放及环境治理效率 [J]. 环境科学研究，2020，33（12）：2665 - 2674.

[92] 黄振华. 新时代农村人居环境治理：执行进展与绩效评价——

基于 24 个省 211 个村庄的调查分析 [J]. 河南师范大学学报（哲学社会科学版），2020，47（3）：54 - 62.

[93] 李芬妮，张俊飚，何可，畅华仪. 归属感对农户参与村域环境治理的影响分析——基于湖北省 1007 个农户调研数据 [J]. 长江流域资源与环境，2020，29（4）：1027 - 1039.

[94] 金书秦，韩冬梅. 农业生态环境治理体系：特征要素和路径 [J]. 环境保护，2020，48（8）：15 - 20.

[95] 王咸钟，徐昕，韩凌. 生态文明构建视域下我国新农村生态环境治理路径的优化 [J]. 农业经济，2020（4）：25 - 27.

[96] 刘旭东. 农村环境治理的中国语境与中国道路 [J]. 西南民族大学学报（人文社科版），2020，41（4）：201 - 210.

[97] 张志胜. 多元共治：乡村振兴战略视域下的农村生态环境治理创新模式 [J]. 重庆大学学报（社会科学版），2020，26（1）：201 - 210.

[98] 陈秋云，姚俊智. 通过村规民约的农村生态环境治理——来自海南黎区的探索与实践 [J]. 原生态民族文化学刊，2020，12（5）：85 - 92.

[99] 赵素琴. 公众参与农村环境治理存在的问题及途径 [J]. 农业经济，2020（7）：40 - 42.

[100] 李潇. 乡村振兴战略下农村生态环境治理的激励约束机制研究 [J]. 管理学刊，2020，33（2）：25 - 35.

[101] 邵光学. 新中国 70 年农村生态文明建设：成就、挑战与展望 [J]. 当代经济管理，2020，42（4）：6 - 11.

[102] 张云飞，李娜. 习近平生态文明思想对 21 世纪马克思主义的贡献 [J]. 探索，2020（2）：5 - 14.

[103] 石仲泉. 论党的指导思想的三次飞跃——学习《中共中央关于党的百年奋斗重大成就和历史经验的决议》[J]. 毛泽东邓小平理论研究，2021（11）：1 - 9，108.

［104］张荣臣，叶平原．学党史　悟思想——百年来中国共产党指导思想的与时俱进［J］．求知，2021（6）：25－28．

［105］郇庆治．习近平生态文明思想的体系样态、核心概念和基本命题［J］．学术月刊，2021，53（9）：5－16，48．

［106］甘黎黎，吴仁平．我国农村环境污染防治政策演进研究［J］．江西社会科学，2021，41（3）：210－219．

［107］李冬青，侯玲玲，闵师，黄季焜．农村人居环境整治效果评估——基于全国7省农户面板数据的实证研究［J］．管理世界，2021，37（10）：182－195；249－251．

［108］沈贵银，孟祥海．多元共治的农村生态环境治理体系探索［J］．环境保护，2021，49（20）：34－37．

［109］张会吉，薛桂霞．我国农村人居环境治理的政策变迁：演变阶段与特征分析——基于政策文本视角［J］．干旱区资源与环境，2022，36（1）：8－15．

［110］曾静雯．乡村振兴视角下新农村人居环境优化路径［J］．农业经济，2021（12）：51－52．

［111］冯川．嵌入村庄公共性：农村人居环境治理的实践逻辑——基于广西H县L镇清洁乡村的实证分析［J］．中国农业大学学报（社会科学版），2021，38（6）：69－80．

［112］何瓦特，唐家斌．农村环境政策"空转"及其矫正——基于模糊—冲突的分析框架［J］．云南大学学报（社会科学版），2022，21（1）：116－123．

［113］Gasson R. Goals and Values of Farmers［J］. Journal of Agricultural Economics，1973，24（3）：521－542．

［114］Griffin R C，Bromley D W. Agricultural Runoff as a Nonpoint Externality：A Theoretical Development［J］. American Journal of Agricultural Economics，1982，64（4）：547－552．

［115］Iii A M F. Depletable Externalities and Pigouvian Taxation［J］.

Journal of Environmental Economics & Management, 1984, 11 (2): 173 – 179.

[116] Young R A, Onstad C A, Bosch D D et al. AgNPS: Agricultural Non – Point – Source Pollution Model: A Watershed Analysis Tool [J]. Conservation research report (USA). no. 35. 1987.

[117] Segerson K. Uncertainty and Incentives for Nonpoint Pollution Control [J]. Journal of Environmental Economics & Management, 1988, 15 (1): 87 – 98.

[118] Donigian A S, Huber W C. Modeling of Nonpoint Source Water Quality in Urban and Non-urban Areas [J]. 1991, 187 (8): 27 – 28.

[119] Arnold J G, Allen P M, Bernhardt G. A Comprehensive Surface-groundwater Flow Model [J]. Journal of Hydrology, 1993, 142 (1 – 4): 47 – 69.

[120] Xepapadeas A. Controlling Environmental Externalities: Observability and Optimal Policy Rules. In C. Dosi & T. Tomasi (Eds.), Nonpoint Source Pollution Regulation: Issues and Analysis. Dordrecht: Kluwer Academic Publishers, 1994: 67 – 87.

[121] Abler D G, Shortle J S. Technology as an Agricultural Pollution Control Policy [J]. American Journal of Agricultural Economics, 1995, 77 (1): 20 – 32.

[122] Bouraoui F, Dillaha T A. Answers – 2000: Runoff and Sediment Transport Model [J]. Journal of Environmental Engineering, 1996, 122 (6): 493 – 502.

[123] Weinberg M, Kling C L. Uncoordinated Agricultural and Environmental Policy Making: An Application to Irrigated Agriculture in the West [J]. American Journal of Agricultural Economics, 1996, 78 (1): 65 – 78.

[124] Van K G, Arthur L M, Van Kooten G C. Economic Development with Environmental Security: Policy Conundrum in Rural Canada [J]. Ameri-

can Journal of Agricultural Economics, 1997, 79 (5): 1508 – 1514.

[125] Furtan W H. The Economics of Agricultural, Rural, and Environmental Policy in Canada: Discussion [J]. American Journal of Agricultural Economics, 1997, 79 (5): 1525 – 1526.

[126] Rinaldo Brau, Carlo Carraro. Voluntary Approaches, Market Structure and Competition [J]. Ssrn Electronic Journal, 1999.

[127] Tavella D, Randall C. Pricing Financial Instruments: The Finite Difference Method [J]. 2000, 37 (2): 837 – 843.

[128] Wilson G A, Hart K. Farmer Participation in Agri – Environmental Schemes: Towards Conservation – Oriented Thinking? [J]. Sociologia Ruralis, 2001, 41 (2): 254 – 274.

[129] Ozanne A, Hogan T, Colman D. Moral Hazard, Risk Aversion and Compliance Monitoring in Agri-Environmental Policy [J]. European Review of Agricultural Economics, 2001, 28 (3): 329 – 348.

[130] Segerson K, Dan W. Nutrient pollution: An Economic Perspective [J]. Estuaries, 2002, 25 (4): 797 – 808.

[131] Dupraz P, Vanslembrouck I, Bonnieux F & Huylenbroeck G V. Farmers' Participation in European Agri – Environmental Policies. International Congress, August 28 – 31, 2002, Zaragoza, Spain. European Association of Agricultural Economists.

[132] Arzt K, Baranek E, Schleyer C et al. Role, Models and Restrictions of Decentralisation of the Agri-environmental and Rural Development Policies in the EU [J]. Berichte Uber Landwirtschaft – Hamburg – , 2003, 81 (2): 208 – 222.

[133] Primdahl J, Peco B, Schramek J et al. Environmental Effects of Agri-environmental Schemes in Western Europe [J]. Journal of Environmental Management, 2003, 67 (2): 129 – 138.

[134] Latacz – Lohmann, U, Hodge, I. European Agri-environmental

policy for the 21st century [J]. Australian Journal of Agricultural and Resource Economics, 2003, 47 (1): 123 – 139.

[135] Weersink A, Wossink A. Lessons from Agri-environmental Policies in other Countries for Dealing with Salinity in Australia [J]. Australian Journal of Experimental Agriculture, 2005, 45 (11): 1481 – 1493.

[136] Erwin Schmid, Franz Sinabell. . On the Choice of Farm Management Practices after the Reform of the Common Agricultural Policy in 2003 [J]. Journal of Environmental Management, 2007, 82 (3): 332 – 340.

[137] Moran D, Mcvittie A, Allcroft D J et al. Quantifying Public Preferences for Agri-environmental Policy in Scotland: A comparison of methods [J]. Ecological Economics, 2007, 63 (1): 42 – 53.

[138] Toma L, Barnes A P, Willock J et al. A Structural Equation Model of Farmers Operating within Nitrate Vulnerable Zones (NVZ) in Scotland [J]. General Information, 2008.

[139] Baylis K, Peplow S, Rausser G et al. Agri-environmental Policies in the EU and United States: A comparison [J]. Ecological Economics, 2008, 65 (4): 753 – 764.

[140] Tourneau F M L, Bursztyn M. Rural Settlements in the Amazon: Contradictions between the Agrarian Policy and Environmental Policy [J]. Ambiente & Sociedade, 2010, 13 (1): 111 – 130.

[141] Andrea Bonfiglio. A Neutral Network for Evaluating Environmental Impact of Decoupling in Rural Systems [J]. Computers, Environment and Urban Systems, 2011, 35 (1): 65 – 76.

[142] Primdahl J, Kristensen L S, Busck A G. The Farmer and Landscape Management: Different Roles, Different Policy Approaches [J]. Geography Compass, 2013, 7 (4): 300 – 314.

[143] Xu Q. The Study of Agricultural Non-point Source Pollution Control Policy System [J]. Dissertations & Theses – Gradworks, 2014.

［144］Kim, Tae － Yeon. An Analysis on the Changes of the EU Agri － Environmental Policy ［J］. Korea Journal of Organic Agriculture, 2015, 23 (3): 401 － 421.

［145］Jones N, Fleskens L, Stroosnijder L. Targeting the Impact of Agri-environmental Policy － Future Scenarios in Two Less Favoured Areas in Portugal ［J］. Journal of Environmental Management, 2016, 181: 805 － 816.

［146］Kim, Tae － Yeon. An Analysis on the Launch and Settlement of Agri － Environmental Policy of the UK ［J］. Korea Journal of Organic Agriculture, 2016, 24 (3): 315 － 336.

［147］Yuan C, Liu L, Qi X et al. Assessing the Impacts of the Changes in Farming Systems on Food Security and Environmental Sustainability of a Chinese Rural Region under Different Policy Scenarios: An Agent-based Model ［J］. Environmental Monitoring & Assessment, 2017, 189 (7): 322.

［148］Costa M A, Rajão R, Stabile M C C et al. Epidemiologically Inspired Approaches to Land-use Policy Evaluation: The Influence of the Rural Environmental Registry (CAR) on Deforestation in the Brazilian Amazon ［J］. 2018, 6 (1): 1.

［149］Rodriguez － Ortega, T, Olaizola, A M, Bernues, A. A Novel management-based System of Payments for Ecosystem Services for Targeted Agri-environmental Policy ［J］. Ecosystem Services, 2018, 34 (A): 74 － 84.

［150］Cho W, Blandford D. Bilateral Information Asymmetry in the Design of an Agri － Environmental Policy: An Application to Peatland Retirement in Norway ［J］. Journal of Agricultural Economics, 2019, 70 (3): 663 － 685.

四、其他

［1］人民日报.2004, 2005, 2010, 2013, 2015, 2016, 2017.

［2］中国政府网. 中华人民共和国国务院公报.

［3］生态环境部. 中国环境状况公报（1993 － 2016）, 中国生态环境

状况公报（2017 – 2020）.

[4] 生态环境部. 环境统计年报（1993 – 2016），中国生态环境状况公报（2017 – 2020）.

[5] 中国统计年鉴（1978 – 2020）.

[6] 中国环境年鉴（1989 – 2020）.

[7] 中国农业年鉴（1980 – 2020）.

[8] 中国法律年鉴（1987 – 2020）.

[9] 中国农村统计年鉴（1978 – 2021）.

[10] 中国城乡建设统计年鉴（2002 – 2020）.

后　　记

本书在我博士论文的基础上修改完善而成。读博 6 年，学习、工作、家庭统筹兼顾，个中艰辛，一言难尽。虽然辛苦，但苦中有乐，苦中有收获。

感谢我的导师吴仁平教授。师从吴老师以来，吴老师对我的工作和学习都很关心。在论文选题和开题阶段，老师给了大量有益的建议与指导；在论文写作过程中，老师也时时叮咛，耐心指导。当我遇到工作和生活中的困难时，老师总给我建议和鼓励，教我坚持。当我取得小小的成就时，老师就特别开心，不吝夸奖。吴老师的帮助和鼓励，是我写完博士论文的强大动力。

感谢祝黄河教授、汪荣有教授、张艳国教授、曾建平教授、周利生教授、王员教授、吴瑾菁教授、何其宗教授、万振凡教授、聂平平教授、康凤云教授、韩玲教授。这些教授既是我的授课老师，也是我博士论文开题和预答辩时的专家。在学习和论文写作期间，遇到问题时，我经常向他们请教，他们总是不厌其烦地给我指导。感谢评审老师和答辩组老师。

感谢同班的 12 个小伙伴，他们是沈辉香、黄惠、周婕、凌学武、杨帆、黄灵谋、万天虎、王伟、罗斌华、杨文、高军龙、艾志斌。博士期间，大家同甘共苦，互相鼓励，结下深厚的友谊。

感谢长辈们的支持与付出，对此我总深感亏欠。多年来，公公婆婆担任了全部家务——买菜、做饭、洗衣、带娃，为我们的学习和工作提供了全方位的后勤支持。"儿行千里母担忧"，与爸妈视频，他们也总劝我缓一缓、慢慢来，身体最重要；疫情至今，亦久未回湖北看望他们，承欢膝下。普天之下，只有父母，永远在为儿女牵挂和不计回报地付出。再次感谢长辈！

感谢家人帅先生的鼎力支持和无私付出。从工作中准备考博、读博、写博士论文的鼓励和帮助，到工作中遇到难题与抉择时的指引，再到生活中的关心照顾，他无微不至。感谢家中懂事的憨憨大宝和可爱调皮的二宝。

感谢经济科学出版社刘莎编辑。

临近书稿完成之时，诚惶诚恐。毕竟能力有限，诸多遗憾之处，只能在今后的研究中继续深入与修正。

最后，再次感谢所有人！愿大家幸福安康！

甘黎黎
2022 年 6 月深夜于孔目湖畔陋室